机器学习中的样例选择

翟俊海 ◎著

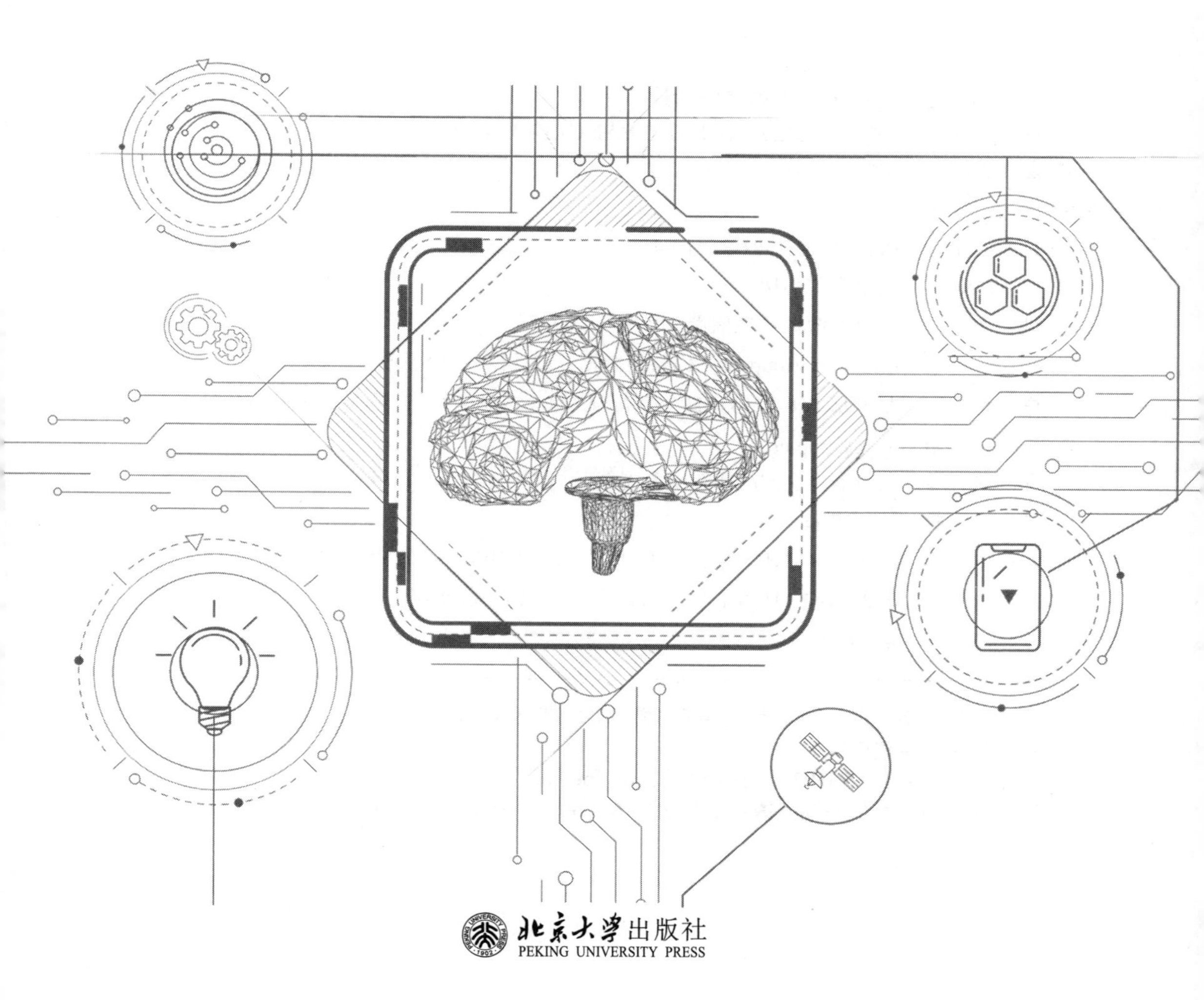

北京大学出版社
PEKING UNIVERSITY PRESS

图书在版编目(CIP)数据

机器学习中的样例选择 / 翟俊海著. -- 北京 : 北京大学出版社, 2024.11. -- ISBN 978-7-301-35719-4

Ⅰ. TP181

中国国家版本馆 CIP 数据核字第 20244MJ304 号

书　　名　**机器学习中的样例选择**
JIQI XUEXIZHONG DE YANGLI XUANZE

著作责任者　翟俊海　著

责任编辑　张　敏

标准书号　ISBN 978-7-301-35719-4

出版发行　北京大学出版社

地　　址　北京市海淀区成府路 205 号　100871

网　　址　http://www.pup.cn　　新浪微博：@北京大学出版社

电　　话　邮购部 010-62752015　发行部 010-62750672　编辑部 010-62754271

电子邮箱　zpup@pup.cn

印 刷 者　北京鑫海金澳胶印有限公司

经 销 者　新华书店

720 毫米×1000 毫米　16 开本　14.75 印张　272 千字

2024 年 11 月第 1 版　2024 年 11 月第 1 次印刷

定　　价　48.00 元

内 容 简 介

随着数据存储技术、无线传感技术和网络技术的快速发展，数据正以前所未有的速度在不断地增长和积累. 在各种实际应用中，需要处理的数据量越来越大，而样例选择是解决大数据问题的一种有效策略，是机器学习的重要数据预处理步骤，对后续学习算法的训练及性能有很大的影响. 在机器学习中，样例选择有两种场景：一是主动学习中的样例选择，二是监督学习中的样例选择. 本书将重点介绍这两种场景的样例选择，包括它们之间的区别与联系，样例选择的准则与启发式算法，还将介绍面向大数据机器学习的样例选择及模糊样例选择.

本书可作为从事机器学习和数据挖掘研究科研人员的参考书，也可以作为人工智能、数据科学与技术、应用数学、计算机科学与技术等专业高年级本科生和研究生机器学习和数据挖掘课程的教学参考书.

前　言

随着数据存储技术、无线传感技术、网络技术和 WEB 技术的快速发展, 数据正以前所未有的速度在不断地增长和积累. 在各种实际应用中, 需要处理的数据量越来越大, 处理的代价和计算的复杂度越来越高, 而样例选择是降低处理代价和提高计算效率的重要手段. 在主动学习中, 样例选择是从大量无类别标签的数据中选择重要的样例交给领域专家标注其类别, 在能够很好地完成一个特定学习任务的前提下, 主动选择尽可能少的样例以使标注代价最低. 在监督学习中, 样例选择是从有类别标签的数据集中选择一个重要的子集代替原数据集进行学习, 使得在选择的数据子集上学习的模型的性能和在原数据集上学习的模型的性能相差无几或略有提升, 目的是提高学习的效率, 降低学习的计算复杂度. 因为无论哪种样例选择, 都有广泛的应用, 所以研究样例选择问题具有重要意义和实际应用价值. 近年来, 特别是随着大数据时代的到来, 样例选择引起了机器学习领域研究人员的广泛关注.

目前, 国内市场上还没有样例选择的图书; 在国际市场上, 也只有一本关于样例选择的图书, 即由美国亚利桑那州立大学 Huan Liu 教授和日本大阪大学 Hiroshi Motada 教授编著, 美国 Kluwer 学术出版社于 2010 年出版的《面向数据挖掘的样例选择与构造》. 本书的出版可以说是恰逢其时, 其特点是结合作者及研究团队近年来关于样例选择的研究成果, 系统介绍样例选择的理论和方法. 第 1 章介绍后续章节将要用到的机器学习基础知识, 包括分类问题、K-近邻、决策树、神经网络、极限学习机和支持向量机. 第 2 章介绍主动学习中的样例选择, 内容包括主动学习概述、样例选择准则和 3 种主动学习样例选择算法, 它们是基于信息熵的主动学习、基于投票熵的主动学习和基于在线序列极限学习机的主动学习. 第 3 章介绍监督学习中的样例选择, 内容包括监督学习中的样例选择概述、压缩近邻算法及其变体、基于组合先验熵和预测熵的样例选择算法、基于监督聚类的样例选择算法、基于概率神经网络的样例选择算法和基于交叉验证策略的样例选择算法. 第 4 章介绍大数据样例选择, 内容包括大数据与大数据样例选择概述、大数据主动学习、基于 MapReduce 和投票机制的大数据样例选择、基于局部敏感哈希和双投票机制的大数据样例选择和基于遗传算法和开源框架的大数据样例选择. 第 5 章介绍模糊样例选择, 内容包括压缩模糊 K-近邻样例选择算法、基于 MapReduce 和 Spark 的大数据压缩模糊 K-近邻算法和基于模糊粗糙集技术的样例选择算法.

感谢康晓萌、许宏雨、臧立光、王婷婷、李娜、苗青、李塔、庞晓鹤、王聪、周翔、黄雅婕、齐家兴、宋丹丹对本书做出的贡献. 本书得到了河北省科技计划重点项目“基于深度学习的两类非平衡大数据分类理论、方法及应用研究 (19210310D)”、河北省自然科学项目“基于深度学习的长尾可视识别研究 (F2021201020)”和河北省机器学习与计算智能重点实验室项目 (22567623H) 的资助, 在此也表示感谢. 最后, 感谢北京大学出版社张敏老师和曾琬婷老师的帮助.

本书可作为从事机器学习和数据挖掘研究的科研人员的参考书, 也可以作为人工智能、数据科学与技术、应用数学、计算机科学与技术等专业高年级本科生和研究生机器学习和数据挖掘课程的教学参考书. 由于水平所限, 书中的不足与错误在所难免, 敬请各位同仁批评指正.

作 者

2023 年 8 月

目　　录

第 1 章　机器学习基础

近十几年，人工智能是最热门的研究领域，机器学习是实现人工智能的根本途径. 是一门多领域交叉学科，机器学习主要研究计算机怎样模拟或实现人类的学习行为，通过获取新的知识，重新组织已有的知识来不断改善自身的性能. 根据学习方式的不同，机器学习可分为监督学习、无监督学习、半监督学习、主动学习和强化学习，本书仅涉及监督学习和主动学习. 本章重点介绍监督学习基础，下一章介绍主动学习基础，对其他的几种机器学习有兴趣的读者可参考专著 [1] 和 [2]. 专著 [1] 是南京大学周志华教授的力作，周志华教授是我国机器学习领域的领军人物，其专著的参考价值自然毋庸置疑. 专著 [2] 是机器学习领域的第一部专著，作者是美国卡内基–梅隆大学的 Mitchell 教授，我国早期从事机器学习研究的人员大都参考这本书. 毫不夸张地说，这本书是国内外机器学习领域圣经式的教科书. 其他著名的机器学习专著还有《模式分类》和《模式识别与机器学习》.

监督学习是指在学习过程 (也称为训练过程) 中有监督信息可用. 在分类问题中，监督信息就是样例的类别标签，训练过程中模型的输入既有样例的属性 (也称为特征) 值，也有样例的类别标签. 因为模型在训练过程中知道输出结果是否正确，这样就可以利用监督信息指导参数的调整，所以形象地称这种机器学习为监督学习. 下面介绍什么是分类问题，然后介绍几种常用的监督学习算法.

1.1　分类问题

分类问题是监督学习解决的基本问题，为了易于理解，也为了便于描述，假设用于学习的数据组织成表结构. 如果数据表中包含样例的类别信息，则称这种数据表为决策表，否则称为信息表. 下面先给出决策表的两种形式化定义，然后再给出分类问题的定义.

定义 1.1.1　*一个决策表是一个二元组 $DT=\{(\boldsymbol{x}_i,y_i)|\boldsymbol{x}_i\in U,y_i\in C,1\leqslant i\leqslant n\}$. 其中，$\boldsymbol{x}_i$ 表示决策表中的第 i 个样例，y_i 表示样例 $\boldsymbol{x}_i$ 所对应的类别，C 是样例所属类别的集合，U 是决策表中 n 个样例的集合.*

定义 1.1.2　*一个决策表是一个四元组 $DT=(U,A\cup C,V,f)$. 其中，$U=\{\boldsymbol{x}_1,\boldsymbol{x}_2,\cdots,\boldsymbol{x}_n\}$ 是 n 个样例的集合. $A=\{a_1,a_2,\cdots,a_d\}$ 是 d 个条件属性 (或*

特征) 集合. C 是决策属性 (或类别属性). $V = V_1 \times V_2 \times \cdots \times V_d$ 是 d 个属性值域的笛卡尔积, V_i 是属性 a_i 的值域, $i = 1, 2, \cdots, d$. f 是信息函数: $U \times A \to V$.

实际上, 决策表的这两种形式化定义是等价的. 在本书中, 我们会交替使用这两种定义. 包含 n 个样例的决策表的直观表示如表 1.1 所示. 下面给出分类问题的定义.

表 1.1　包含 n 个样例的决策表

$\boldsymbol{x}$	a_1	a_2	$\cdots$	a_d	y
$\boldsymbol{x}_1$	x_{11}	x_{12}	$\cdots$	x_{1d}	y_1
$\boldsymbol{x}_2$	x_{21}	x_{22}	$\cdots$	x_{2d}	y_2
$\vdots$	$\vdots$	$\vdots$	$\cdots$	$\vdots$	$\vdots$
$\boldsymbol{x}_n$	x_{n1}	x_{n2}	$\cdots$	x_{nd}	y_n

定义 1.1.3　给定决策表 $DT = \{(\boldsymbol{x}_i, y_i) | \boldsymbol{x}_i \in U, y_i \in C, 1 \leqslant i \leqslant n\}$, 如果存在一个映射 $f: U \to C$, 使得对于任意的 $\boldsymbol{x}_i \in U$, 都有 $y_i = f(\boldsymbol{x}_i)$ 成立. 用给定的决策表 DT 寻找函数 $y = f(\boldsymbol{x})$ 的问题, 称为分类问题, 函数 $y = f(\boldsymbol{x})$ 也称为分类函数.

说明:

(a) 在分类问题中, 因变量 y 的取值范围是一个由有限个离散值构成的集合 C, 它相当于高级程序设计语言 (如 C++ 语言) 中的枚举类型. 若 C 变为实数集 $\mathbf{R}$ 或 $\mathbf{R}$ 中的一个区间 $[a, b]$, 则这类问题称为回归问题. 显然, 分类问题是回归问题的特殊情况.

(b) 函数 $y = f(\boldsymbol{x})$ 不一定有解析表达式, 可以用其他的形式, 如树、图或网络来表示.

(c) 如果所有的 V_i 都是实数集 $\mathbf{R}$, 此时, $V = \mathbf{R}^d$.

(d) 在机器学习中, 因为求解分类问题或回归问题时, 要用到样例的类别信息, 所以学习分类函数或回归函数的过程是监督学习.

下面举几个分类问题的例子.

例 1.1.1　天气分类问题　天气分类问题 [2] 是一个两类分类问题, 它用来预测什么样的天气条件适宜打网球. 天气数据集是机器学习领域中的一个经典数据集, 它是一个包含 14 个样例的决策表, 如表 1.2 所示.

天气分类问题数据集有 14 个样例, 即 $U = \{\boldsymbol{x}_1, \boldsymbol{x}_2, \cdots, \boldsymbol{x}_{14}\}$; 4 个条件属性, 即 $A = \{a_1, a_2, a_3, a_4\}$, 其中, a_1 = Outlook, a_2 = Temperature, a_3 = Humidity, a_4 = Wind, 它们都是离散值属性, 相当于高级程序设计语言中的枚举类型属性.

$V = \prod_{i=1}^{4} V_i$, $V_1 = \{\text{Sunny, Cloudy, Rain}\}$, $V_2 = \{\text{Hot, Mild, Cool}\}$, $V_3 = \{\text{High, Normal}\}$, $V_4 = \{\text{Strong, Weak}\}$. 决策属性 $C = \{y\}$, $y = \text{PlayTennis}$, 它只取 Yes 和 No 两个值, 所以天气分类问题是一个两类分类问题. 显然, 从该数据集中找到的分类函数 $y = f(\boldsymbol{x})$ 不可能有解析表达式. 在 1.3 节, 将会看到 $y = f(\boldsymbol{x})$ 可用一棵树表示.

表 1.2 天气分类问题数据集

$\boldsymbol{x}$	Outlook	Temperature	Humidity	Wind	y(PlayTennis)
$\boldsymbol{x}_1$	Sunny	Hot	High	Weak	No
$\boldsymbol{x}_2$	Sunny	Hot	High	Strong	No
$\boldsymbol{x}_3$	Cloudy	Hot	High	Weak	Yes
$\boldsymbol{x}_4$	Rain	Mild	High	Weak	Yes
$\boldsymbol{x}_5$	Rain	Cool	Normal	Weak	Yes
$\boldsymbol{x}_6$	Rain	Cool	Normal	Strong	No
$\boldsymbol{x}_7$	Cloudy	Cool	Normal	Strong	Yes
$\boldsymbol{x}_8$	Sunny	Mild	High	Weak	No
$\boldsymbol{x}_9$	Sunny	Cool	Normal	Weak	Yes
$\boldsymbol{x}_{10}$	Rain	Mild	Normal	Weak	Yes
$\boldsymbol{x}_{11}$	Sunny	Mild	Normal	Strong	Yes
$\boldsymbol{x}_{12}$	Cloudy	Mild	High	Strong	Yes
$\boldsymbol{x}_{13}$	Cloudy	Hot	Normal	Weak	Yes
$\boldsymbol{x}_{14}$	Rain	Mild	High	Strong	No

例 1.1.2 鸢尾花分类问题 鸢尾花分类问题 [5] 是一个三类分类问题, 它根据花萼长 (Sepal length)、花萼宽 (Sepal width)、花瓣长 (Petal length) 和花瓣宽 (Petal width) 4 个条件属性对鸢尾花进行分类. 鸢尾花数据集 Iris 包含三类 150 个样例, 每类 50 个样例, 如表 1.3 所示.

Iris 数据集有 150 个样例, 即 $U = \{\boldsymbol{x}_1, \boldsymbol{x}_2, \cdots, \boldsymbol{x}_{150}\}$; 4 个条件属性, 即 $A = \{a_1, a_2, a_3, a_4\}$, 其中, a_1=Sepal length, a_2=Sepal width, a_3=Petal length, a_4=Petal width, 它们都是连续值属性. $V = \prod_{i=1}^{4} V_i$, $V_1 = V_2 = V_3 = V_4 = \mathbf{R}$, 即 $V = \mathbf{R}^4$. 决策属性 $C = \{y\}$, $y \in \{\text{Iris-setosa, Iris-versicolor, Iris-virginica}\}$. 由于 Iris 数据集中 4 个条件属性都是连续值属性, 所以该数据集是一个连续值数据集.

例 1.1.3 助教评估分类问题 助教评估分类问题 [5] 也是一个三类分类问题, 它根据母语是否是英语 (A native English speaker)、课程讲师 (Course instructor)、课程 (Course)、是否正常学期 (A regular semester) 和班级规模 (Class size) 5 个条件属性对助教评估分类. 助教评估分类数据集 (TAE: Teaching Assistant Evaluation) 包含三类 151 个样例, 第一类 (Low) 49 个样例, 第二类 (Medium)50 个样例, 第三类 (High) 52 个样例, 如表 1.4 所示.

表 1.3 鸢尾花分类问题数据集

$\boldsymbol{x}$	a_1	a_2	a_3	a_4	y
$\boldsymbol{x}_1$	5.1	3.5	1.4	0.2	Iris-setosa
$\boldsymbol{x}_2$	4.9	3.0	1.4	0.2	Iris-setosa
$\vdots$	$\vdots$	$\vdots$	$\vdots$	$\vdots$	$\vdots$
$\boldsymbol{x}_{50}$	5.0	3.3	1.4	0.2	Iris-setosa
$\boldsymbol{x}_{51}$	7.0	3.2	4.7	1.4	Iris-versicolor
$\boldsymbol{x}_{52}$	6.4	3.2	4.5	1.5	Iris-versicolor
$\vdots$	$\vdots$	$\vdots$	$\vdots$	$\vdots$	$\vdots$
$\boldsymbol{x}_{100}$	5.7	2.8	4.1	1.3	Iris-versicolor
$\boldsymbol{x}_{101}$	6.3	3.3	6.0	2.5	Iris-virginica
$\boldsymbol{x}_{102}$	5.8	2.7	5.1	1.9	Iris-virginica
$\vdots$	$\vdots$	$\vdots$	$\vdots$	$\vdots$	$\vdots$
$\boldsymbol{x}_{150}$	5.9	3.0	5.1	1.8	Iris-virginica

表 1.4 助教评估分类问题数据集

$\boldsymbol{x}$	a_1	a_2	a_3	a_4	a_5	y
$\boldsymbol{x}_1$	2	21	2	2	42	Low
$\boldsymbol{x}_2$	2	22	3	2	28	Low
$\vdots$	$\vdots$	$\vdots$	$\vdots$	$\vdots$	$\vdots$	$\vdots$
$\boldsymbol{x}_{49}$	2	2	10	2	27	Low
$\boldsymbol{x}_{50}$	2	6	17	2	42	Medium
$\boldsymbol{x}_{51}$	2	6	17	2	43	Medium
$\vdots$	$\vdots$	$\vdots$	$\vdots$	$\vdots$	$\vdots$	$\vdots$
$\boldsymbol{x}_{99}$	2	22	1	2	42	Medium
$\boldsymbol{x}_{100}$	1	23	3	1	19	High
$\boldsymbol{x}_{101}$	2	15	3	1	17	High
$\vdots$	$\vdots$	$\vdots$	$\vdots$	$\vdots$	$\vdots$	$\vdots$
$\boldsymbol{x}_{151}$	2	20	2	2	45	High

TAE 数据集有 151 个样例, 即 $U = \{\boldsymbol{x}_1, \boldsymbol{x}_2, \cdots, \boldsymbol{x}_{151}\}$; 5 个条件属性, 即 $A = \{a_1, \cdots, a_5\}$, 其中, a_1=A native English speaker, a_2=Course instructor, a_3=Course, a_4=A regular semester, a_5=Class size. 其中, a_1 表示母语是否是英语, 是一个二值属性; a_2 表示课程讲师, 共 25 个课程讲师, 每个课程讲师用一个符号值表示, 共 25 个值; a_3 表示助教课程, 共 26 门课程, 每门课程用一个符号值表示, 共 26 个值; a_4 表示是否正常学期, 是一个二值属性; a_5 表示班级规模, 是一个数值属性. 需要注意的是, 在这个数据集中, 虽然 a_1, a_2, a_3 和 a_4 这 4 个属性的值表面上都是“数字”, 但是这些“数字”表示的是符号, 不是数值, 不能进行数

值运算. 显然, TAE 数据集是一个混合类型数据集.

1.2 K-近邻算法

K-近邻 (K-nearest neighbors, K-NN) 算法 [6] 是一种著名的分类算法. K-NN 算法的思想非常简单, 对于给定的待分类样例 (也称为测试样例)$\boldsymbol{x}$, 首先在训练集中寻找距离 $\boldsymbol{x}$ 最近的 K 个样例, 这 K 个样例也就是 $\boldsymbol{x}$ 的 K 个最近邻. 然后统计这 K 个样例的类别, 类别数最多的即为 $\boldsymbol{x}$ 的类别. 图 1.1 是 K-NN 算法思想示意.

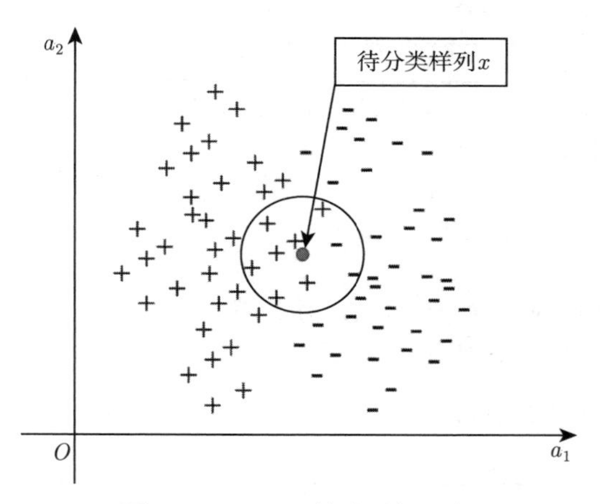

图 1.1 K-NN 算法思想示意

在图 1.1 中, $K=9$, 训练集由二维空间的点 (样例) 构成, 每个点用两个属性 (或特征)a_1 和 a_2 描述. 这些样例分成两类, 正类样例用符号 "+" 表示, 负类样例用符号 "−" 表示. 实心的小圆是待分类样例 $\boldsymbol{x}$, 大圆内的其他点是 $\boldsymbol{x}$ 的 9 个最近邻. 从图 1.1 可以看出, 在 $\boldsymbol{x}$ 的 9 个最近邻中, 有 7 个属于正类, 2 个属于负类, 所以 $\boldsymbol{x}$ 被分为正类. K-NN 算法的伪代码在算法 1.1 中给出.

下面分析 K-NN 算法的计算时间复杂度. 从算法 1.1 可以看出, K-NN 算法的计算代价主要体现在计算 $\boldsymbol{x}$ 与训练集 T 中每一个样例之间的距离上, 即算法 1.1 中的第 3~5 步, 这个 for 循环的计算时间复杂度为 $O(n)$. 显然, 第 6 步和第 7 步的计算时间复杂度均为 $O(1)$. 因此, K-NN 算法的计算时间复杂度为 $O(n)$.

K-NN 算法的优点是思想简单, 易于编程实现. 但是, K-NN 算法也有如下缺点 [7]:

(1) 为了分类测试样例 $\boldsymbol{x}$, 需要将整个训练集 T 存储到内存中, 空间复杂度为 $O(n)$;

(2) 为了分类测试样例 $\boldsymbol{x}$, 需要计算它到训练集 T 中每一个样例之间的距离, 计算时间复杂度为 $O(n)$;

(3) 在 K-NN 算法中, 训练集 T 中的样例被认为是同等重要的, 没有考虑它们对分类测试样例 $\boldsymbol{x}$ 做出贡献的大小.

针对这些缺点, 研究人员提出了许多改进算法. 例如, 为了克服缺点 (1) 和 (2), 一些研究人员提出了近似最近邻方法和基于哈希技术的方法 [8−11], 还有些研究人员提出基于层次数据结构的方法 [12,13]; 为了克服缺点 (3), Keller 等人提出了模糊 K-近邻算法 [14], 对这些工作感兴趣的读者可参考相关文献.

算法 1.1: K-NN 算法

```
1 输入: 测试样例 x, 训练集 T = {(x_i, y_i)|x_i ∈ R^d, y_i ∈ C, 1 ⩽ i ⩽ n}, 参数 K.
2 输出: x 的类别标签 y ∈ C.
3 for (i = 1; i ⩽ n; i = i + 1) do
4 |   计算 x 到 x_i 之间的距离 d(x, x_i);
5 end
6 在训练集 T 中选择 x 的 K 个最近邻, 构成子集 N;
7 计算 y = argmax_{l∈C} Σ_{x∈N} I(l = class(x));
8 // 其中, I(·) 是特征函数.
9 return y.
```

1.3 决 策 树

决策树是求解分类问题的有效算法, 它既可以解决离散值分类问题, 也可以解决连续值分类问题. 下面分别介绍一种代表性的决策树算法.

1.3.1 离散值决策树

ID3[15] 算法是著名的决策树算法, 用于解决离散值 (或符号值) 分类问题. 符号值分类问题是指决策表中条件属性是离散值属性的分类问题, 这种属性的取值是一些符号值. 因为 ID3 算法用树描述从决策表中挖掘出的决策 (分类) 规则, 所以称这种树为决策树.

决策树的叶子结点是决策属性的取值 (类别值), 内部结点是条件属性, 分支是条件属性的取值. 例如, 表 1.2 是一个有关天气分类问题的符号值决策表, 图 1.2 是用 ID3 算法生成的决策树. 这棵树共有 5 个叶子结点 (用椭圆框表示), 它们是决策属性 PlayTennis 的取值 Yes 或 No; 共有 3 个内部结点 (用矩形框表示): Outlook、Humidity 和 Wind. 其中, Outlook 是这棵树的根结点, 它有 3 个孩子结点: Sunny、Cloudy 和 Rain, 它们是条件属性 Outlook 的取值. 条件属性 Humidity 和 Wind 各有两个值, 它们各自有两个孩子结点. 下面介绍 ID3 算法.

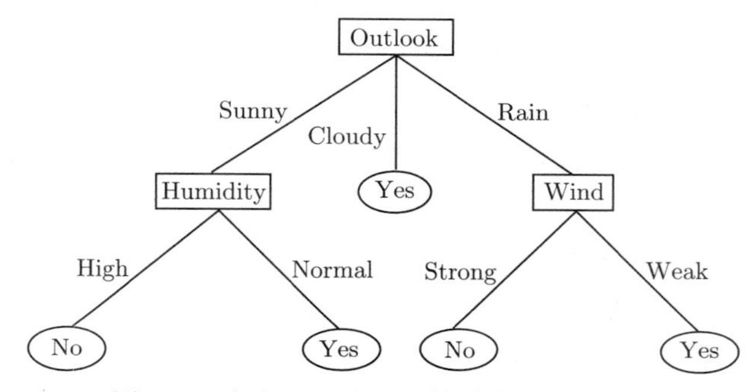

图 1.2 由表 1.2 用 ID3 算法生成的决策树

ID3 算法是一种贪心算法, 它用信息增益作为贪心选择标准 (也称为启发式) 来选择树的根结点 (也称为扩展属性), 递归地构建决策树. ID3 算法的输入是一个离散值属性决策表, 其输出是一棵表示规则的决策树. 在介绍 ID3 算法之前, 先介绍相关的概念.

给定离散值属性决策表 $DT = (U, A \cup C, V, f)$, $U = \{\boldsymbol{x}_1, \boldsymbol{x}_2, \cdots, \boldsymbol{x}_n\}$, $A = \{a_1, a_2, \cdots, a_d\}$. 即, 决策表 DT 包含 n 个样例, 每个样例用 d 个属性描述. 假设决策表中的样例分为 k 类: $C_1, C_2, \cdots, C_k$. C_i 中包含的样例数用 $|C_i|$ 表示, $1 \leqslant i \leqslant k$. 第 i 类样例所占的比例用 $p_i = \dfrac{|C_i|}{n}$ 表示.

定义 1.3.1 给定离散值属性决策表 $DT = (U, A \cup C, V, f)$, 集合 U 的信息熵定义为:

$$E(U) = -\sum_{i=1}^{k} p_i \log_2 p_i. \tag{1.1}$$

说明: 实际上, 公式 (1.1) 定义的集合 U 的信息熵, 是把决策属性 PlayTennis 看作随机变量, 这个随机变量的信息熵. 在公式 (1.1) 中, 规定 $\log_2^{\frac{0}{n}} = 0$.

定义 1.3.2 给定离散值属性决策表 $DT = (U, A \cup C, V, f)$, 对于 $\forall a \in A$, 属性 a 相对于 U 的信息增益定义为:

$$G(a; U) = E(U) - \sum_{v \in V_a} \frac{|U_v|}{|U|} E(U_v). \tag{1.2}$$

说明:

(1) 集合 U 的信息熵是 U 中样例类别的不确定性度量, 当 U 中的样例属于同一类别时, 它的信息熵为 0; 当 U 中的样例属于各个类别的数量相同时, 它的信息熵最大.

(2) V_a 表示属性 a 的值域, U_v 表示由 U 中属性 a 的取值为 v 的样例构成的集合.

(3) 属性 a 的信息增益表示在给定 a 的前提下, 样例类别不确定性的减少, 减少的越多, 说明这个属性越重要.

(4) 实际上, 信息增益就是信息论中的互信息, 它度量的是决策属性与条件属性之间的相关程度.

ID3 算法就是用信息增益作为贪心选择的标准来选择扩展属性, 并用选出的扩展属性划分决策表. 然后, 在决策表子集上再用信息增益选择子树的根结点, 这样递归地构建决策树. 对于给定的决策表, 用 ID3 算法构建决策树时, 首先计算每一个条件属性的信息增益, 然后按信息增益由大到小排序, 信息增益最大的属性被选择为树的根结点 (扩展属性). ID3 算法的伪代码如算法 1.2 所示.

算法 1.2: ID3 算法

1 **输入**: 离散值属性决策表 $DT = (U, A \cup C, V, f)$.
2 **输出**: 决策树.
3 **for** $(i = 1; i \leqslant d; i++)$ **do**
4 　用公式 (1.2) 计算属性 a_i 相对于 U 的信息增益 $G(a_i; U)$;
5 **end**
6 **for** $(i = 1; i \leqslant d; i++)$ **do**
7 　对信息增益 $G(a_i; U)$ 按由大到小的次序排序, 假定排序的结果为 $G(a_{i_1}; U), G(a_{i_2}; U), \cdots, G(a_{i_d}; U)$;
8 **end**
9 选择 a_{i_1} 为树的根结点 (扩展属性);
10 根据属性 a_{i_1} 的取值, 将数据集 U 划分为 m 个子集 $U_1, U_2, \cdots, U_m$. 其中, m 是属性 a_{i_1} 取值的个数;
11 **for** $(i = 1; i \leqslant m; i++)$ **do**
12 　**if** U_i 中的样例属于同一类 **then**
13 　　产生一个叶结点;
14 　**else**
15 　　格式固定后, 重复步骤 3~10;
16 　**end**
17 **end**
18 输出决策树.

例 1.3.1 对表 1.2 所示的离散值属性决策表, 给出用 ID3 算法生成决策树的过程.

解: ID3 算法的步骤可大致分为两步: ① 选择扩展属性; ② 划分样例集合递归地构建决策树.

(1) 选择扩展属性.

首先根据公式 (1.1) 计算集合 U 的信息熵, 然后根据公式 (1.2) 计算每一个条件属性的信息增益, 集合 U 的信息熵为:

$$E(U) = -\sum_{i=1}^{2} p_i \log_2 p_i = -\left(\frac{9}{14}\log_2\frac{9}{14} + \frac{5}{14}\log_2\frac{5}{14}\right) = 0.94.$$

对于条件属性 Outlook, 相应的 $V_a = \{\text{Sunny, Cloudy, Rain}\}$, 对应的 3 个样例子集 (实际上是 3 个等价类) 分别是:

$$U_{\text{Sunny}} = \{\boldsymbol{x}_1, \boldsymbol{x}_2, \boldsymbol{x}_8, \boldsymbol{x}_9, \boldsymbol{x}_{11}\},$$

$$U_{\text{Cloudy}} = \{\boldsymbol{x}_3, \boldsymbol{x}_7, \boldsymbol{x}_{12}, \boldsymbol{x}_{13}\},$$

$$U_{\text{Rain}} = \{\boldsymbol{x}_4, \boldsymbol{x}_5, \boldsymbol{x}_6, \boldsymbol{x}_{10}, \boldsymbol{x}_{14}\}.$$

其中, 样例子集 U_{Sunny} 共有 5 个样例, 其中 3 个负例 (对应类别属性值为 No), 2 个正例 (对应类别属性值为 Yes); 样例子集 U_{Cloudy} 共有 4 个样例, 都是正例; 样例子集 U_{Rain} 共有 5 个样例, 其中 2 个负例, 3 个正例. 因此, 3 个样例子集的信息熵分别为:

$$E(U_{\text{Sunny}}) = -\left(\frac{2}{5}\log_2\frac{2}{5} + \frac{3}{5}\log_2\frac{3}{5}\right) = 0.97,$$

$$E(U_{\text{Cloudy}}) = -\left(\frac{4}{4}\log_2\frac{4}{4} + \frac{0}{4}\log_2\frac{0}{4}\right) = 0.00,$$

$$E(U_{\text{Rain}}) = -\left(\frac{3}{5}\log_2\frac{3}{5} + \frac{2}{5}\log_2\frac{2}{5}\right) = 0.97.$$

因此, 根据公式 (1.2), 可得条件属性 Outlook 相对于 U 的信息增益为:

$$\begin{aligned} G(\text{Outlook}; U) &= E(U) - \sum_{v \in V_a} \frac{|U_v|}{|U|} E(U_v) \\ &= 0.94 - \left[\frac{5}{14}E(U_{\text{Sunny}}) + \frac{4}{14}E(U_{\text{Cloudy}}) + \frac{5}{14}E(U_{\text{Rain}})\right] \end{aligned}$$

$$
\begin{aligned}
&= 0.94 - \left(\frac{5}{14} \times 0.97 + \frac{4}{14} \times 0.0 + \frac{5}{14} \times 0.97\right) \\
&= 0.24.
\end{aligned}
$$

对于条件属性 Temperature, 相应的 $V_a = \{\text{Hot, Mild, Cool}\}$, 对应的 3 个样例子集分别是:

$$
\begin{aligned}
&U_{\text{Hot}} = \{\boldsymbol{x}_1, \boldsymbol{x}_2, \boldsymbol{x}_3, \boldsymbol{x}_{13}\}, \\
&U_{\text{Mild}} = \{\boldsymbol{x}_4, \boldsymbol{x}_8, \boldsymbol{x}_{10}, \boldsymbol{x}_{11}, \boldsymbol{x}_{12}, \boldsymbol{x}_{14}\}, \\
&U_{\text{Cool}} = \{\boldsymbol{x}_5, \boldsymbol{x}_6, \boldsymbol{x}_7, \boldsymbol{x}_9\}.
\end{aligned}
$$

其中, 样例子集 U_{Hot} 共有 4 个样例, 其中 2 个负例, 2 个正例; 样例子集 U_{Mild} 共有 6 个样例, 其中 2 个负例, 4 个正例; 样例子集 U_{Cool} 共有 4 个样例, 其中 1 个负例, 3 个正例. 因此, 3 个样例子集的信息熵分别为:

$$
\begin{aligned}
E(U_{\text{Hot}}) &= -\left(\frac{2}{4}\log_2\frac{2}{4} + \frac{2}{4}\log_2\frac{2}{4}\right) = 1.00, \\
E(U_{\text{Mild}}) &= -\left(\frac{2}{6}\log_2\frac{2}{6} + \frac{4}{6}\log_2\frac{4}{6}\right) = 0.92, \\
E(U_{\text{Cool}}) &= -\left(\frac{1}{4}\log_2\frac{1}{4} + \frac{3}{4}\log_2\frac{3}{4}\right) = 0.81.
\end{aligned}
$$

因此, 根据公式 (1.2), 可得条件属性 Temperature 相对于 U 的信息增益为:

$$
\begin{aligned}
G(\text{Temperature}; U) &= E(U) - \sum_{v \in V_a} \frac{|U_v|}{|U|} E(U_v) \\
&= 0.94 - \left[\frac{4}{14}E(U_{\text{Hot}}) + \frac{6}{14}E(U_{\text{Mild}}) + \frac{4}{14}E(U_{\text{Cool}})\right] \\
&= 0.94 - \left(\frac{4}{14} \times 1.00 + \frac{6}{14} \times 0.92 + \frac{4}{14} \times 0.81\right) \\
&= 0.02.
\end{aligned}
$$

对于条件属性 Humidity, 相应的 $V_a = \{\text{High, Normal}\}$, 对应的 2 个样例子集分别是:

$$
U_{\text{High}} = \{\boldsymbol{x}_1, \boldsymbol{x}_2, \boldsymbol{x}_3, \boldsymbol{x}_4, \boldsymbol{x}_8, \boldsymbol{x}_{12}, \boldsymbol{x}_{14}\},
$$

$$U_{\text{Normal}} = \{\boldsymbol{x}_5, \boldsymbol{x}_6, \boldsymbol{x}_7, \boldsymbol{x}_9, \boldsymbol{x}_{10}, \boldsymbol{x}_{11}, \boldsymbol{x}_{13}\}.$$

其中, 样例子集 U_{High} 共有 7 个样例, 其中 4 个负例, 3 个正例; 样例子集 U_{Normal} 共有 7 个样例, 其中 1 个负例, 6 个正例. 因此, 2 个样例子集的信息熵分别为:

$$E(U_{\text{High}}) = -\left(\frac{3}{7}\log_2\frac{3}{7} + \frac{4}{7}\log_2\frac{4}{7}\right) = 0.99,$$

$$E(U_{\text{Normal}}) = -\left(\frac{1}{7}\log_2\frac{1}{7} + \frac{6}{7}\log_2\frac{6}{7}\right) = 0.59.$$

因此, 根据公式 (1.2), 可得条件属性 Humidity 相对于 U 的信息增益为:

$$\begin{aligned} G(\text{Humidity}; U) &= E(U) - \sum_{v \in V_a} \frac{|U_v|}{|U|} E(U_v) \\ &= 0.94 - \left[\frac{7}{14}E(U_{\text{High}}) + \frac{7}{14}E(U_{\text{Normal}})\right] \\ &= 0.94 - \left(\frac{7}{14} \times 0.99 + \frac{7}{14} \times 0.59\right) \\ &= 0.15. \end{aligned}$$

对于条件属性 Wind, 相应的 $V_a = \{\text{Weak, Strong}\}$, 对应的 2 个样例子集分别是:

$$U_{\text{Weak}} = \{\boldsymbol{x}_1, \boldsymbol{x}_3, \boldsymbol{x}_4, \boldsymbol{x}_5, \boldsymbol{x}_8, \boldsymbol{x}_9, \boldsymbol{x}_{10}, \boldsymbol{x}_{13}\},$$

$$U_{\text{Strong}} = \{\boldsymbol{x}_2, \boldsymbol{x}_6, \boldsymbol{x}_7, \boldsymbol{x}_{11}, \boldsymbol{x}_{12}, \boldsymbol{x}_{14}\}.$$

其中, 样例子集 U_{Weak} 共有 8 个样例, 其中 2 个负例, 6 个正例; 样例子集 U_{Strong} 共有 6 个样例, 其中 3 个负例, 3 个正例. 因此, 2 个样例子集的信息熵分别为:

$$E(U_{\text{Weak}}) = -\left(\frac{2}{8}\log_2\frac{2}{8} + \frac{6}{8}\log_2\frac{6}{8}\right) = 0.81,$$

$$E(U_{\text{Strong}}) = -\left(\frac{3}{6}\log_2\frac{3}{6} + \frac{3}{6}\log_2\frac{3}{6}\right) = 1.00.$$

因此, 根据公式 (1.2), 可得条件属性 Wind 相对于 U 的信息增益为:

$$G(\text{Wind}; U) = E(U) - \sum_{v \in V_a} \frac{|U_v|}{|U|} E(U_v)$$

$$
\begin{aligned}
&= 0.94 - \left[\frac{8}{14}E(U_{\text{Weak}}) + \frac{6}{14}E(U_{\text{Strong}})\right] \\
&= 0.94 - \left(\frac{8}{14} \times 0.81 + \frac{6}{14} \times 1.00\right) \\
&= 0.05.
\end{aligned}
$$

对 4 个条件属性按信息增益由大到小排序, 可得:

$$G(\text{Outlook}; U) \geqslant G(\text{Humidity}; U) \geqslant G(\text{Wind}; U) \geqslant G(\text{Temperature}; U).$$

因为条件属性 Outlook 的信息增益最大, 所以它被选为扩展属性.

(2) 划分样例集合递归地构建决策树.

用条件属性 Outlook 划分样例集合 U, 得到以下 3 个子集:

$$
\begin{aligned}
U_1 &= \{\boldsymbol{x}_1, \boldsymbol{x}_2, \boldsymbol{x}_8, \boldsymbol{x}_9, \boldsymbol{x}_{11}\}, \\
U_2 &= \{\boldsymbol{x}_3, \boldsymbol{x}_7, \boldsymbol{x}_{12}, \boldsymbol{x}_{13}\}, \\
U_3 &= \{\boldsymbol{x}_4, \boldsymbol{x}_5, \boldsymbol{x}_6, \boldsymbol{x}_{10}, \boldsymbol{x}_{14}\}.
\end{aligned}
$$

因为 U_2 中的样例属于同一类别 (Yes), 所以产生一个叶结点, 如图 1.3 所示. 而样例子集 U_1 和 U_3 中的样例属于不同的类别, 对这两个子集重复第 1 步.

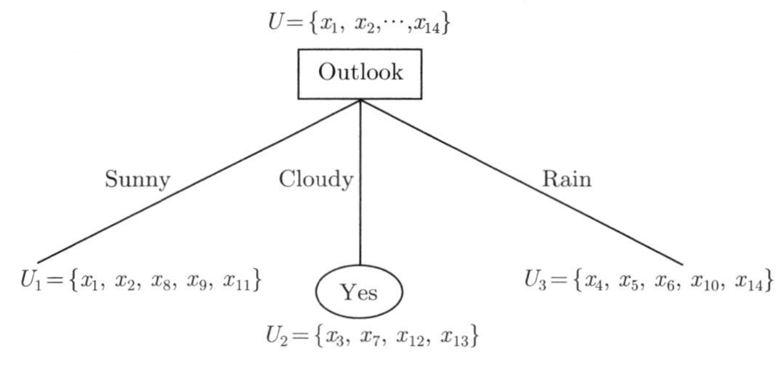

图 1.3　扩展属性 Outlook 对样例集合的划分

(A1) 对样例子集 U_1 重复第 1 步

实际上, 样例子集 U_1 是条件属性 Outlook 取值 Sunny 的等价类, 对应的决策表如表 1.5 所示.

表 1.5 样例子集 U_1 对应的决策表

$\boldsymbol{x}$	Outlook	Temperature	Humidity	Wind	PlayTennis
$\boldsymbol{x}_1$	Sunny	Hot	High	Weak	No
$\boldsymbol{x}_2$	Sunny	Hot	High	Strong	No
$\boldsymbol{x}_8$	Sunny	Mild	High	Weak	No
$\boldsymbol{x}_9$	Sunny	Cool	Normal	Weak	Yes
$\boldsymbol{x}_{11}$	Sunny	Mild	Normal	Strong	Yes

首先计算样例子集 U_1 的信息熵. 因为 U_1 包含 5 个样例, 其中 3 个负例, 2 个正例. 所以 U_1 的信息熵为:

$$E(U_1) = -\sum_{i=1}^{2} p_i \log_2 p_i = -\left(\frac{3}{5}\log_2\frac{3}{5} + \frac{2}{5}\log_2\frac{2}{5}\right) = 0.97.$$

然后计算 3 个条件属性 Temperature, Humidity 和 Wind 相对于子集 U_1 的信息增益 (用表 1.5 或样例子集 U_1 计算).

对于条件属性 Temperature, 相应的 $V_a = \{\text{Hot, Mild, Cool}\}$, 对应的 3 个样例子集分别为:

$$U_{1,\text{Hot}} = \{\boldsymbol{x}_1, \boldsymbol{x}_2\},$$

$$U_{1,\text{Mild}} = \{\boldsymbol{x}_8, \boldsymbol{x}_{11}\},$$

$$U_{1,\text{Cool}} = \{\boldsymbol{x}_9\}.$$

其中, 样例子集 $U_{1,\text{Hot}}$ 共有 2 个样例, 均为负例; 样例子集 $U_{1,\text{Mild}}$ 共有 2 个样例, 其中 1 个负例, 1 个正例; 样例子集 $U_{1,\text{Cool}}$ 共有 1 个样例, 为正例. 因此, 3 个样例子集的信息熵分别为:

$$E(U_{1,\text{Hot}}) = -\left(\frac{2}{2}\log_2\frac{2}{2} + \frac{0}{2}\log_2\frac{0}{2}\right) = 0.00,$$

$$E(U_{1,\text{Mild}}) = -\left(\frac{1}{2}\log_2\frac{1}{2} + \frac{1}{2}\log_2\frac{1}{2}\right) = 1.00,$$

$$E(U_{1,\text{Cool}}) = -\left(\frac{1}{1}\log_2\frac{1}{1} + \frac{0}{1}\log_2\frac{0}{1}\right) = 0.00.$$

因此, 根据公式 (1.2), 可得条件属性 Temperature 相对于子集 U_1 的信息增益为:

$$G(\text{Temperature}; U_1) = E(U_1) - \sum_{v\in V_a}\frac{|U_{1,v}|}{|U_1|}E(U_{1,v})$$

$$
\begin{aligned}
&= 0.97 - \left[\frac{2}{5}E(U_{1,\text{Hot}}) + \frac{2}{5}E(U_{1,\text{Mild}}) + \frac{1}{5}E(U_{1,\text{Cool}})\right] \\
&= 0.97 - \left(\frac{2}{5} \times 0.00 + \frac{2}{5} \times 1.00 + \frac{1}{5} \times 0.00\right) \\
&= 0.57.
\end{aligned}
$$

对于条件属性 Humidity, 相应的 $V_a = \{\text{High, Normal}\}$, 对应的 2 个样例子集分别为:

$$
\begin{aligned}
&U_{1,\text{High}} = \{\boldsymbol{x}_1, \boldsymbol{x}_2\, \boldsymbol{x}_8\}, \\
&U_{1,\text{Normal}} = \{\boldsymbol{x}_9, \boldsymbol{x}_{11}\}.
\end{aligned}
$$

其中, 样例子集 $U_{1,\text{High}}$ 共有 3 个样例, 均为负例; 样例子集 $U_{1,\text{Normal}}$ 共有 2 个样例, 均为正例. 因此, 2 个样例子集的信息熵分别为:

$$
\begin{aligned}
E(U_{1,\text{High}}) &= -\left(\frac{3}{3}\log_2\frac{3}{3} + \frac{0}{3}\log_2\frac{0}{3}\right) = 0.00, \\
E(U_{1,\text{Normal}}) &= -\left(\frac{0}{2}\log_2\frac{0}{2} + \frac{2}{2}\log_2\frac{2}{2}\right) = 0.00.
\end{aligned}
$$

因此, 根据公式 (1.2), 可得条件属性 Humidity 相对于子集 U_1 的信息增益为:

$$
\begin{aligned}
G(\text{Humidity}; U_1) &= E(U_1) - \sum_{v \in V_a} \frac{|U_{1,v}|}{|U_1|} E(U_{1,v}) \\
&= 0.97 - \left[\frac{3}{5}E(U_{1,\text{High}}) + \frac{2}{5}E(U_{1,\text{Normal}})\right] \\
&= 0.97 - \left(\frac{3}{5} \times 0.00 + \frac{2}{5} \times 0.00\right) \\
&= 0.97.
\end{aligned}
$$

对于条件属性 Wind, 相应的 $V_a = \{\text{Weak, Strong}\}$, 对应的 2 个样例子集分别为:

$$
\begin{aligned}
&U_{1,\text{Weak}} = \{\boldsymbol{x}_1, \boldsymbol{x}_8, \boldsymbol{x}_9\}, \\
&U_{1,\text{Strong}} = \{\boldsymbol{x}_2, \boldsymbol{x}_{11}\}.
\end{aligned}
$$

其中, 样例子集 $U_{1,\text{Weak}}$ 共有 3 个样例, 其中 2 个负例, 1 个正例; 样例子集 $U_{1,\text{Strong}}$ 共有 2 个样例, 其中 1 个负例, 1 个正例.. 因此, 2 个样例子集的信息熵分别为:

$$E(U_{1,\text{Weak}}) = -\left(\frac{2}{3}\log_2\frac{2}{3} + \frac{1}{3}\log_2\frac{1}{3}\right) = 0.92,$$

$$E(U_{1,\text{Strong}}) = -\left(\frac{1}{2}\log_2\frac{1}{2} + \frac{1}{2}\log_2\frac{1}{2}\right) = 1.00.$$

因此, 根据公式 (1.2), 可得条件属性 Wind 相对于子集 U_1 的信息增益为:

$$\begin{aligned} G(\text{Wind}; U_1) &= E(U_1) - \sum_{v\in V_a}\frac{|U_{1,v}|}{|U_1|}E(U_{1,v}) \\ &= 0.97 - \left[\frac{3}{5}E(U_{1,\text{Weak}}) + \frac{2}{5}E(U_{1,\text{Strong}})\right] \\ &= 0.97 - \left(\frac{3}{5}\times 0.92 + \frac{2}{5}\times 1.00\right) \\ &= 0.02. \end{aligned}$$

对 3 个条件属性按信息增益由大到小排序, 可得:

$$G(\text{Humidity}; U_1) \geqslant G(\text{Temperature}; U_1) \geqslant G(\text{Wind}; U_1).$$

因为条件属性 Humidity 相对于子集 U_1 的信息增益最大, 所以它被选为扩展属性.

用条件属性 Humidity 对 U_1 进行划分, 得到 2 个样例子集: $U_{1,\text{High}} = \{\boldsymbol{x}_1, \boldsymbol{x}_2, \boldsymbol{x}_8\}$ 和 $U_{1,\text{Normal}} = \{\boldsymbol{x}_9, \boldsymbol{x}_{11}\}$. $U_{1,\text{High}}$ 中的样例都属于同一类 (No), $U_{1,\text{Normal}}$ 中的样例都属于同一类 (Yes), 生成两个叶结点, 如图 1.4 所示.

(A2) 对样例子集 U_3 重复第 1 步

样例子集 U_3 是条件属性 Outlook 取值 Rain 的等价类, 对应的决策表如表 1.6 所示.

首先计算样例子集 U_3 的信息熵. 因为 U_3 包含 5 个样例, 其中 2 个负例, 3 个正例. 所以 U_3 的信息熵为:

$$E(U_3) = -\sum_{i=1}^{2} p_i \log_2 p_i = -\left(\frac{2}{5}\log_2\frac{2}{5} + \frac{3}{5}\log_2\frac{3}{5}\right) = 0.97.$$

然后计算 3 个条件属性 Temperature, Humidity 和 Wind 相对于子集 U_3 的信息增益 (用表 1.6 或样例子集 U_3 计算).

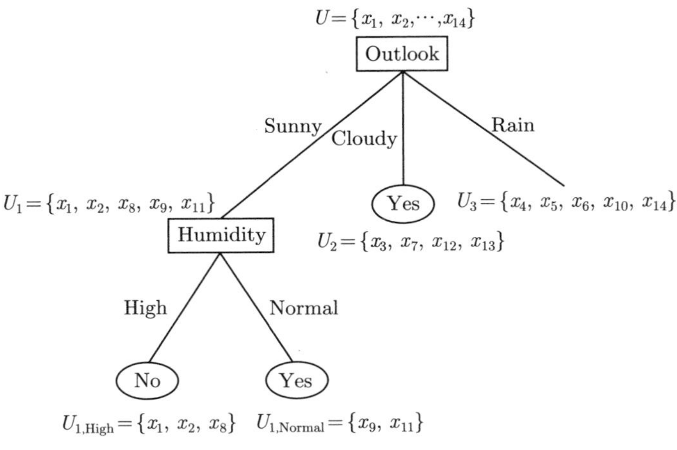

图 1.4　在样例子集 U_1 上递归的过程

表 1.6　样例子集 U_3 对应的决策表

$\boldsymbol{x}$	Outlook	Temperature	Humidity	Wind	PlayTennis
$\boldsymbol{x}_4$	Rain	Mild	High	Weak	Yes
$\boldsymbol{x}_5$	Rain	Cool	Normal	Weak	Yes
$\boldsymbol{x}_6$	Rain	Cool	Normal	Strong	No
$\boldsymbol{x}_{10}$	Rain	Mild	Normal	Weak	Yes
$\boldsymbol{x}_{14}$	Rain	Mild	High	Strong	No

对于条件属性 Temperature, 相应的 $V_a = \{\text{Mild, Cool}\}$, 对应的 2 个样例子集 (2 个等价类) 分别为:

$$U_{3,\text{Mild}} = \{\boldsymbol{x}_4, \boldsymbol{x}_{10}, \boldsymbol{x}_{14}\},$$

$$U_{3,\text{Cool}} = \{\boldsymbol{x}_5, \boldsymbol{x}_6\}.$$

其中, 样例子集 $U_{3,\text{Mild}}$ 共有 3 个样例, 其中 1 个负例, 2 个正例; 样例子集 $U_{3,\text{Cool}}$ 共有 2 个样例, 其中 1 个负例, 1 个正例. 因此, 2 个样例子集的信息熵分别为:

$$E(U_{3,\text{Mild}}) = -\left(\frac{1}{3}\log_2\frac{1}{3} + \frac{2}{3}\log_2\frac{2}{3}\right) = 0.92,$$

$$E(U_{3,\text{Cool}}) = -\left(\frac{1}{2}\log_2\frac{1}{2} + \frac{1}{2}\log_2\frac{1}{2}\right) = 1.00.$$

因此, 根据公式 (1.2), 可得条件属性 Temperature 相对于子集 U_3 的信息增

益为:

$$
\begin{aligned}
G(\text{Temperature}; U_3) &= E(U_3) - \sum_{v \in V_a} \frac{|U_{3,v}|}{|U_3|} E(U_{3,v}) \\
&= 0.97 - \left[\frac{3}{5} E(U_{3,\text{Mild}}) + \frac{2}{5} E(U_{3,\text{Cool}})\right] \\
&= 0.97 - \left(\frac{3}{5} \times 0.92 + \frac{2}{5} \times 1.00\right) \\
&= 0.02.
\end{aligned}
$$

对于条件属性 Humidity, 相应的 $V_a = \{\text{High, Normal}\}$, 对应的 2 个样例子集 (2 个等价类) 分别为:

$$
\begin{aligned}
&U_{3,\text{High}} = \{\boldsymbol{x}_4, \boldsymbol{x}_{14}\}, \\
&U_{3,\text{Normal}} = \{\boldsymbol{x}_5, \boldsymbol{x}_6, \boldsymbol{x}_{10}\}.
\end{aligned}
$$

其中, 样例子集 $U_{3,\text{High}}$ 共有 2 个样例, 其中 1 个负例, 1 个正例; 样例子集 $U_{3,\text{Normal}}$ 共有 3 个样例, 其中 1 个负例, 2 个正例. 因此, 2 个样例子集的信息熵分别为:

$$
\begin{aligned}
E(U_{3,\text{High}}) &= -\left(\frac{1}{2}\log_2\frac{1}{2} + \frac{1}{2}\log_2\frac{1}{2}\right) = 1.00, \\
E(U_{3,\text{Normal}}) &= -\left(\frac{1}{3}\log_2\frac{1}{3} + \frac{2}{3}\log_2\frac{2}{3}\right) = 0.92.
\end{aligned}
$$

因此, 根据公式 (1.2), 可得条件属性 Humidity 相对于子集 U_3 的信息增益为:

$$
\begin{aligned}
G(\text{Humidity}; U_3) &= E(U_3) - \sum_{v \in V_a} \frac{|U_{3,v}|}{|U_3|} E(U_{3,v}) \\
&= 0.97 - \left[\frac{2}{5} E(U_{3,\text{High}}) + \frac{3}{5} E(U_{3,\text{Normal}})\right] \\
&= 0.97 - \left(\frac{2}{5} \times 1.00 + \frac{3}{5} \times 0.92\right) \\
&= 0.02.
\end{aligned}
$$

对于条件属性 Wind, 相应的 $V_a = \{\text{Weak, Strong}\}$, 对应的 2 个样例子集 (2 个等价类) 分别为:

$$
U_{3,\text{Weak}} = \{\boldsymbol{x}_4, \boldsymbol{x}_5, \boldsymbol{x}_{10}\},
$$

$$U_{3,\text{Strong}} = \{\boldsymbol{x}_6, \boldsymbol{x}_{14}\}.$$

其中, 样例子集 $U_{3,\text{Weak}}$ 共有 3 个样例, 均为正例; 样例子集 $U_{3,\text{Strong}}$ 共有 2 个样例, 均为负例. 因此, 2 个样例子集的信息熵分别为:

$$E(U_{3,\text{Weak}}) = -\left(\frac{0}{3}\log_2\frac{0}{3} + \frac{3}{3}\log_2\frac{3}{3}\right) = 0.00,$$

$$E(U_{3,\text{Strong}}) = -\left(\frac{2}{2}\log_2\frac{2}{2} + \frac{0}{2}\log_2\frac{0}{2}\right) = 0.00.$$

因此, 根据公式 (1.2), 可得条件属性 Wind 相对于子集 U_3 的信息增益为:

$$\begin{aligned} G(\text{Wind}; U_3) &= E(U_3) - \sum_{v\in V_a}\frac{|U_{3,v}|}{|U_3|}E(U_{3,v}) \\ &= 0.97 - \left[\frac{3}{5}E(U_{3,\text{Weak}}) + \frac{2}{5}E(U_{3,\text{Strong}})\right] \\ &= 0.97 - \left(\frac{3}{5}\times 0.00 + \frac{2}{5}\times 0.00\right) \\ &= 0.97. \end{aligned}$$

对 3 个条件属性按信息增益由大到小排序, 可得:

$$G(\text{Wind}; U_3) \geqslant G(\text{Humidity}; U_3) = G(\text{Temperature}; U_3).$$

因为条件属性 Wind 相对于子集 U_3 的信息增益最大, 所以它被选为扩展属性.

用条件属性 Wind 对 U_3 进行划分, 得到 2 个样例子集 (2 个等价类): $U_{3,\text{Weak}} = \{\boldsymbol{x}_4, \boldsymbol{x}_5\, \boldsymbol{x}_{10}\}$ 和 $U_{3,\text{Strong}} = \{\boldsymbol{x}_6, \boldsymbol{x}_{14}\}$. $U_{3,\text{Weak}}$ 中的样例都属于同一类 (Yes), $U_{3,\text{Strong}}$ 中的样例都属于同一类 (No), 生成两个叶结点, 如图 1.5 所示. 最终得到的决策树如图 1.2 所示.

决策树 (图 1.2) 中的每一条从根结点到叶结点的路径, 表示一条分类规则. 这样, 决策树中有多少个叶结点就有多少条分类规则. 图 1.2 所示的决策树可转换成以下 5 条分类规则:

规则 1: 如果 Outlook=Sunny, 且 Humidity=High, 那么 PlayTennis=No;

规则 2: 如果 Outlook=Sunny, 且 Humidity=Normal, 那么 PlayTennis=Yes;

规则 3: 如果 Outlook=Cloudy, 那么 PlayTennis=Yes;

规则 4: 如果 Outlook=Rain, 且 Wind=Strong, 那么 PlayTennis=No;

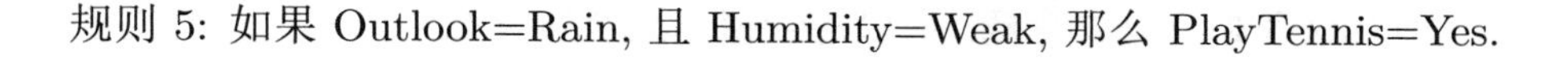

规则 5: 如果 Outlook=Rain, 且 Humidity=Weak, 那么 PlayTennis=Yes.

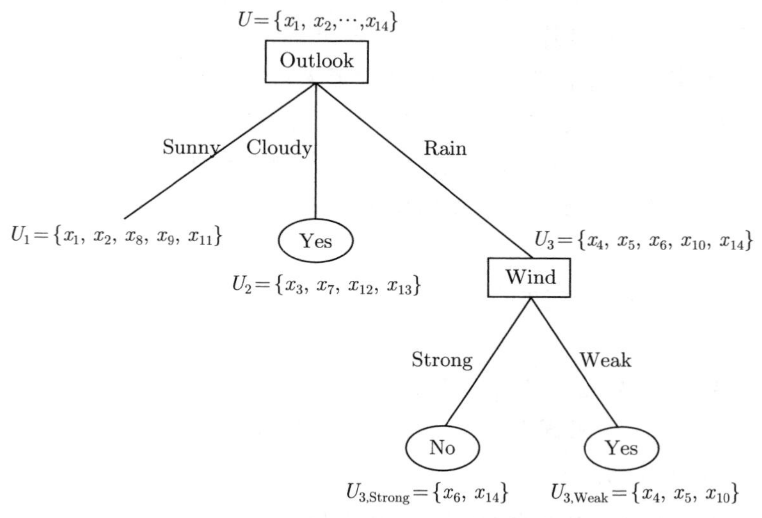

图 1.5 在样例子集 U_3 上递归的过程

决策树生成后, 对于给定的未知类别的样例, 就可以用决策树预测其类别. 如, 给定样例 (Rain, Hot, High, Strong), 它在图 1.2 所示决策树中匹配的路径为 “Outlook $\xrightarrow{\text{Rain}}$ Wind $\xrightarrow{\text{Strong}}$ No”, 因此, 预测其类别为 No.

1.3.2 连续值决策树

解决连续值分类问题的一种直观想法: 首先对连续值决策表进行离散化, 然后用离散值决策树归纳算法 (如 ID3 算法) 构建决策树. 但离散化会有信息丢失, 本节介绍一种直接从连续值决策表构建决策树的贪心算法. 即, 基于非平衡割点的连续值决策树归纳算法 [16].

基于非平衡割点的连续值决策树归纳算法可以看作是 ID3 算法的推广, 它是在离散化思想的基础上提出的一种决策树归纳算法, 但它不需要对连续数据进行离散化. 和 ID3 算法类似, 该算法也分为两步: ① 选择扩展属性, ② 划分样例集合并递归地构建决策树. 选择扩散属性所用的启发式和 ID3 算法类似, 可以是信息增益、Gini 指数、分类错误率等. 但与 ID3 算法所不同的是, 这些启发式是用于度量割点的, 而不是直接度量条件属性的, 它是通过找最优割点来确定扩展属性. 划分样例集合的方式和 ID3 算法也不同, 因为离散值属性是等价关系, 而等价关系对应的等价类是对样例集合的自然划分. 但连续值属性不是等价关系而是相容关系, 所以连续值属性对样例集合不能形成自然的划分, 它是通过割点划分样例集合, 而且这种划分是二分的, 所以连续值属性决策树归纳算法构建的决策树是二叉树. 连续值属性决策表也可以表示为一个四元组 $DT=(U,A\cup C,V,f)$, 只是 A 中的任意一个属性都是连续值. 下面首先介绍割点、平衡割点和非平衡割点的概念, 然后介绍基于非平衡割点的连续值决策树归纳算法.

定义 1.3.3　给定连续值决策表 $DT=(U,A\cup C,V,f), U=\{\boldsymbol{x}_1,\boldsymbol{x}_2,\cdots,\boldsymbol{x}_n\}$, $A=\{a_1,a_2,\cdots,a_d\}$. 对于 $\forall a\in A$, 对 n 个样例在属性 a 上的取值由小到大排序, 排序后每两个值之间的中值, 称为属性 a 的一个割点, a 的所有割点的集合记为 T_a.

显然, 对于 $\forall a\in A$, 属性 a 共有 $n-1$ 个割点. 下面给出平衡割点和非平衡割点的概念.

定义 1.3.4　给定连续值决策表 $DT=(U,A\cup C,V,f)$, 对于 $\forall a\in A$, 设 t 是属性 a 的一个割点. 如果割点 t 两边的样例属于相同的类别, 则称 t 为平衡割点; 否则, 称 t 为非平衡割点.

表 1.7 是一个包含 2 个条件属性, 12 个样例的连续值属性决策表, 这些样例被分为两类, 分别用 “1” 和 “2” 表示. 对决策表中的样例按属性 a_1 的取值由小到大排序, 如表 1.8 所示. a_1 有 11 个割点: $t_1,t_2,\cdots,t_{11}$. 其中, 平衡割点有 6 个, 如第 1 个割点 $t_1=\dfrac{33+47.4}{2}=40.2$, 它两边的样例 $\boldsymbol{x}_{11}$ 和 $\boldsymbol{x}_{10}$ 都属于第 2 类. 非平衡割点有 5 个, 如第 3 个割点 $t_3=\dfrac{59.4+60}{2}=59.7$, 它两边的样例属于不同的类别, $\boldsymbol{x}_8$ 属于第 2 类, $\boldsymbol{x}_1$ 属于第 1 类. 对决策表中的样例按属性 a_2 的取值由小到大排序, 如表 1.9 所示. a_2 有 8 个平衡割点, 3 个非平衡割点.

表 1.7　具有 12 个样例的连续值决策表

$\boldsymbol{x}$	a_1	a_2	c
$\boldsymbol{x}_1$	60.0	18.4	1
$\boldsymbol{x}_2$	81.0	20.0	1
$\boldsymbol{x}_3$	85.5	16.8	1
$\boldsymbol{x}_4$	64.8	21.6	1
$\boldsymbol{x}_5$	61.5	20.8	1
$\boldsymbol{x}_6$	110.1	19.2	1
$\boldsymbol{x}_7$	69.0	20.0	1
$\boldsymbol{x}_8$	59.4	16.0	2
$\boldsymbol{x}_9$	66.0	18.4	2
$\boldsymbol{x}_{10}$	47.4	16.4	2
$\boldsymbol{x}_{11}$	33.0	18.8	2
$\boldsymbol{x}_{12}$	63.0	14.8	2

表 1.8 12 个样例按属性 a_1 排序后的决策表

$\boldsymbol{x}$	a_1	a_2	c
$\boldsymbol{x}_{11}$	33.0	18.8	2
$\boldsymbol{x}_{10}$	47.4	16.4	2
$\boldsymbol{x}_8$	59.4	16.0	2
$\boldsymbol{x}_1$	60.0	18.4	1
$\boldsymbol{x}_5$	61.5	20.8	1
$\boldsymbol{x}_{12}$	63.0	14.8	2
$\boldsymbol{x}_4$	64.8	21.6	1
$\boldsymbol{x}_9$	66.0	18.4	2
$\boldsymbol{x}_7$	69.0	20.0	1
$\boldsymbol{x}_2$	81.0	20.0	1
$\boldsymbol{x}_3$	85.5	16.8	1
$\boldsymbol{x}_6$	110.1	19.2	1

表 1.9 12 个样例按属性 a_2 排序后的决策表

x	a_1	a_2	c
$\boldsymbol{x}_{12}$	63.0	14.8	2
$\boldsymbol{x}_8$	59.4	16.0	2
$\boldsymbol{x}_{10}$	47.4	16.4	2
$\boldsymbol{x}_3$	85.5	16.8	1
$\boldsymbol{x}_1$	60.0	18.4	1
$\boldsymbol{x}_9$	66.0	18.4	2
$\boldsymbol{x}_{11}$	33.0	18.8	2
$\boldsymbol{x}_6$	110.1	19.2	1
$\boldsymbol{x}_7$	69.0	20.0	1
$\boldsymbol{x}_2$	81.0	20.0	1
$\boldsymbol{x}_5$	61.5	20.8	1
$\boldsymbol{x}_4$	64.8	21.6	1

对于 $\forall a \in A$, a 的任意一个割点 t 可以将样例集合 U 划分成两个子集 U_1 和 U_2, 其中 $U_1 = \{\boldsymbol{x} | (\boldsymbol{x} \in U) \wedge (f(\boldsymbol{x}, a) \leqslant t)\}$, $U_2 = \{\boldsymbol{x} | (\boldsymbol{x} \in U) \wedge (f(\boldsymbol{x}, a) > t)\}$. 即, U_1 是由属性 a 的取值小于或等于割点 t 的样例构成的子集, U_2 是由属性 a 的取值大于 t 的样例构成的子集.

这里我们用 Gini 指数度量割点的重要性, 下面先给出集合的 Gini 指数的定义, 然后给出割点的 Gini 指数的定义.

定义 1.3.5 给定连续值决策表 $DT = (U, A \cup C, V, f)$. 设 U 中的样例分为 k 类, 分别用 $C_1, C_2, \cdots, C_k$ 表示, 第 i 类样例所占比例为 $p_i = \dfrac{|C_i|}{|U|}(1 \leqslant i \leqslant k)$. 集合 U 的 Gini 指数定义为:

$$\mathrm{Gini}(U) = 1 - \sum_{i=1}^{k} p_i^2. \tag{1.3}$$

定义 1.3.6 给定连续值决策表 $DT = (U, A \cup C, V, f)$. 设 t 是属性 a 的一个割点, 它将样例集合 U 划分为 U_1 和 U_2 两个子集. 割点 t 的 Gini 指数定义为:

$$\mathrm{Gini}(t, a, U) = \frac{|U_1|}{|U|}\mathrm{Gini}(U_1) + \frac{|U_2|}{|U|}\mathrm{Gini}(U_2). \tag{1.4}$$

说明:

(1) 集合的 Gini 指数和集合的信息熵类似, 度量的也是集合中样例类别的不确定性. 集合的 Gini 指数越大, 集合中样例类别的混乱程度越高.

(2) 割点的 Gini 指数是割点划分出的两个样例子集 Gini 指数的加权平均值. 割点的 Gini 指数度量的是割点划分出的两个子集中样例类别的不确定性. 显然, 割点的 Gini 指数越小, 这个割点划分出的两个子集中样例类别的不确定性越小, 这个割点也越重要.

(3) 割点 t 的重要性还可以用信息增益和信息熵来度量.

(4) 对于 $\forall a \in A$, a 都有一个最优割点, 称为局部最优割点. 如果 A 中包含 d 个属性, 这样可以找到 d 个局部最优割点. 这 d 个局部最优割点中, Gini 指数最小的割点称为全局最优割点, 它所对应属性即为最优属性或扩展属性.

关于全局最优割点, Fayyad 等 [16] 证明了下面的结论是成立的.

定理 1.3.1 全局最优割点一定是非平衡割点.

根据定理 1.3.1, 在找局部最优割点时, 只需计算非平衡割点的 Gini 指数, 这样计算量会大大降低. 下面的算法 1.3 给出了基于非平衡割点的连续值决策树归纳算法的步骤.

例 1.3.2 对表 1.7 所示的连续值属性决策表, 给出用基于非平衡割点的连续值决策树归纳算法生成决策树的过程.

解: 和 ID3 算法类似, 基于非平衡割点的连续值决策树归纳算法的步骤也分为两步, ① 选择扩展属性, ② 划分样例集合递归地构建决策树.

(1) 选择扩展属性.

和 ID3 算法不同的是, 基于非平衡割点的连续值决策树归纳算法是通过选择最优割点来选择扩展属性. 由表 1.8 我们知道, 条件属性 a_1 有 5 个非平衡割点: $t_1 = \frac{59.4+60}{2} = 59.7$, $t_2 = \frac{61.5+63}{2} = 62.25$, $t_3 = \frac{63+64.8}{2} = 63.9$,

算法 1.3: 基于非平衡割点的连续值决策树归纳算法

1 **输入**: 连续值属性决策表 $DT = (U, A \cup C, V, f)$.
2 **输出**: 决策树.
3 **for** (每一个属性 $a \in A$) **do**
4   **for** (属性 a 的每一个非平衡割点 $t \in T_a$) **do**
5   用公式 (1.4) 计算非平衡割点 t 的 Gini 指数 $\text{Gini}(t, a, U)$;
6   **end**
7 **end**
8 选择属性 a 的局部最优割点 t', 使得 $t' = \underset{t \in T_a}{\text{argmin}}\{\text{Gini}(t, a, U)\}$;
9 将 t' 加入到候选全局最优割点集合 T 中;
10 从 T 中找全局最优割点 t^*, 使得 $t^* = \underset{t' \in T}{\text{argmin}}\{\text{Gini}(t', a, U)\}$, t^* 所对应的属性即为扩展属性 a^*;
11 用全局最优割点 t^* 将数据集 U 划分为 2 个子集 U_1 和 U_2. 其中,
$U_1 = \{\boldsymbol{x} | (\boldsymbol{x} \in U) \wedge (f(\boldsymbol{x}, a) \leqslant t^*)\}$, $U_2 = \{\boldsymbol{x} | (\boldsymbol{x} \in U) \wedge (f(\boldsymbol{x}, a) > t^*)\}$;
12 **for** $(i = 1; i \leqslant 2; i++)$ **do**
13   **if** (U_i 中的样例属于同一类) **then**
14   产生一个叶结点;
15   **else**
16   转第 3 步, 重复此过程;
17   **end**
18 **end**
19 输出决策树.

$t_4 = \dfrac{64.8 + 66}{2} = 65.4$, $t_5 = \dfrac{66 + 69}{2} = 67.5$. 下面分别计算这 5 个非平衡割点的 Gini 增益.

非平衡割点 t_1 将样例集合 U 划分为 U_1 和 U_2 两个子集. 其中, U_1 中的样例在属性 a_1 上的取值均小于或等于 t_1, U_2 中的样例在 a_1 上的取值均大于 t_1. 由表 1.8 可以看出, $U_1 = \{\boldsymbol{x}_8, \boldsymbol{x}_{10}, \boldsymbol{x}_{11}\}$, $U_2 = U - U_1$. U_1 中只包含第 2 类的样例, U_2 中包含 7 个第 1 类的样例, 包含 3 个第 2 类的样例. 根据公式 (1.3) 可得:

$$\text{Gini}(U) = 1 - \left[\left(\frac{7}{12}\right)^2 + \left(\frac{5}{12}\right)^2\right] = 0.49,$$

$$\text{Gini}(U_1) = 1 - \left[\left(\frac{0}{3}\right)^2 + \left(\frac{3}{3}\right)^2\right] = 0.00,$$

$$\text{Gini}(U_2) = 1 - \left[\left(\frac{7}{9}\right)^2 + \left(\frac{2}{9}\right)^2\right] = 0.35.$$

根据公式 (1.4) 可得非平衡割点 t_1 的 Gini 指数为:

$$\begin{aligned}\text{Gini}(t_1, a_1, U) &= \frac{|U_1|}{|U|}\text{Gini}(U_1) + \frac{|U_2|}{|U|}\text{Gini}(U_2) \\ &= \frac{3}{12} \times 0 + \frac{9}{12} \times 0.35 = 0.26.\end{aligned}$$

类似地, 可计算条件属性 a_1 的其他 4 个非平衡割点的 Gini 指数, 分别为: $\text{Gini}(t_2, a_1, U) = 0.44$, $\text{Gini}(t_3, a_1, U) = 0.36$, $\text{Gini}(t_4, a_1, U) = 0.31$, $\text{Gini}(t_5, a_1, U) = 0.46$. 在 a_1 的 5 个非平衡割点中, 因为 $t_1 = \dfrac{59.4 + 60}{2} = 59.7$ 的 Gini 指数最小, 所以 t_1 是 a_1 的局部最优割点 t_1', 将其加入候选全局最优割点集合 T 中.

条件属性 a_2 有 3 个非平衡割点, 它们的 Gini 指数分别为 $\text{Gini}(t_1, a_2, U) = 0.26$, $\text{Gini}(t_2, a_2, U) = 0.44$, $\text{Gini}(t_3, a_2, U) = 0.24$. 在 a_2 的 3 个非平衡割点中, 因为 $t_3 = \dfrac{18.8 + 19.2}{2} = 19$ 的 Gini 指数最小, 所以 t_3 是 a_2 的局部最优割点 t_2', 将其加入候选全局最优割点集合 T 中.

从 T 中选择全局最优割点. 因为 a_2 的局部最优割点 $t_2' = 19$ 的 Gini 指数 0.24, 小于 a_1 的局部最优割点 $t_1' = 59.7$ 的 Gini 指数 0.26, 所以 $t_2' = 19$ 是全局最优割点 t^*, 相应的属性 a_2 选择为扩展属性.

(2) 划分样例集合递归地构建决策树.

用条件属性 a_2 的割点 $t^* = 19$ 划分样例集合 U 为两个子集 U_1 和 U_2. 其中, U_1 中包含的样例在属性 a_2 上的取值均小于或等于 19, U_2 中包含的样例在属性 a_2 上的取值均大于 19, 如图 1.6 所示. 因为 U_2 中的样例都属于第 1 类, 所以产生一个类别为 “1” 叶结点. 而 U_1 中的样例不属于同一个类别, 所以在子集 U_1 上重复上述过程. 最终构建的决策树如图 1.7 所示.

由于图 1.7 所示的决策树有 5 个叶结点, 这样它可以转化为如下 5 条分类规则:

规则 1: 如果 $a_1 \leqslant 59.7$ 且 $a_2 \leqslant 19$, 则分类为 2;

规则 2: 如果 $59.7 < a_1 \leqslant 75.75$ 且 $a_2 \leqslant 16.6$, 则分类为 1;

规则 3: 如果 $59.7 < a_1 \leqslant 75.75$ 且 $16.6 < a_2 \leqslant 19$, 则分类为 2;

规则 4: 如果 $a_1 > 75.75$ 且 $a_2 \leqslant 19$, 则分类为 1;

规则 5: 如果 $a_2 > 19$, 则分类为 1.

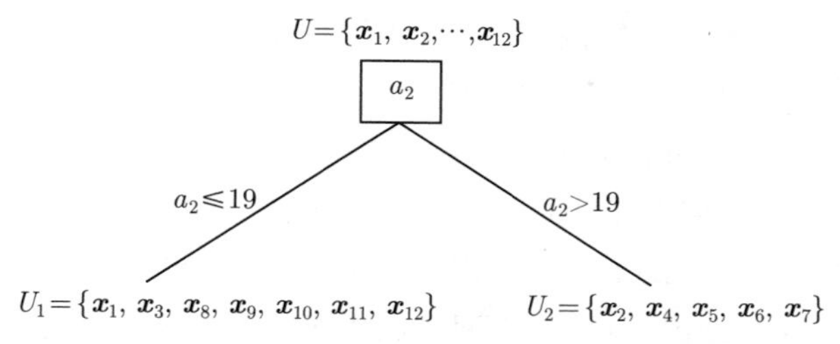

图 1.6 用最优割点 $t^*=19$ 划分样例集合 U 为 U_1 和 U_2 两个子集

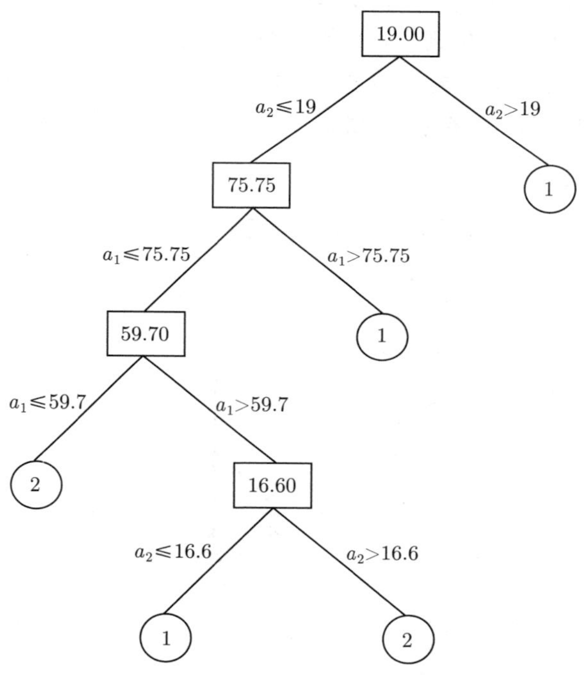

图 1.7 由表 1.7 用基于非平衡割点的连续值决策树归纳算法构建的决策树

1.4 神经网络

神经网络 [17,18] 是一种图计算模型, 作为一种机器学习方法, 既可以解决分类问题, 也可以解决回归问题. 神经网络的研究可以追溯到 1943 年, 在这一年 Mcculloch 和 Pitts 提出了神经元模型, 即著名的 M-P 模型, 开启了神经网络的研究. 神经元模型是神经网络的基本构造单元, 也可以看作一种最简单的神经网络. Rosenblatt 于 1958 年提出了感知器模型, 标志着神经网络研究迎来了第一次热潮, 这种研究热潮持续了近 10 年的时间. Minsky 和 Papert 于 1969 年从数学的角度证明了单层神经网络逼近能力有限, 甚至连简单的异或问题都不能解决, 使神经网络研究陷入了第一次低潮. Rumelhart 等人于 1986 年成功实现了用反向传播 (back propagation, BP) 算法训练多层神经网络, 神经网络研究才迎来第二次热潮, 此后近 10 年时间, BP 算法始终占据统治地位. 但是 BP 算法容易产生过拟合、梯度消失、局部最优等问题. Vapnik 和 Cortes 于 1995 年提出了支持向量机 (support vector machine, SVM), 由于 SVM 具有坚实的理论基础, 在应用中也表现出了比神经网络更好的效果, 神经网络研究则变得不冷不热. Hinton 等人于 2006 年提出了深度学习, 神经网络迎来了又一次高潮. 深度学习是训练深度模型的一种算法, 在计算机视觉、语音识别、自然语言处理等领域取得了极大的成功, 是近几年最热门的研究领域之一. 本节介绍神经网络的基础知识, 包括神经元模型、梯度下降算法、多层感知器、概率神经网络和卷积神经网络.

1.4.1 神经元模型

神经元是神经网络的基本构成单位, 其结构如图 1.8 所示. 其中, $\boldsymbol{x} = (x_1, x_2, \cdots, x_d)$ 是神经元的输入, $\boldsymbol{w} = (w_1, w_2, \cdots, w_d)$ 是连接权, $f(\cdot)$ 是激活函数, b 是神经元的偏置.

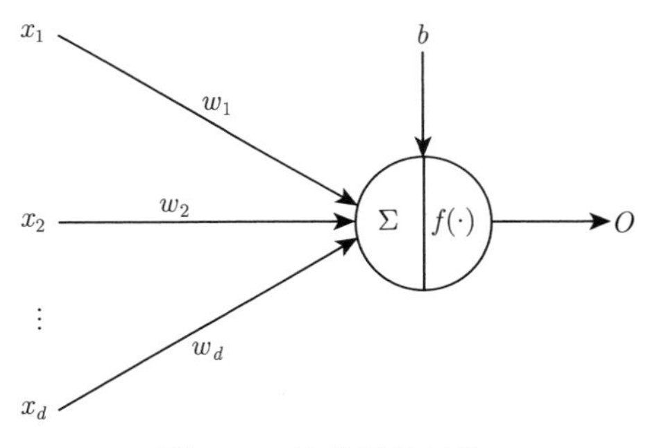

图 1.8 神经元的结构

从图 1.8 可以看出, 神经元的输出为:

$$o = f(\boldsymbol{w} \cdot \boldsymbol{x} + b) = f\left(\sum_{i=1}^{d} w_i x_i + b\right) \tag{1.5}$$

如果把偏置 b 看作一种特殊的连接权 $w_0 = b$, 相应的输入为 $x_0 = 1$, 此时, $\boldsymbol{x} = (x_0, x_1, \cdots, x_d)$, $\boldsymbol{w} = (w_0, w_1, \cdots, w_d)$; 那么公式 (1.5) 变为公式 (1.6).

$$o = f(\boldsymbol{w} \cdot \boldsymbol{x} + b) = f\left(\sum_{i=0}^{d} w_i x_i\right) \tag{1.6}$$

激活函数的作用是对神经元的输出进行调制, 常用的激活函数包括以下 4 种:

(1) 阈值函数:

阈值函数的表达式为:

$$f(x) = \begin{cases} 1 & \text{if} \quad x \geqslant 0 \\ 0 & \text{if} \quad x < 0 \end{cases} \tag{1.7}$$

(2) 分段线性函数:

分段线性函数的表达式为:

$$f(x) = \begin{cases} 1 & \text{if} \quad x \geqslant 1 \\ \dfrac{1+x}{2} & \text{if} \quad -1 \leqslant x < 1 \\ 0 & \text{if} \quad x < -1 \end{cases} \tag{1.8}$$

(3) Sigmoid 函数:

Sigmoid 函数的表达式为:

$$f(x) = \frac{1}{1+e^{-\alpha x}} \tag{1.9}$$

其中, α 是大于 0 的参数.

(4) 双曲正切函数:

双曲正切函数的表达式为:

$$f(x) = \frac{1-e^{-2\alpha x}}{1+e^{-2\alpha x}} \tag{1.10}$$

其中, α 是大于 0 的参数.

如果神经元的激活函数为线性函数 $y = x$, 那么称这种神经元为线性元.

1.4.2 梯度下降算法

为易于理解, 以不带偏置的线性元为例介绍梯度下降算法. 给定一个训练集 $DT = \{(\boldsymbol{x}_j, y_j) | 1 \leqslant j \leqslant n\}$, $\boldsymbol{x}_j = (x_{j1}, x_{j2}, \cdots, x_{jd})$ 是训练样例, y_j 是期望输出. 线性元的训练误差由公式 (1.11) 给出.

$$E(\boldsymbol{w}) = \frac{1}{2}\sum_{j=1}^{n}(y_j - o_j)^2. \tag{1.11}$$

其中, o_j 是线性元关于训练样例 $\boldsymbol{x}_j$ 的实际输出, y_j 是相应的期望输出.

对于 $d = 2$ 的特殊情况, 公式 (1.11) 给出的误差曲面如图 1.9 所示, 图中箭头所指的是点 A 处的梯度下降方向, 下面介绍梯度下降算法.

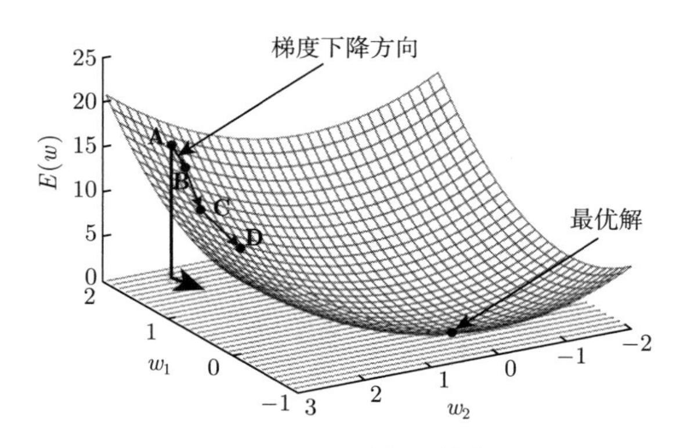

图 1.9　$d = 2$ 时的误差曲面

梯度下降算法是求解最优化问题的一种数值计算方法, 它从某一个初始点 (如图 1.9 中的 A 点) 开始, 沿着梯度下降的方向, 按一定的步长移动到另一点 (如图 1.9 中的 B 点), 如此重复进行, 直到找到问题的最优解.

梯度下降的方向是下降最快的方向, 该方向由误差函数的梯度向量决定, 下面给出梯度的定义.

定义 1.4.1　公式 (1.12) 给出的导数向量称为误差函数 $E(\boldsymbol{w})$ 的梯度, 记为 $\nabla E(\boldsymbol{w})$.

$$\nabla E(\boldsymbol{w}) = \left(\frac{\partial E}{\partial w_1}, \frac{\partial E}{\partial w_2}, \cdots, \frac{\partial E}{\partial w_d}\right) \tag{1.12}$$

说明: 实际上, 由 $\nabla E(\boldsymbol{w})$ 确定的方向是权空间 (或参数空间) 中的最速上升方向, 负梯度方向-$\nabla E(\boldsymbol{w})$ 是最速下降方向, 如图 1.9 中箭头所指的方向.

梯度下降算法的权值更新规则 (也称为 δ 规则) 由公式 (1.13) 给出.

$$\boldsymbol{w} = \boldsymbol{w} - \eta \nabla E(\boldsymbol{w}) \tag{1.13}$$

其中, η 是一个正常数, 称为学习率, 它决定了梯度下降的步长.

分量形式的权值更新规则由公式 (1.14) 给出.

$$w_i = w_i - \eta \frac{\partial E}{\partial w_i} \tag{1.14}$$

其中,

$$\begin{aligned}\frac{\partial E}{\partial w_i} &= \frac{\partial}{\partial w_i}\frac{1}{2}\sum_{j=1}^{n}(y_j - o_j)^2 \\ &= \frac{1}{2}\sum_{j=1}^{n}\frac{\partial}{\partial w_i}(y_j - o_j)^2 \\ &= \frac{1}{2}\sum_{j=1}^{n}2(y_j - o_j)\frac{\partial}{\partial w_i}(y_j - o_j) \\ &= \sum_{j=1}^{n}(y_j - o_j)(-x_{ij})\end{aligned}$$

权增量的计算由公式 (1.15) 给出.

$$\Delta w_i = \eta\sum_{j=1}^{n}(y_j - o_j)x_{ij} \tag{1.15}$$

针对线性元模型的梯度下降贪心算法的伪代码如算法 1.4 所示.

算法 1.4: 梯度下降算法

```
1  输入: 训练集 DT = {(x, y)}, 学习率 η.
2  输出: 权向量 w.
3  初始化 w_i 为小随机数;
4  while ( 不满足停止条件时 ) do
5  |   Δw_i = 0;
6  |   for (∀(x, y) ∈ DT) do
7  |   |   将 x 输入线性元模型, 计算相应的输出 o;
8  |   |   for (∀w_i) do
9  |   |   |   Δw_i = Δw_i + η(y − o)x_i;
10 |   |   end
11 |   end
12 |   for (∀w_i) do
13 |   |   w_i = w_i + Δw_i;
14 |   end
15 end
16 输出 w.
```

1.4.3　多层感知器

多层感知器也称为多层前馈神经网络, 其结构如图 1.10 所示.

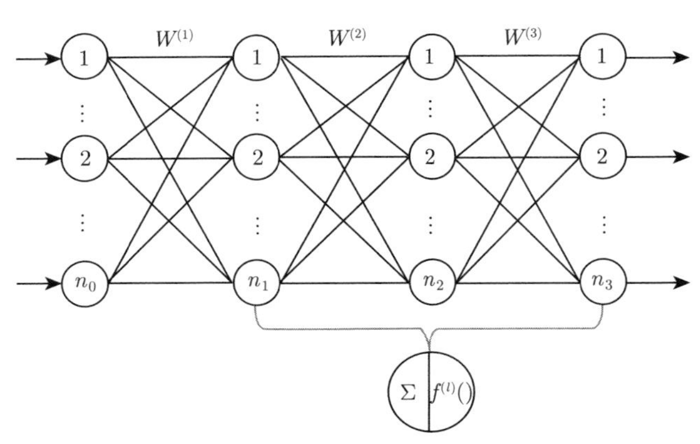

图 1.10　多层感知器结构示意

神经网络的训练 (包括多层感知器) 是指用训练数据确定网络最优参数 (权值、偏置) 的过程, 训练数据的集合称为训练集. 用于训练神经网络的训练集必须是实数值 (连续值) 数据集. 如果用于求解分类问题, 那么数据集还要有类别标签. 如果用于求解回归问题, 那么数据集还要有期望输出值. 神经网络的测试是指用测试数据评估训练好的神经网络的性能 (泛化能力、测试精度、测试误差). 对于给定的数据集, 一般地按一定比例随机将其划分为训练集和测试集. BP 算法是训练多层前馈神经网络的常用算法, 下面以图 1.10 所示的前馈神经网络为例介绍 BP 算法. BP 算法包括前向传播和后向传播两个阶段, 现分别介绍.

(1) 第一个阶段: 前向传播.

前向传播是指将数据输入多层前馈神经网络中, 计算网络的输出.

在图 1.10 中, 第 1 层权矩阵为:

$$\boldsymbol{W}^{(1)}=\left[w_{ji}^{(1)}\right]_{n_1\times n_0} \tag{1.16}$$

第 2 层权矩阵为:

$$\boldsymbol{W}^{(2)}=\left[w_{rj}^{(2)}\right]_{n_2\times n_1} \tag{1.17}$$

第 3 层权矩阵为:

$$\boldsymbol{W}^{(3)}=\left[w_{sr}^{(3)}\right]_{n_3\times n_2} \tag{1.18}$$

其中, $i=1,2,\cdots,n_0; j=1,2,\cdots,n_1; r=1,2,\cdots,n_2; s=1,2,\cdots,n_3$.

对于给定的输入 $\boldsymbol{x} \in R^{n_0 \times 1}$, 第 1 层的输出为:

$$\boldsymbol{x}_{(\text{out},1)} = \boldsymbol{f}^{(1)}\left(\boldsymbol{v}^{(1)}\right) = \boldsymbol{f}^{(1)}\left(\boldsymbol{W}^{(1)}\boldsymbol{x}\right) \in R^{n_1 \times 1} \tag{1.19}$$

第 2 层的输出为:

$$\boldsymbol{x}_{(\text{out},2)} = \boldsymbol{f}^{(2)}\left(\boldsymbol{v}^{(2)}\right) = \boldsymbol{f}^{(2)}\left(\boldsymbol{W}^{(2)}\boldsymbol{x}_{\text{out},1}\right) \in R^{n_2 \times 1} \tag{1.20}$$

第 3 层的输出为:

$$\boldsymbol{x}_{(\text{out},3)} = \boldsymbol{f}^{(3)}\left(\boldsymbol{v}^{(3)}\right) = \boldsymbol{f}^{(3)}\left(\boldsymbol{W}^{(3)}\boldsymbol{x}_{\text{out},2}\right) \in R^{n_3 \times 1} \tag{1.21}$$

整个网络的输出为:

$$\boldsymbol{y} = \boldsymbol{x}_{(\text{out},3)} = \boldsymbol{f}^{(3)}\left(\boldsymbol{W}^{(3)}\boldsymbol{f}^{(2)}\left(\boldsymbol{W}^{(2)}\boldsymbol{f}^{(1)}\left(\boldsymbol{W}^{(1)}\boldsymbol{x}\right)\right)\right) \tag{1.22}$$

(2) 第二个阶段: 后向传播.

后向传播指的是误差后向传播. BP 算法以最速下降梯度法为基础, 最小化下列判据:

$$E_q = \frac{1}{2}\left(\boldsymbol{d}_q - \boldsymbol{x}_{\text{out}}^{(3)}\right)^T\left(\boldsymbol{d}_q - \boldsymbol{x}_{\text{out}}^{(3)}\right) \tag{1.23}$$

其中, q 表示样例编号.

应用最速下降梯度法, 网络权值按下式更新:

$$\Delta w_{ji}^{(l)} = -\mu^{(l)}\frac{\partial E_q}{\partial w_{ji}^{(l)}} \tag{1.24}$$

其中, $l = 1, 2, 3$.

对输出层, 网络权值按下式更新:

$$\begin{aligned}\Delta w_{ji}^{(3)} &= -\mu^{(3)}\frac{\partial E_q}{\partial w_{ji}^{(3)}} \\ &= -\mu^{(3)}\frac{\partial E_q}{\partial v_j^{(3)}} \times \frac{\partial v_j^{(3)}}{\partial w_{ji}^{(3)}}\end{aligned} \tag{1.25}$$

其中,

$$\begin{aligned}\frac{\partial E_q}{\partial v_j^{(3)}} &= \frac{\partial}{\partial v_j^{(3)}}\left\{\frac{1}{2}\sum_{h=1}^{n_3}\left[d_{qh} - f(v_h^{(3)})\right]^2\right\} \\ &= -\left[d_{qj} - f(v_j^{(3)})\right]g(v_j^{(3)})\end{aligned} \tag{1.26}$$

$$\frac{\partial v_j^{(3)}}{\partial w_{ji}^{(3)}}=\frac{\partial}{\partial w_{ji}^{(3)}}\left(\sum_{h=1}^{n_2} w_{jh}^{(3)}\times x_{\text{out},h}^{(2)}\right)=x_{\text{out},h}^{(2)} \tag{1.27}$$

公式 (1.26) 式可以等价地写成:

$$\frac{\partial E_q}{\partial v_j^{(3)}}=-\left(d_{qj}-x_{\text{out},j}^{(3)}\right)g(v_j^{(3)})\triangleq -\delta_j^{(3)} \tag{1.28}$$

其中, $g(\cdot)$ 是 $f(\cdot)$ 的导数.

将 (1.27) 和 (1.28) 代入 (1.25), 可得:

$$\Delta w_{ji}^{(3)}=\mu^{(3)}\delta_j^{(3)}x_{\text{out},i}^{(2)} \tag{1.29}$$

或

$$w_{ji}^{(3)}(k+1)=w_{ji}^{(3)}(k)+\mu^{(3)}\delta_j^{(3)}x_{\text{out},i}^{(2)} \tag{1.30}$$

其中, k 表示迭代的次数.

对隐含层, 类似有:

$$\begin{aligned}\Delta w_{ji}^{(2)}&=-\mu^{(2)}\frac{\partial E_q}{\partial w_{ji}^{(2)}}\\&=-\mu^{(2)}\frac{\partial E_q}{\partial v_j^{(2)}}\times\frac{\partial v_j^{(2)}}{\partial w_{ji}^{(2)}}\end{aligned} \tag{1.31}$$

其中,

$$\begin{aligned}\frac{\partial E_q}{\partial v_j^{(2)}}&=\frac{\partial}{\partial x_{\text{out},j}^{(2)}}\left\{\frac{1}{2}\sum_{h=1}^{n_3}\left[d_{qh}-f\left(\sum_{p=1}^{n_2} w_{hp}^{(3)}x_{\text{out},p}^{(2)}\right)\right]^2\right\}\times\frac{\partial x_{\text{out},j}^{(2)}}{\partial v_j^{(2)}}\\&=-\left[\sum_{h=1}^{n_3}\left(d_{qh}-x_{\text{out},h}^{(3)}\right)g(v_h^{(3)})w_{hj}^{(3)}\right]g(v_j^{(2)})\\&=-\left(\sum_{h=1}^{n_3}\delta_h^{(3)}w_{hj}^{(3)}\right)g(v_j^{(2)})\\&\triangleq -\delta_j^{(2)}\end{aligned} \tag{1.32}$$

$$\frac{\partial v_j^{(2)}}{\partial w_{ji}^{(2)}}=\frac{\partial}{\partial w_{ji}^{(2)}}\left(\sum_{h=1}^{n_1} w_{jh}^{(2)}x_{\text{out},h}^{(1)}\right)=x_{\text{out},i}^{(1)} \tag{1.33}$$

将 (1.32) 和 (1.33) 代入 (1.31), 可得:

$$\Delta w_{ji}^{(2)} = \mu^{(2)}\delta_j^{(2)}x_{\text{out},i}^{(2)} \tag{1.34}$$

或

$$w_{ji}^{(2)}(k+1) = w_{ji}^{(2)}(k) + \mu^{(2)}\delta_j^{(2)}x_{\text{out},i}^{(2)} \tag{1.35}$$

对含有任意个隐含层的前馈神经网络, 可得类似的更新公式:

$$w_{ji}^{(l)}(k+1) = w_{ji}^{(l)}(k) + \mu^{(l)}\delta_j^{(l)}x_{\text{out},i}^{(l)} \tag{1.36}$$

对输出层 L, δ 按公式 (1.37) 计算:

$$\delta_j^{(L)} = \left(d_{qh} - x_{\text{out},j}^{(L)}\right) g(v_j^{(L)}) \tag{1.37}$$

对隐含层 $l(1 \leqslant l \leqslant L-1)$, δ 按公式 (1.38) 计算:

$$\delta_j^{(l)} = \left(\sum_{h=1}^{n_{l+1}} \delta_h^{(l+1)} w_{hj}^{(l+1)}\right) g(v_j^{(l)}) \tag{1.38}$$

BP 算法的伪代码在算法 1.5 中给出.

算法 1.5: BP 算法

1 **输入**: 训练集 $DT = \{(\boldsymbol{x}, y)\}$, 网络结构参数 $n_0, n_1, \cdots, n_L$.
2 **输出**: 权向量 $\boldsymbol{W}^{(1)}, \boldsymbol{W}^{(2)}, \cdots, \boldsymbol{W}^{(L)}$.
3 **for** $(i = 1; i \leqslant L; i = i + 1)$ **do**
4 | 用小随机数初始化 $\boldsymbol{W}^{(i)}$;
5 **end**
6 // 下面 for 循环中的 n 为样例数;
7 **for** $(i = 1; i \leqslant n; i = i + 1)$ **do**
8 | 利用公式 (1.22) 计算网络的输出;
9 | 利用公式 (1.37) 和 (1.38) 计算局部误差;
10 | 利用公式 (1.36) 更新网络权值;
11 **end**
12 **if** (达到预定义的精度要求) **then**
13 | 结束;
14 **else**
15 | 重复步骤 3~10;
16 **end**
17 Return $\boldsymbol{W}^{(1)}, \boldsymbol{W}^{(2)}, \cdots, \boldsymbol{W}^{(L)}$.

1.4.4 概率神经网络

概率神经网络 (probabilistic neural network, PNN)[19] 于 1990 年由 Specht 提出, PNN 由输入层、模式层和类别层构成. 给定标准归一化处理后的训练集 $D=\left\{(\boldsymbol{x}_j,y_j)|\boldsymbol{x}_j\in\mathbf{R}^d,y_j\in\{1,2,\cdots,k\},1\leqslant j\leqslant n\right\}$, $\sum_{i=1}^d x_{ji}^2=1$. 训练集中的样例分为 k 类, 设第 i 类包含 n_i 个样例, 其中 $i=1,2,\cdots,k$. 用 D 训练出的 PNN 如图 1.11 所示.

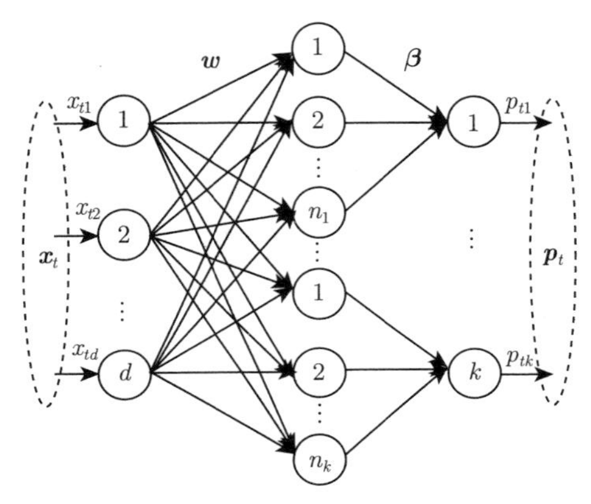

图 1.11 用训练集 D 训练的概率神经网络

在图 1.11 中, 输入层有 d 个结点, d 是特征的维数, 激活函数为 $y=x$. 模式层有 n 个结点, n 是样例的个数, 激活函数为 $g(x)=\exp\left\{\dfrac{x-1}{\sigma^2}\right\}$, 其中 σ 为平衡参数. 类别层也称为求和层或输出层. 有 k 个结点, k 是样例的类别个数, 激活函数为 $y=x$.

输入层和模式层之间采用全连接方式, 连接到模式层第 j 个结点的 d 个连接权 w_{ji} 分别是模式向量 $\boldsymbol{x}_j$ 长度归一化后的各个分量, 即 $w_{ji}=x_{ji}$, $1\leqslant i\leqslant d, 1\leqslant j\leqslant n$. 模式层到类别层采用稀疏连接方式, 模式层的第 j 个结点只与其对应的类别结点有连接, 相应的连接权 $\beta_{jk}=1$, 与其他结点无连接, 即相应的连接权 $\beta_{jk}=0$, 相当于无连接. PNN 的训练过程实际上是模式向量长度归一化的过程, PNN 训练算法 [3] 如算法 1.6 所示.

训练好的 PNN 可用于对测试集中的样例进行分类. 给定标准化的测试集 $T=\left\{(\boldsymbol{x}_t,y_t)|\boldsymbol{x}_t\in\mathbf{R}^d,y_t\in\{1,2,\cdots,k\},1\leqslant t\leqslant m\right\}$, 对于 $\forall\boldsymbol{x}_t\in T$, 将其输入到训练好的 PNN 中, 则模式层第 j 个结点的输出为:

$$o_{jt} = \exp\left\{\frac{\boldsymbol{w}_j^T \cdot \boldsymbol{x}_t - 1}{\sigma^2}\right\} = \exp\left\{\frac{\sum_{i=1}^{d} w_{ji}x_{ti} - 1}{\sigma^2}\right\}. \tag{1.39}$$

算法 1.6: PNN 训练算法

1 **输入**: 训练集 $D = \big\{(\boldsymbol{x}_j, y_j)|\boldsymbol{x}_j \in \mathbf{R}^d, y_j \in \{1,2,\cdots,k\}, 1 \leqslant j \leqslant n\big\}$.
2 **输出**: PNN 的输入层权矩阵 $\boldsymbol{w}$ 和输出层权矩阵 $\boldsymbol{\beta}$.
3 **for** $(j=1; j \leqslant n; j++)$ **do**
4 **for** $(i=1; i \leqslant d; i++)$ **do**
5   $sum = sum + x_{ji}^2$;
6   $sum = \sqrt{sum}$;
7   $x_{ji} = \dfrac{x_{ji}}{sum}$;
8 **end**
9 **for** $(i=1; i \leqslant d; i++)$ **do**
10   $w_{ji} = x_{ji}$;
11 **end**
12 **for** $(s=1; s \leqslant k; s++)$ **do**
13   **if** $y_j = s$ **then**
14    $\beta_{js} = 1$;
15   **else**
16    $\beta_{js} = 0$;
17   **end**
18 **end**
19 **end**
20 输出 PNN 的输入层权矩阵 $\boldsymbol{w}$ 和输出层权矩阵 $\boldsymbol{\beta}$.

类别层第 s 个结点的输出为:

$$p_{st} = \boldsymbol{\beta}_s^T \cdot \boldsymbol{o}_t = \sum_{j=1}^{n_s} o_{jt}. \tag{1.40}$$

因此, PNN 的输出为 $\boldsymbol{p}_t = (p_{1t}, p_{2t}, \cdots, p_{kt})$. 其中, $p_{st}(1 \leqslant s \leqslant k; 1 \leqslant t \leqslant m)$ 表示样例 $\boldsymbol{x}_t$ 属于第 s 类的后验概率. 令 $s_t = \underset{s}{\text{argmax}}\{p_{st}\}$, 则样例 $\boldsymbol{x}_t$ 的预测类别为 s_t. 如果 $s_t = y_t$, 则分类是正确的; 否则, 分类是错误的. PNN 分类算法如算法 1.7 所示.

算法 1.7: PNN 分类算法

1 **输入**: 测试集 $T=\left\{(\boldsymbol{x}_t,y_t)|\boldsymbol{x}_t\in\mathbf{R}^d,y_t\in\{1,2,\cdots,k\},1\leqslant t\leqslant m\right\}$.
2 **输出**: 测试集中样例 $\boldsymbol{x}_t$ 的类别 s_t.
3 **for** $(t=1;t\leqslant m;t++)$ **do**
4   **for** $(j=1;j\leqslant n;j++)$ **do**
5         $t_j=\boldsymbol{w}_j\cdot\boldsymbol{x}$;
6   **for** $(s=1;s\leqslant k;s++)$ **do**
7   **if** $(\beta_{js}=1)$ **then**
8                 $p_{st}=p_{st}+\exp\left\{\dfrac{t_j-1}{\sigma^2}\right\}$;
9   **end**
10   **end**
11         $s_t=\underset{s}{\operatorname{argmax}}\{p_{st}\}$;
12   **end**
13 **end**
14 输出测试样例 $\boldsymbol{x}_t$ 的类别 s_t.

1.4.5 卷积神经网络

卷积神经网络 (convolutional neural network, CNN)[20,21] 是一种著名的深度学习模型, 其名称的由来是因为卷积运算被引入这种模型中. CNN 可以看作是一种多层前馈神经网络, 但与传统的多层前馈神经网络不同, CNN 的输入是二维模式 (如图像), 其连接权是二维权矩阵 (也称为卷积核), 基本操作是卷积和池化 (Pooling). 由于 CNN 可以直接处理二维模式, 所以它在计算机视觉领域得到了非常广泛的应用, 研究人员提出了许多著名的卷积神经网络模型, 如 AlexNET[22]、InceptionNet[23]、ResNet[24] 等. CNN 的基本构成单元是卷积神经元, 它是如图 1.8 所示经典神经元的扩展, 具体扩展包括如下 6 个方面:

(1) 输入 $x_i(1\leqslant i\leqslant d)$ 由标量扩展为矩阵 $\boldsymbol{X}_i(1\leqslant i\leqslant d)$, 在 CNN 中, $\boldsymbol{X}_i$ 称为输入特征图.

(2) 连接权 $w_i(1\leqslant i\leqslant d)$ 也由标量扩展为矩阵 $\boldsymbol{W}_i(1\leqslant i\leqslant d)$, 在 CNN 中, $\boldsymbol{W}_i$ 称为卷积核或卷积滤波器. 一般地, $\boldsymbol{W}_i$ 是阶数较小的矩阵, 如 3×3 或 5×5 的矩阵, 矩阵中的元素是需要学习的权参数.

(3) 标量 w_i 和 x_i 的乘积扩展为矩阵 $\boldsymbol{X}_i$ 和 $\boldsymbol{W}_i$ 的卷积, 卷积的结果依然是一个矩阵 $\boldsymbol{O}_i$. 它的阶数与 $\boldsymbol{X}_i$ 的阶数未必相同.

(4) 求和算子 $\sum$ 由对 w_ix_i 求和扩展为对 $\boldsymbol{X}_i*\boldsymbol{W}_i$ 求和. 其中, 符号 $*$ 是卷

积运算符. 换句话说, 求和算子 $\sum$ 由对标量求和扩展为对矩阵求和.

(5) 激活函数 $f(\cdot)$ 由作用到一个标量 $\sum_{i=1}^{d}(w_i x_i+b)$ 扩展为作用到一个矩阵 $\sum_{i=1}^{d}(\boldsymbol{W}_i*\boldsymbol{X}_i+\boldsymbol{I}\cdot b)=\sum_{i=1}^{d}(\boldsymbol{O}_i+\boldsymbol{I}\cdot b)$. 其中, $\boldsymbol{I}$ 是全 1 矩阵, b 是偏置.

(6) 输出 o 由一个标量扩展为一个矩阵 $\boldsymbol{O}$.

1.4.5.1 卷积神经网络中的基本概念

卷积神经网络中的基本概念包括卷积、权值共享、局部感受域和池化.

(1) 卷积: 卷积是卷积神经网络的核心概念, 它是一种数学运算. 在卷积神经网络中, 一幅输入图像 (也称为输入特征图, 实际上就是一个矩阵) 与一个卷积核作卷积运算, 结果变换成了另一幅图像, 称为输出特征图 (也是一个矩阵, 大小可能与输入特征图相同, 也可能大于或小于输入特征图, 这取决于卷积核的大小及卷积操作的方式). 卷积操作示意如图 1.12 所示.

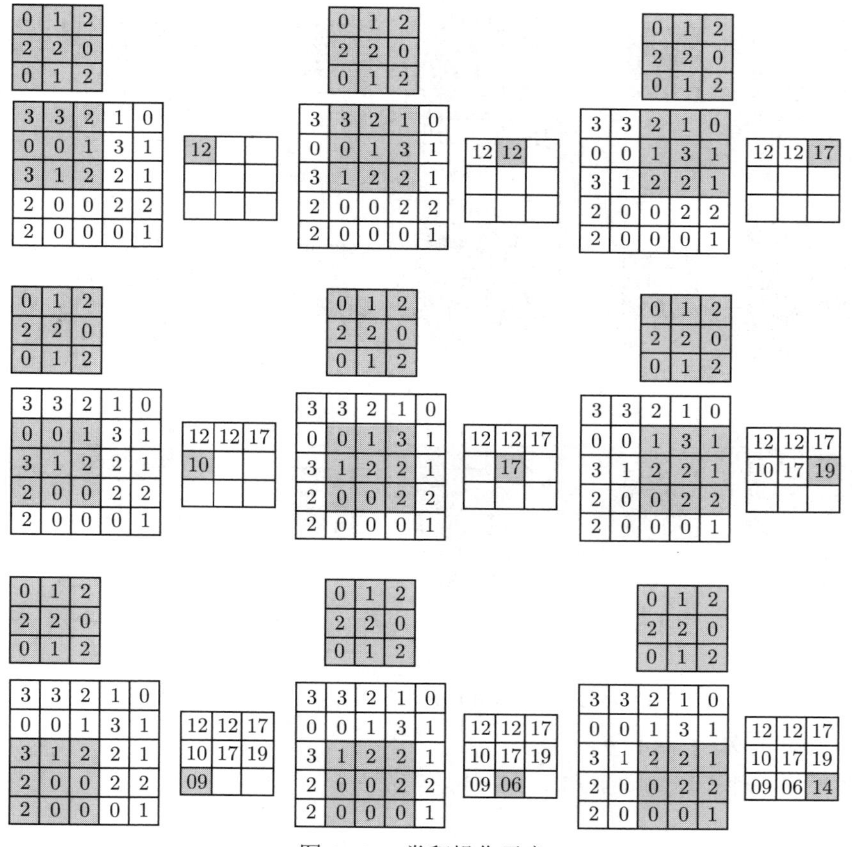

图 1.12 卷积操作示意

(2) 权值共享: 在卷积运算过程中, 卷积核中的参数应用于输入矩阵 (输入特征图) 的多个位置, 不同的位置共享卷积核中的参数, 这种性质称为权值共享.

(3) 局部感受域: 在卷积运算过程中, 卷积核每移动一次, 它所覆盖的区域 (输入矩阵的一个局部子矩阵) 称为局部感受域.

权值共享使得需要学习的参数大幅度减少, 局部感受域的大小由卷积核的大小决定. 下面讨论影响输出特征图的因素, 影响输出特征图的因素包括以下 4 个 [25]:

(1) i: 输入特征图的大小, 相当于 $i_1 = i_2 = i$, 对应矩阵是方阵;

(2) k: 卷积核的大小, 相当于 $k_1 = k_2 = k$, 对应矩阵是方阵;

(3) s: 卷积核移动的幅度, 即卷积核的跨度 (stride), 相当于 $s_1 = s_2 = s$;

(4) p: 补零的个数 (zero padding), 相当于 $p_1 = p_2 = p$.

图 1.13 给出了当 $i = 5$, $k = 3$, $s = 2$, $p = 1$ 时的卷积操作 [25].

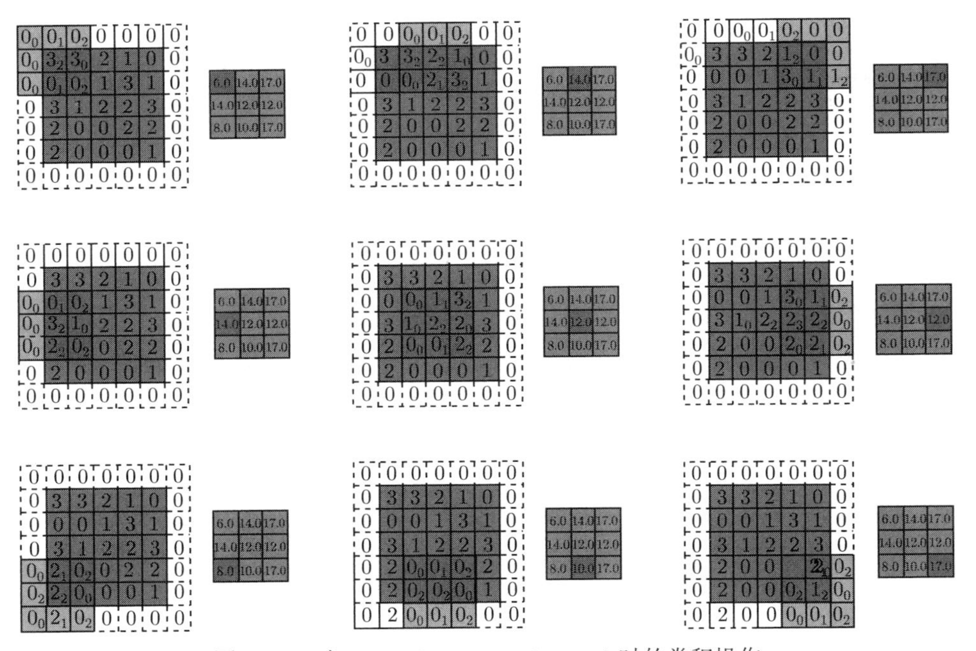

图 1.13　当 $i = 5, k = 3, s = 2, p = 1$ 时的卷积操作

输出特征图的大小 o 与 i, k, s 和 p 之间的关系包括以下几种情况 [25]:

第一种情况: $s = 1$, $p = 0$.

关系 1: 对于任意的 i 和 k, 下列关系成立:

$$o = (i - k) + 1 \tag{1.41}$$

图 1.14 是当 $i=4, k=3, s=1, p=0$ 时的卷积.

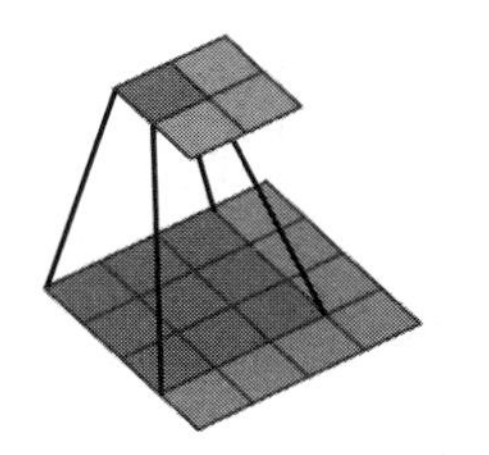
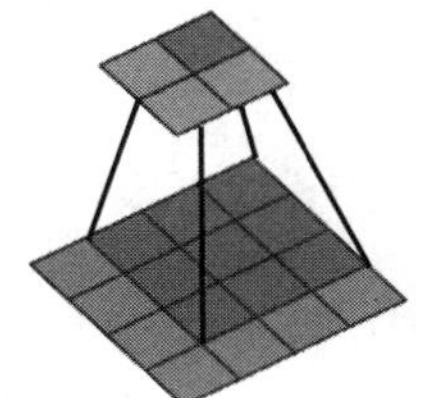
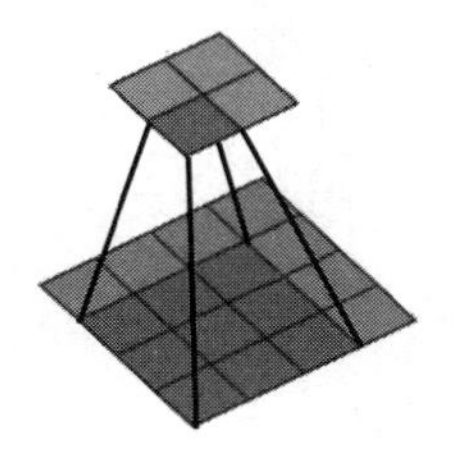
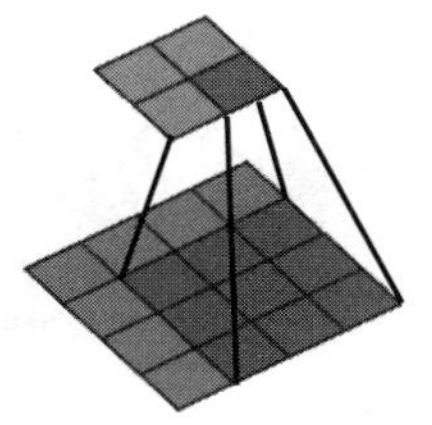

图 1.14 当 $i=4, k=3, s=1, p=0$ 时的卷积

第二种情况: $s=1$, $p\neq 0$.

关系 2: 对于任意的 i, k, p 和 $s=1$, 下列关系成立:

$$o=(i-k)+2p+1 \tag{1.42}$$

图 1.15 是当 $i=5, k=3, s=1, p=2$ 时的卷积.

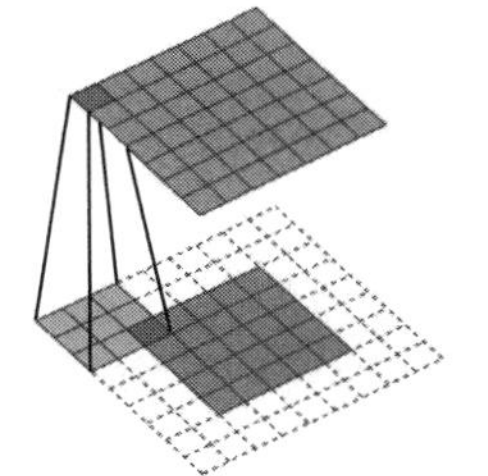
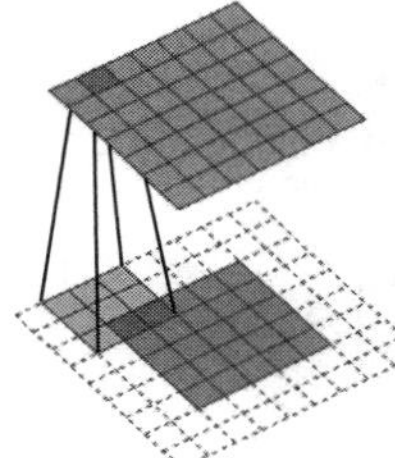
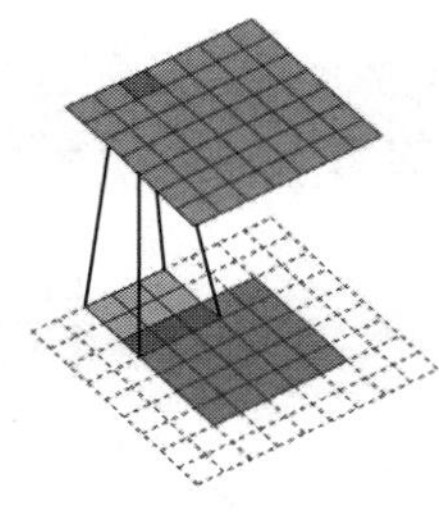
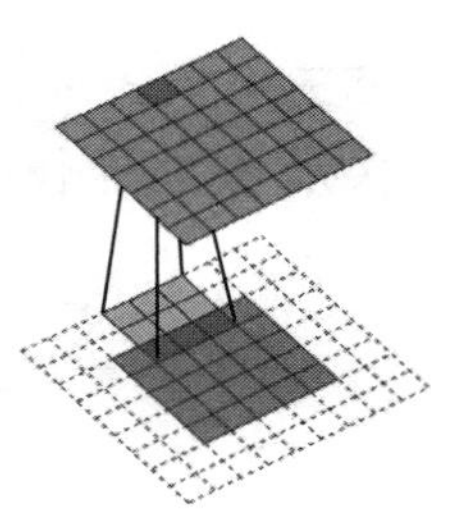

图 1.15 当 $i=5, k=3, s=1, p=2$ 时的卷积

关系 2.1: 对于任意的 i, $k=2n+1$(k 是奇数), $s=1$ 和 $p=\left\lfloor\frac{k}{2}\right\rfloor=n$, 下列关系成立:

$$o=i+2\left\lfloor\frac{k}{2}\right\rfloor-(k-1)=i+2n-2n=i \tag{1.43}$$

图 1.16 是当 $i=5, k=3, s=1$ 和 $p=1$ 时的卷积.

关系 2.2: 对于任意的 i 和 k, $p=k-2$ 和 $s=1$, 下列关系成立:

$$o=i+2(k-1)-(k+1)=i+k-3 \tag{1.44}$$

图 1.17 是当 $i=5, k=4, s=1$ 和 $p=2$ 时的卷积.

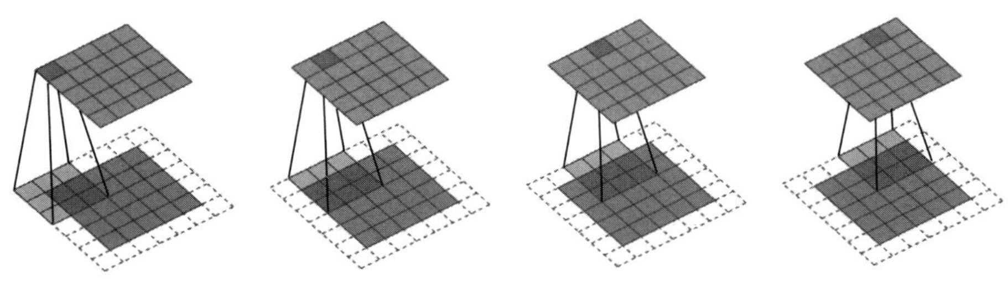

图 1.16 当 $i = 5, k = 3, s = 1, p = 1$ 时的卷积

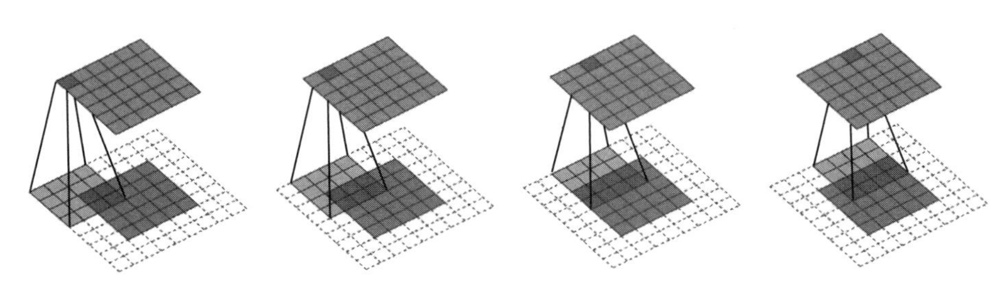

图 1.17 当 $i = 5, k = 4, s = 1, p = 2$ 时的卷积

第三种情况: $s \neq 1$, $p = 0$.

关系 3: 对于任意的 i, k, s 和 $p = 0$, 下列关系成立:

$$o = \left\lfloor \frac{i - k}{s} \right\rfloor + 1 \tag{1.45}$$

图 1.18 是当 $i = 5, k = 3, s = 2, p = 0$ 时的卷积.

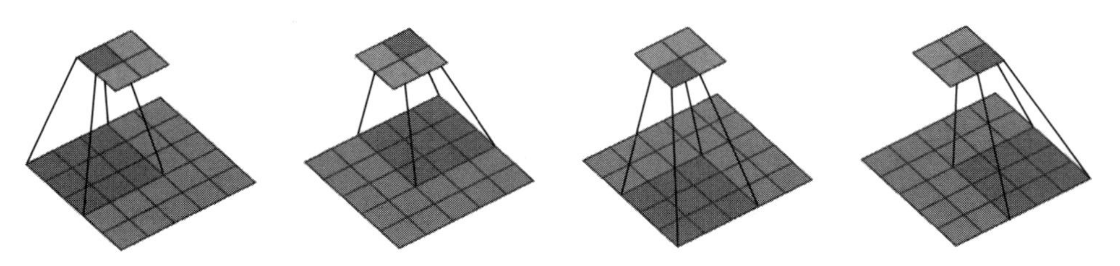

图 1.18 当 $i = 5, k = 3, s = 2, p = 0$ 时的卷积

第四种情况: $s \neq 1$, $p \neq 0$.

关系 4: 对于任意的 i, k, s 和 p, 下列关系成立:

$$o = \left\lfloor \frac{i + 2p - k}{s} \right\rfloor + 1 \tag{1.46}$$

图 1.19 是当 $i=5, k=3, s=2, p=1$ 时的卷积.

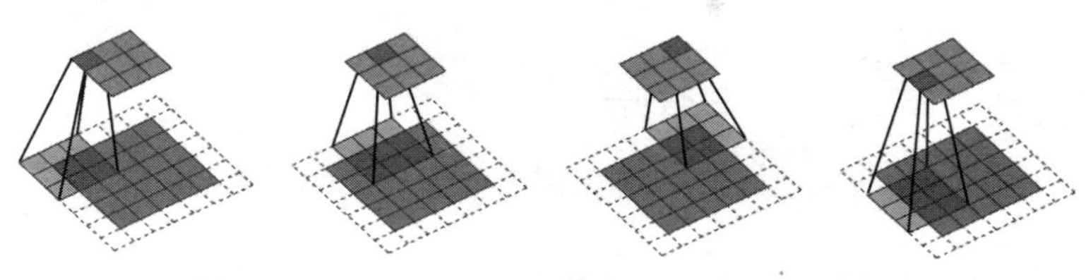

图 1.19 当 $i=5, k=3, s=2, p=1$ 时的卷积

(4) 池化: 由于图像数据的维数比较高, 为了降低计算量, 引入了池化操作. 池化是减小输出特征图大小的运算, 它通过使用一些函数来汇总特征图子区域, 例如取平均值或最大值来减小特征图的大小. 特征图的子区域由池化窗口的大小决定, 下面分别给出平均池化 (图 1.20) 和最大池化 (图 1.21) 的例子, 池化窗口的大小为 3×3. 平均池化是对池化窗口中元素求平均值, 最大池化是对池化窗口中的元素求最大值.

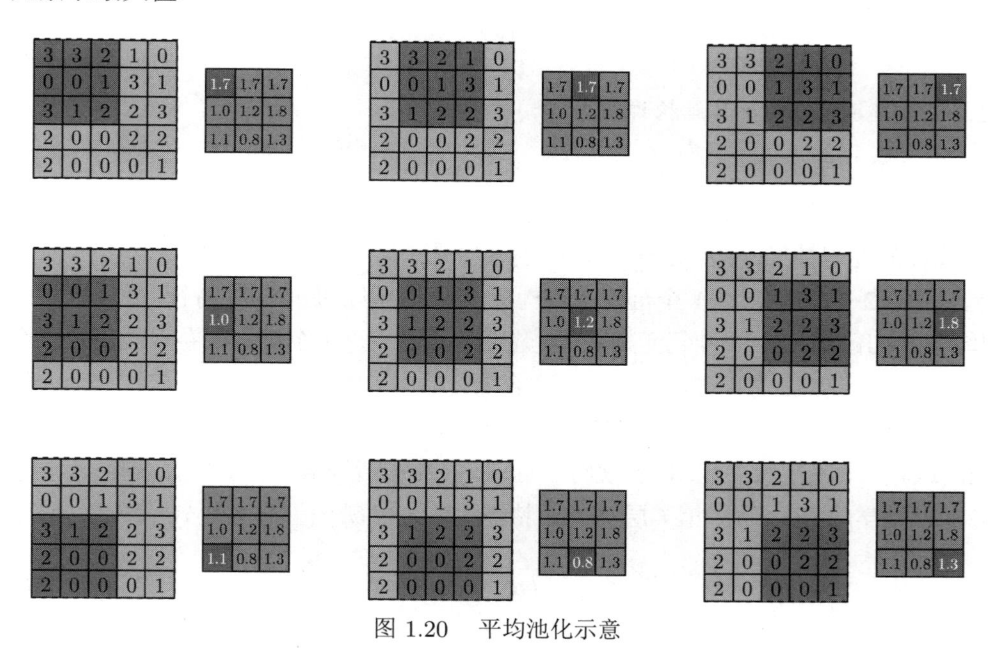

图 1.20 平均池化示意

因为对于池化不存在补零之说, 所以 i, k, s 之间存在如下关系:

关系 5: 对于任意的 i, k, s, 下列关系成立:

$$o=\left\lfloor\frac{i-k}{s}\right\rfloor+1 \tag{1.47}$$

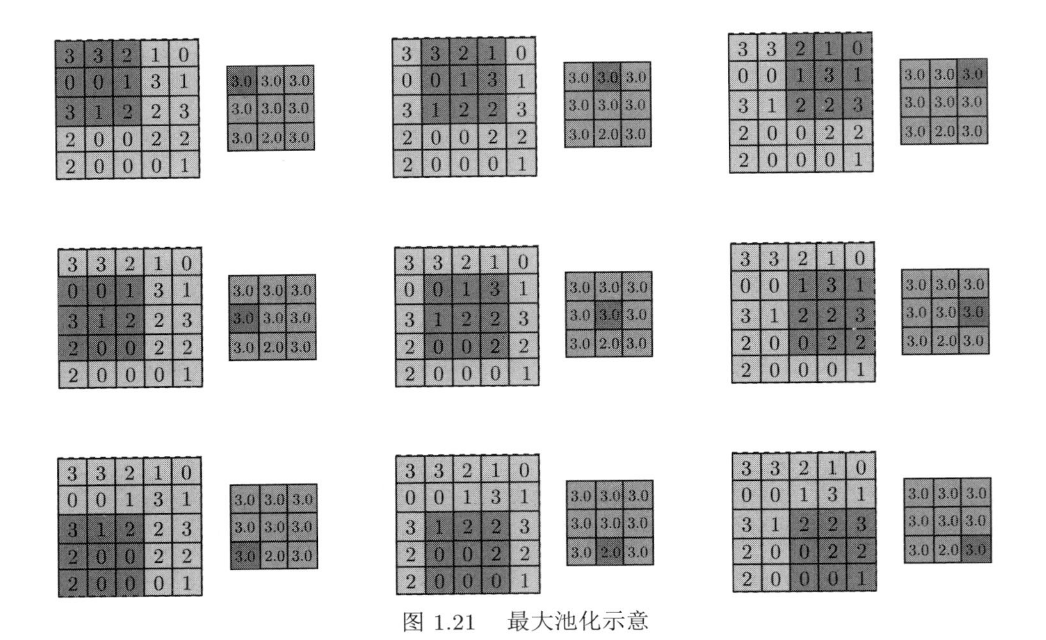

图 1.21 最大池化示意

1.4.5.2 LetNet-5 及其结构详解

(1) LetNet-5 概述.

LetNet-5[20] 是历史上第一个卷积神经网络, 是 Lecun 等人针对手写数字识别设计的卷积神经网络. LetNet-5 的输入层是二维模式 (如图像); 隐含层由 3 个卷积层、2 个采样层和 1 个全连接层构成, 卷积层用于提取图像特征, 采样层用于降维; 输出层由 10 个神经元构成, 对应手写数字的 10 个类别. 卷积层由若干个卷积神经元构成, 卷积神经元与上一层结点 (输出为特征图) 之间的连接权为卷积核, 卷积核通常是一个小矩阵, 其元素是要学习的参数. 卷积核与其前一层的特征图 (或输入图像) 做卷积, 以实现特征提取, 并经激活函数进行非线性变换.

从数学的角度来看, 第 l 层第 k 个特征图在位置 (i,j) 的值按公式 (1.48) 计算.

$$z_{i,j,k}^{l}=(\boldsymbol{w}_{k}^{l})^{T}\boldsymbol{x}_{i,j}^{l}+b_{k}^{l} \tag{1.48}$$

其中, $\boldsymbol{w}_k^l$ 和 b_k^l 分别是第 l 层第 k 个卷积核矩阵和偏置项. $\boldsymbol{x}_{i,j}^l$ 是第 l 层以 (i,j) 为中心的输入子矩阵 (局部感受域).

激活函数将非线性引入卷积神经网络. 令 $a(\cdot)$ 表示非线性激活函数, 则卷积特征 $z_{i,j,k}^l$ 的激活函数值为:

$$a_{i,j,k}^{l}=a\left(z_{i,j,k}^{l}\right) \tag{1.49}$$

典型的激活函数包括 Sigmoid 函数、tanh 函数和 ReLU (Rectified Linear Unit) 激活函数. ReLU 激活函数的定义如下:

$$a_{i,j,k}^{l} = \max\left(z_{i,j,k}^{l}, 0\right) \tag{1.50}$$

许多工作显示 ReLU 激活函数比 Sigmoid 函数和 tanh 函数效果好. 但是, ReLU 激活函数也存在不足, 如常数梯度和零梯度效应, 这可能降低卷积神经网络的训练速度. 为了克服该函数的不足, 研究人员提出了几种改进方案 [26], 给出: Leaky ReLU (LReLU) 函数、Parametric ReLU (PReLU) 函数、Randomized ReLU (RReLU) 函数和 Exponential Linear Unit (ELU) 函数.

LReLU 函数的定义如下:

$$a_{i,j,k} = \max(z_{i,j,k}, 0) + \lambda \min(z_{i,j,k}, 0) \tag{1.51}$$

其中, $\lambda \in (0,1)$ 是用户预定义的参数.

PReLU 函数的定义如下:

$$a_{i,j,k} = \max(z_{i,j,k}, 0) + \lambda_k \min(z_{i,j,k}, 0) \tag{1.52}$$

其中, λ_k 是第 k 个通道可学习的参数.

RReLU 函数的定义如下:

$$a_{i,j,k}^{n} = \max(z_{i,j,k}^{n}, 0) + \lambda_k^n \min(z_{i,j,k}^{n}, 0) \tag{1.53}$$

其中, $z_{i,j,k}^{n}$ 表示关于第 n 个样例在位置 (i,j) 的第 k 个通道的值, λ_k^n 是相应样例的随机抽样参数.

ELU 函数的定义如下:

$$a_{i,j,k} = \max(z_{i,j,k}, 0) + \min(\lambda(e^{z_{i,j,k}} - 1), 0) \tag{1.54}$$

其中, λ 是用户预定义的参数, 用于控制负值输出的饱和程度.

LetNet-5 的池化层也称为采样层, 它紧接着卷积层, 采样神经元和卷积神经元之间的连接方式是一对一的. 采样层的目的是降维, 同时获得特征图的平移不变特性. 设池化函数为 pool$(\cdot)$, 这样对于每一个特征图 $\boldsymbol{a}_{:,:,k}^{l}$, 对于 $\forall(m,n) \in R_{ij}$, 经池化运算可得:

$$y_{i,j,k}^{l} = \text{pool}\left(\boldsymbol{a}_{m,n,k}^{l}\right) \tag{1.55}$$

其中, R_{ij} 为 (i,j) 周围的一个局部区域 (称为池化区域).

几个交替的卷积层和采样层之后, 是一个单隐含层前馈神经网络 (SLFN).

(2) LetNet-5 结构详解.

LetNet-5 共包含 8 层, 可分为特征学习器和分类器两部分, 如图 1.22 所示. 其输入层包含 1 个结点, 接收二维输入模式 (32×32 的灰度图像); 输出层包含 10 个结点, 分别对应手写数字的 10 类.

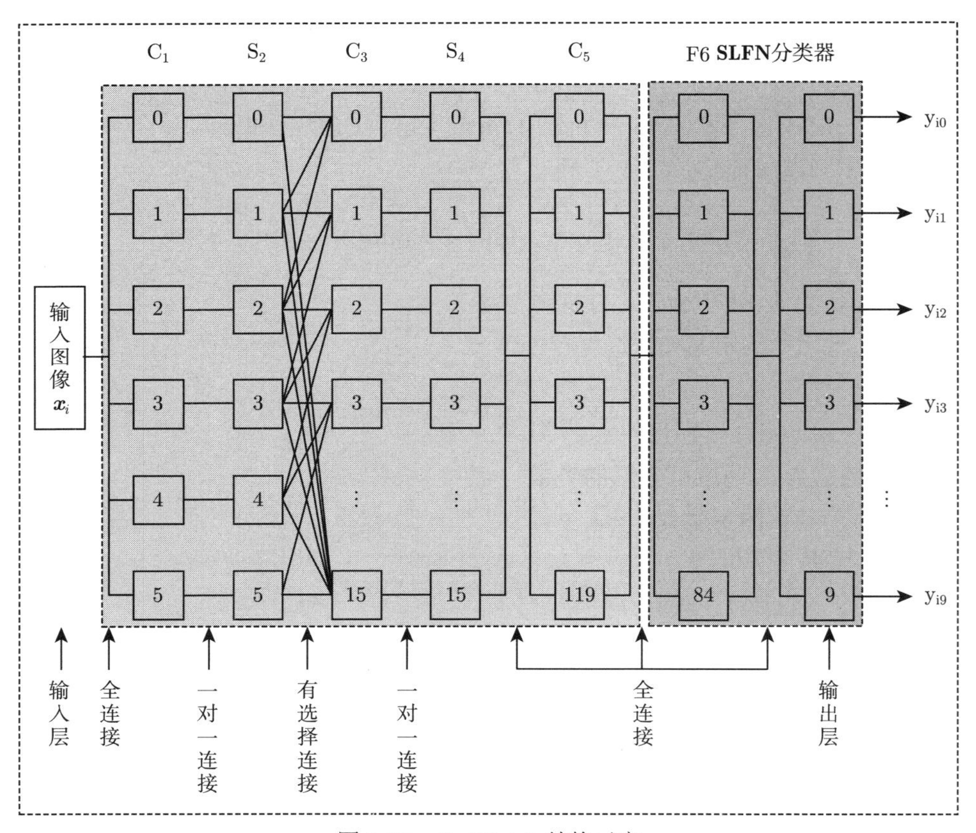

图 1.22 LetNet-5 结构示意

LetNet-5 前 3 层的详细结构如图 1.23 所示.

LetNet-5 的输入层是需要处理的图像数据, 下面对其余 7 层做详细介绍.

C_1 卷积层

C_1 卷积层由 6 个卷积神经元构成, 每一个神经元有 1 个偏置; 输入是 32×32 的特征图, 即 $i = 32$; 卷积核大小为 5×5, 即 $k = 5$; 跨度为 1, 没有补零, 即 $s = 1$, $p = 0$. 因此, 输出特征图的大小为 $o = (i - k) + 1 = (32 - 5) + 1 = 28$, 即输出特

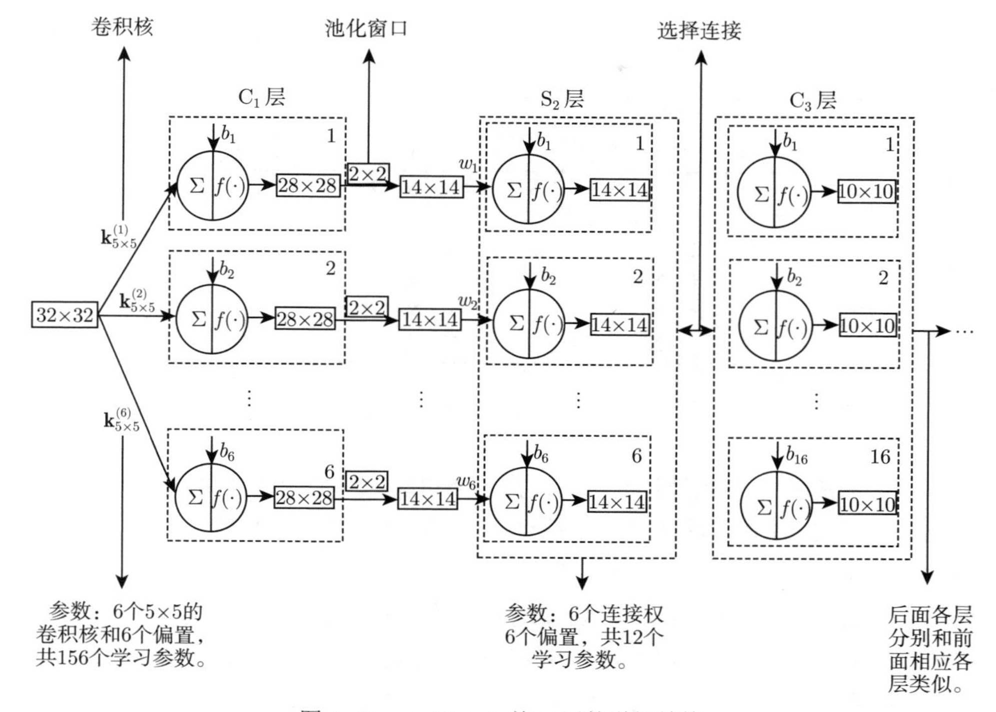

图 1.23　LetNet-5 前 3 层的详细结构

征图大小为 28×28. 在 C_1 卷积层中, 因为每一个神经元只和输入特征图相连接, 卷积神经元的入度为 1, 对 1 项求和, 相当于没有求和. 激活函数是 $y = x$, 相当于没有激活函数. C_1 卷积层参数个数为 $6 \times (5 \times 5 + 1) = 156$ 个.

S_2 池化层

因为 S_2 层池化神经元的输入是 C_1 层卷积神经元的输出, 所以池化神经元的个数为 6 个, 输入特征图大小为 28×28, 即 $i = 28$; 池化窗口大小为 2×2, 池化操作为池化窗口内元素求和. 显然, 池化神经元输出特征图大小 14×14. 每个池化窗口有 1 个可训练的权参数, 还有 1 个可训练的偏置. 激活函数为 Sigmoid 函数, 参数个数为 $2 \times 6 \times 14 \times 14 = 2352$ 个.

C_3 卷积层

C_3 卷积层由 16 个卷积神经元构成, 输入是 14×14 的特征图, 即 $i = 14$; 卷积核大小为 5×5, 即 $k = 5$; 跨度为 1, 没有补零, 即 $s = 1$, $p = 0$. 因此, 输出特征图的大小为 $o = (i - k) + 1 = (14 - 5) + 1 = 10$, 即输出特征图大小为 10×10. C_3 层卷积神经元与 S_2 层池化神经元的连接方式采用有选择连接, 具体连接方式如图 1.24 所示.

	0	1	2	3	4	5	6	7	8	9	10	11	12	13	14	15
0	X				X	X	X			X	X	X	X		X	X
1	X	X				X	X	X			X	X	X	X		X
2	X	X	X				X	X	X			X		X	X	X
3		X	X	X			X	X	X	X			X		X	X
4			X	X	X			X	X	X	X		X	X		X
5				X	X	X			X	X	X	X		X	X	X

图 1.24　C_3 层卷积神经元与 S_2 层池化神经元之间的选择连接方式

C_3 层的前 6 个卷积神经元与 S_2 中 3 个相邻的特征图相连接, 每一个连接的卷积核是 5×5 的, 做卷积运算后, 得到 3 个特征图, 然后求和算子对 3 个卷积特征图求和; 每个卷积神经元有 1 个偏置, 共有 16 个偏置, 激活函数是 $y = x$. 因此, C_3 层的前 6 个卷积神经元需要训练的参数共 $6 \times (3 \times 5 \times 5 + 1) = 456$ 个. 接下来 6 个卷积神经元与 S_2 中 4 个相邻特征图相连接 (入度为 4, 求和算子对 4 个特征图求和); 再后面的 3 个卷积神经元与 S_2 层不相邻的 4 个特征图相连接 (入度为 4, 求和算子对 4 个特征图求和); 最后一个卷积神经元与 S_2 层中所有的 6 个神经元相连接. 显然, C_3 层需要训练的参数共有 $6 \times (3 \times 5 \times 5 + 1) + 6 \times (4 \times 5 \times 5 + 1) + 3 \times (4 \times 5 \times 5 + 1) + 1 \times (6 \times 5 \times 5 + 1) = 1516$ 个.

S_4 池化层

S_4 池化层输入特征图大小为 10×10, 池化窗口大小为 2×2, 池化操作是池化窗口内元素求和, 池化神经元个数 16, 与 C_3 卷积神经元的个数一一对应. 输出特征图大小为 5×5, 每个池化窗口有一个可训练的权参数, 还有一个可训练的偏置, 激活函数为 Sigmoid 函数, 参数个数为 $2 \times 16 \times 5 \times 5 = 800$ 个.

C_5 卷积层

C_5 卷积层输入特征图大小为 5×5, 卷积核大小也是 5×5, 卷积神经元个数为 120, 跨度为 1, 没有补零, 连接方式为全连接. 输出特征图大小为 1×1, 退化为一个标量, 每一个卷积神经元有 1 个偏置, 共 120 个, 参数个数为 $120 \times (16 \times 5 \times 5 + 1) = 48120$ 个. 因为 C_1 卷积层每一个神经元与 S_4 层 16 个神经元全连接, 所以求和算子是对 16 项 (即 16 个卷积特征图) 求和, 激活函数是 $y = x$, 相当于没有激活函数.

F_6 层

F_6 层的输入是 C_5 层的 120 维向量, 神经元个数为 84, 采用全连接方式连接. 具体地, 计算输入向量和权重向量之间的点积, 再加上 1 个偏置, 结果通过 Sigmoid 函数输出, 输出特征图是一个 84 维的向量, 参数个数为 $84 \times (120 + 1) = 10164$ 个.

输出层

输出层的输入为 F_6 层的 84 维向量, 神经元个数为 10, 分别代表数字 0 到 9. 如果结点 i 的值为 0, 则网络识别的结果是数字 i. 连接方式为全连接, 激活函数采用径向基函数, 输出为 10 维 0-1 向量, 参数个数为 $84 \times 10 = 840$ 个.

1.4.5.3 卷积神经网络的训练

从宏观上看, 卷积神经网络属于前馈网络, 可用 BP 算法来训练. 但是, 因为卷积神经网络包含池化层. 所以, 用 BP 算法进行训练时还需要做些准备工作, 如转置卷积等. 训练卷积神经网络最常用的目标函数 (损失函数) 是交叉熵函数, 二类分类中称为 Logistic 交叉熵损失函数, 多类分类中称为 Softmax 交叉熵损失函数. 它们的定义由公式 (1.56) 和 (1.57) 给出.

$$J(\boldsymbol{\theta}) = -\frac{1}{n}\left(\sum_{i=1}^{n} y_i \log\left(h_{\boldsymbol{\theta}}(\boldsymbol{x}_i)\right) + (1 - y_i)\log\left(1 - h_{\boldsymbol{\theta}}(\boldsymbol{x}_i)\right)\right) \tag{1.56}$$

$$J(\boldsymbol{\theta}) = -\frac{1}{n}\left(\sum_{i=1}^{n}\sum_{j=1}^{k} \mathrm{I}(y_i = j)\log\frac{e^{\boldsymbol{\theta}_j^{\mathrm{T}}\boldsymbol{x}_i}}{\sum_{l=1}^{k} e^{\boldsymbol{\theta}_j^{\mathrm{T}}\boldsymbol{x}_i}}\right) \tag{1.57}$$

其中, $\mathrm{I}(\cdot)$ 是指示函数.

卷积神经网络的训练除了与目标函数有关外, 还涉及很多因素, 如激活函数、池化函数、正则化技术、优化技术、加速技术等, 也有很多技巧, 详细介绍这些内容超出了本书的范围, 有兴趣的读者可参考文献 [20, 21, 27].

1.5 极限学习机

极限学习机 (extreme learning machine, ELM)[28,29] 是一种训练单隐含层前馈神经网络的随机化算法, 用 ELM 训练的单隐含层前馈神经网络具有特殊的结构, 如图 1.25 所示. 其特殊性主要体现在以下几点: ① 输入层结点没有求和单元, 激活函数是线性函数 $y = x$, 输入层结点只接收外部的输入; ② 隐含层结点有求和单元, 激活函数是 Sigmoid 函数, 隐含层结点接收输入层结点的输出; ③ 输出层结点有求和单元, 激活函数是线性函数 $y = x$, 输出层结点接收隐含层的输出.

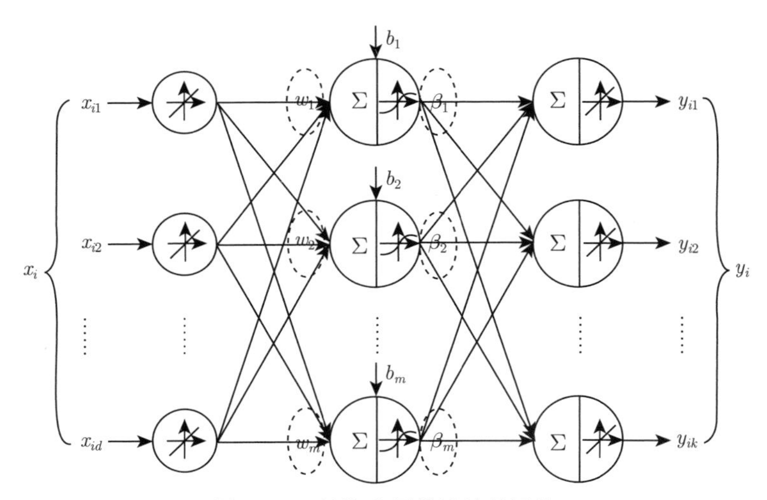

图 1.25　单隐含层前馈神经网络

在 ELM 中, 输入层和隐含层之间的权值及隐含层结点的偏置用随机化方法初始化; 而隐含层和输出层之间的权值用分析的方法确定. 实际上, 在 ELM 算法中, 输入层到隐含层所起的作用是一个随机映射, 它把训练集中的样本点由原空间映射到了一个特征空间. 特征空间的维数由隐含层结点的个数确定, 一般情况下, 特征空间的维数比原空间的维数高. 与 BP 算法相比, ELM 的优点是不需要迭代调整权参数, 具有非常快的学习速度和非常好的泛化能力.

给定训练集 $D=\{(\boldsymbol{x}_i,\boldsymbol{y}_i)|\boldsymbol{x}_i\in\mathbf{R}^d,\boldsymbol{y}_i\in\mathbf{R}^k,i=1,2,\cdots,n\}$. 其中, $\boldsymbol{x}_i$ 是 d 维输入向量, $\boldsymbol{y}_i$ 是 k 维目标向量. 具有 m 个隐含层结点的单隐含层前馈神经网络可表示为:

$$f(\boldsymbol{x}_i)=\sum_{j=1}^{m}\boldsymbol{\beta}_j g(\boldsymbol{w}_j\cdot\boldsymbol{x}_i+b_j) \tag{1.58}$$

其中, $\boldsymbol{w}_j=(w_{j1},w_{j2},\cdots,w_{jd})^{\mathrm{T}}$, 是输入层结点到隐含层第 j 个结点的权向量, b_j 是隐含层第 j 个结点的偏置, 在 ELM 中, $\boldsymbol{w}_j$ 和 b_j 是随机生成的. $\boldsymbol{\beta}_j=(\beta_{j1},\beta_{j2},\cdots,\beta_{jm})^{\mathrm{T}}$, 是隐含层第 j 个结点到输出层结点的权向量, $\boldsymbol{\beta}_j$ 可通过给定的训练集用最小二乘拟合来估计, $\boldsymbol{\beta}_j$ 应满足下式:

$$f(\boldsymbol{x}_i)=\sum_{j=1}^{m}\boldsymbol{\beta}_j g(\boldsymbol{w}_j\cdot\boldsymbol{x}_i+b_j)=y_i \tag{1.59}$$

公式 (1.59) 可写成如下的矩阵形式:

$$\boldsymbol{H}\boldsymbol{\beta}=\boldsymbol{Y} \tag{1.60}$$

其中,

$$\boldsymbol{H}=\begin{bmatrix} g(\boldsymbol{w}_1\cdot\boldsymbol{x}_1+b_1) & \cdots & g(\boldsymbol{w}_m\cdot\boldsymbol{x}_1+b_m) \\ \vdots & \cdots & \vdots \\ g(\boldsymbol{w}_1\cdot\boldsymbol{x}_n+b_1) & \cdots & g(\boldsymbol{w}_m\cdot\boldsymbol{x}_n+b_m) \end{bmatrix} \tag{1.61}$$

$$\boldsymbol{\beta}=(\boldsymbol{\beta}_1^{\mathrm{T}},\cdots,\boldsymbol{\beta}_m^{\mathrm{T}})^{\mathrm{T}} \tag{1.62}$$

$$\boldsymbol{Y}=(\boldsymbol{y}_1^{\mathrm{T}},\cdots,\boldsymbol{y}_n^{\mathrm{T}})^{\mathrm{T}} \tag{1.63}$$

$\boldsymbol{H}$ 是单隐含层前馈神经网络的隐含层输出矩阵, 它的第 j 列是隐含层第 j 个结点相对于输入 $\boldsymbol{x}_1,\boldsymbol{x}_2,\cdots,\boldsymbol{x}_n$ 的输出, 它的第 i 行是隐含层相对于输入 $\boldsymbol{x}_i$ 的输出. 如果单隐含层前馈神经网络的隐含层结点个数等于样例的个数, 那么矩阵 $\boldsymbol{H}$ 是可逆方阵. 此时, 用单隐含层前馈神经网络能零误差逼近训练样例. 但一般情况下, 单隐含层前馈神经网络的隐含层结点个数远小于训练样例的个数. 此时, $\boldsymbol{H}$ 不是一个方阵, 线性系统 (1.60) 也没有精确解, 但可以通过求解下列优化问题的最小范数最小二乘解来代替 (1.60) 的精确解.

$$\min_{\boldsymbol{\beta}}\|\boldsymbol{H}\boldsymbol{\beta}-\boldsymbol{Y}\| \tag{1.64}$$

优化问题 (1.64) 的最小范数最小二乘解可通过下式求得.

$$\hat{\boldsymbol{\beta}}=\boldsymbol{H}^{\dagger}\boldsymbol{Y} \tag{1.65}$$

其中, $\boldsymbol{H}^{\dagger}$ 是矩阵 $\boldsymbol{H}$ 的 Moore-Penrose 广义逆矩阵.

在公式 (1.64) 中, 引入权值正则化项, 可得:

$$\min_{\boldsymbol{\beta}}\ \|\boldsymbol{\beta}\|+\lambda\|\boldsymbol{H}\boldsymbol{\beta}-\boldsymbol{Y}\| \tag{1.66}$$

其中, λ 是控制参数. 优化问题 (1.66) 的最小范数最小二乘解由公式 (1.67) 给出 [29,30].

$$\hat{\boldsymbol{\beta}}=\begin{cases} \boldsymbol{H}^{T}\left(\dfrac{\boldsymbol{I}}{\lambda}+\boldsymbol{H}\boldsymbol{H}^{\mathrm{T}}\right)^{-1}\boldsymbol{Y} & \text{如果 } n\leqslant m \\ \left(\dfrac{\boldsymbol{I}}{\lambda}+\boldsymbol{H}^{T}\boldsymbol{H}\right)^{-1}\boldsymbol{H}^{\mathrm{T}}\boldsymbol{Y} & \text{如果 } n>m \end{cases} \tag{1.67}$$

其中, n 是训练集中包含的样例数, m 是隐含层结点的个数. 因为一般情况下 $n\gg m$, 所以优化问题 (1.66) 的最小范数最小二乘解为:

$$\hat{\boldsymbol{\beta}}=\left(\frac{\boldsymbol{I}}{\lambda}+\boldsymbol{H}^{\mathrm{T}}\boldsymbol{H}\right)^{-1}\boldsymbol{H}^{\mathrm{T}}\boldsymbol{Y} \tag{1.68}$$

ELM 算法的伪代码在算法 1.8 中给出.

算法 1.8: ELM 算法

1 **输入**: 训练集 $D=\{(\boldsymbol{x}_i,\boldsymbol{y}_i)|\boldsymbol{x}_i\in\mathbf{R}^d,\boldsymbol{y}_i\in\mathbf{R}^k,i=1,2,\cdots,n\}$, 激活函数 $g(\cdot)$, 隐含层结点个数 m, 控制参数 λ.
2 **输出**: 权矩阵 $\boldsymbol{\beta}$.
3 **for** $(j=1;j\leqslant m;j++)$ **do**
4 　随机生成输入层权值 $\boldsymbol{w}_j$ 和隐含层结点的偏置 b_j;
5 **end**
6 **for** $(i=1;i\leqslant n;i++)$ **do**
7 　**for** $(j=1;j\leqslant m;j++)$ **do**
8 　　计算隐含层输出矩阵 $\boldsymbol{H}$;
9 　**end**
10 **end**
11 利用公式 (1.68) 计算输出层权矩阵 $\hat{\boldsymbol{\beta}}$;
12 输出 $\hat{\boldsymbol{\beta}}$.

1.6 支持向量机

支持向量机 [31−33] 是解决分类问题, 特别是二类分类问题的有效方法, 本节针对二类分类问题, 介绍支持向量机的基础知识.

1.6.1 线性可分支持向量机

首先介绍什么是线性可分问题, 然后介绍求解线性可分问题的支持向量机. 作为求解分类问题的算法, 支持向量机的输入是一个连续值属性决策表, 称为训练集. 为描述方便, 本节将具有两个类别的连续值属性决策表形式化地表示为 $D=\big\{(\boldsymbol{x}_i,y_i)|\boldsymbol{x}_i\in\mathbf{R}^d,y_i\in\{+1,-1\}\big\}$, $1\leqslant i\leqslant n$. 下面给出线性可分问题的定义.

定义 1.6.1 给定训练集 $D=\big\{(\boldsymbol{x}_i,y_i)|\boldsymbol{x}_i\in\mathbf{R}^d,y_i\in\{+1,-1\}\big\}$, $1\leqslant i\leqslant n$. 若存在 $\boldsymbol{w}\in\mathbf{R}^d$, $b\in\mathbf{R}$ 和正整数 ε, 使得对所有使 $y_i=+1$ 的 $\boldsymbol{x}_i$, 有 $(\boldsymbol{w}\cdot\boldsymbol{x}_i)+b>\varepsilon$, 而对所有使 $y_i=-1$ 的 $\boldsymbol{x}_i$, 有 $(\boldsymbol{w}\cdot\boldsymbol{x}_i)+b<\varepsilon$, 则称训练集 D 线性可分. 同时, 称相应的二类分类问题是线性可分的.

图 1.26 是二维二类线性可分问题的几何意义示意, 图中 “+” 代表正类样例, “−” 代表负类样例. 对于二维二类线性可分问题, 存在许多直线能将两类样例分开, 如图 1.27 所示. 那么, 哪条直线是最好的呢? 又如何求解呢?

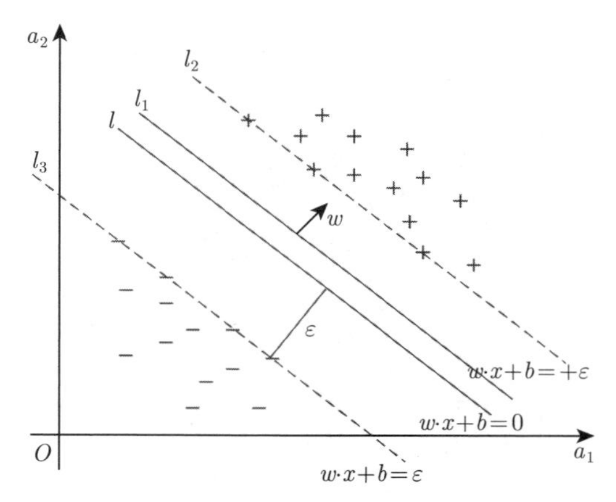

图 1.26 二类线性可分问题的几何意义示意

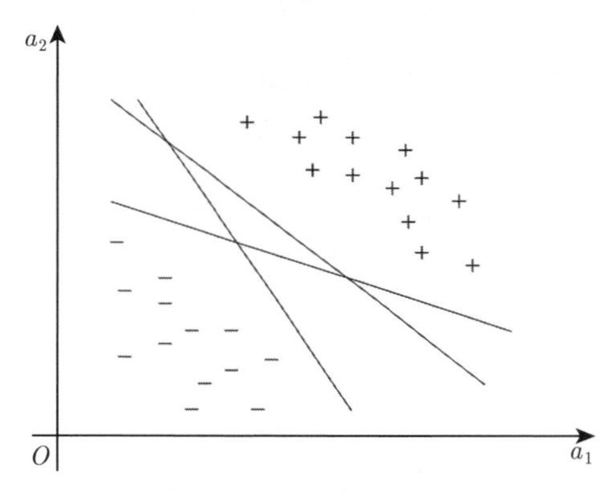

图 1.27 存在许多直线能将两类样例分开

假设分类直线的法方向 $\boldsymbol{w}$ 已经确定, 直线 l_1 就是一条能正确分类两类点的直线, 但不唯一. l_2 和 l_3 是两条极端直线, 这两条极端直线之间的距离 $\rho = 2\varepsilon$ 称为与法方向 $\boldsymbol{w}$ 相对应的 "间隔", 应该选取使 "间隔" 达到最大的法方向 $\boldsymbol{w}$, 如图 1.28 所示. 处于两条极端直线正中间的那条直线 l 是最好的, 称为最优分类直线, 在高维空间中称为最优分类超平面.

给定适当的法方向 $\hat{\boldsymbol{w}}$ 后, 这两条极端直线可分别表示为:

$$(\hat{\boldsymbol{w}} \cdot \boldsymbol{x}) + \hat{b} = \varepsilon_1 \tag{1.69}$$

$$(\hat{\boldsymbol{w}} \cdot \boldsymbol{x}) + \hat{b} = \varepsilon_2 \tag{1.70}$$

调整截距 $\hat{b}$, 可把这两条直线分别表示为:

$$(\hat{\boldsymbol{w}} \cdot \boldsymbol{x}) + \hat{b} = +\varepsilon \tag{1.71}$$

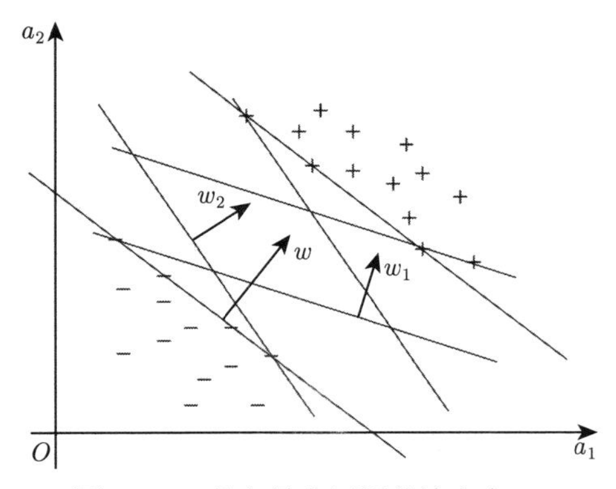

图 1.28　具有最大间隔的法方向 $\boldsymbol{w}$

$$(\hat{\boldsymbol{w}} \cdot \boldsymbol{x}) + \hat{b} = -\varepsilon \tag{1.72}$$

显然, 应选取的 l_2 和 l_3 正中间的那条直线 l 的方程为:

$$(\hat{\boldsymbol{w}} \cdot \boldsymbol{x}) + \hat{b} = 0 \tag{1.73}$$

令, $\boldsymbol{w} = \dfrac{\hat{\boldsymbol{w}}}{\varepsilon}$, $b = \dfrac{\hat{b}}{\varepsilon}$. 则, 式 (1.71) 和式 (1.72) 可等价地写为:

$$(\boldsymbol{w} \cdot \boldsymbol{x}) + b = +1 \tag{1.74}$$

$$(\boldsymbol{w} \cdot \boldsymbol{x}) + b = -1 \tag{1.75}$$

最优分类直线 l 的方程可等价地写为:

$$(\boldsymbol{w} \cdot \boldsymbol{x}) + b = 0 \tag{1.76}$$

设 $\boldsymbol{x}$ 和 $\boldsymbol{x}_1$ 分别是分类直线 l 和 l_2 上的点, 如图 1.29 所示, 则有:

$$(\boldsymbol{w} \cdot \boldsymbol{x}) + b = 0 \tag{1.77}$$

$$(\boldsymbol{w} \cdot \boldsymbol{x}_1) + b = 1 \tag{1.78}$$

式 (1.78) 减去式 (1.77), 得 $\boldsymbol{w} \cdot (\boldsymbol{x}_1 - \boldsymbol{x}) = 1$, 即 $\parallel \boldsymbol{w} \parallel \times \parallel \boldsymbol{x}_1 - \boldsymbol{x} \parallel \cos 0 = 1$. 从而, 可得:

$$\varepsilon = \parallel \boldsymbol{x}_1 - \boldsymbol{x} \parallel = \frac{1}{\parallel \boldsymbol{w} \parallel} \tag{1.79}$$

因此, 可得两条极端直线之间的距离为 $\rho = \dfrac{2}{\parallel \boldsymbol{w} \parallel}$.

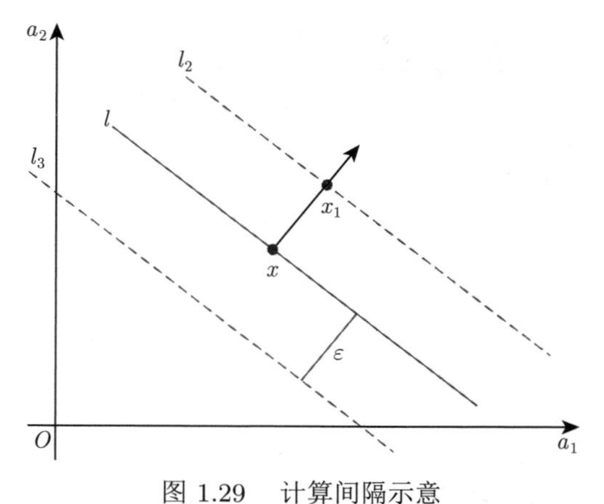

图 1.29 计算间隔示意

极大化“间隔”, 得到如下的最优化问题:

$$\begin{aligned} &\max_{\boldsymbol{w},b} \quad \frac{2}{\| \boldsymbol{w} \|}, \\ &\text{使得} \quad \begin{cases} (\boldsymbol{w} \cdot \boldsymbol{x}_i) + b \geqslant +1 & \text{如果} y_i = +1 \\ (\boldsymbol{w} \cdot \boldsymbol{x}_i) + b \leqslant -1 & \text{如果} y_i = -1 \end{cases} \end{aligned} \tag{1.80}$$

或等价地, 写为:

$$\begin{aligned} &\min_{\boldsymbol{w},b} \quad \frac{\| \boldsymbol{w} \|}{2} \\ &\text{使得} \quad y_i((\boldsymbol{w} \cdot \boldsymbol{x}_i) + b) \geqslant 1, i = 1, 2, \cdots, n \end{aligned} \tag{1.81}$$

根据最优化理论 [34−36], 约束优化问题 (1.81) 对偶问题为:

$$\begin{aligned} &\min_{\boldsymbol{\alpha}} \quad \frac{1}{2} \sum_{i=1}^{n} \sum_{j=1}^{n} y_i y_j \alpha_i \alpha_j (\boldsymbol{x}_i \cdot \boldsymbol{x}_j) - \sum_{j=1}^{n} \alpha_j \\ &\text{使得} \quad \sum_{i=1}^{n} y_i \alpha_i = 0 \\ &\qquad\quad \alpha_i \geqslant 0, i = 1, 2, \cdots, n \end{aligned} \tag{1.82}$$

其中, $\boldsymbol{\alpha} = (\alpha_1, \alpha_2, \cdots, \alpha_n)$ 是拉格朗日乘子. 对偶优化问题 (1.82) 可用标准的二次规划方法来求解, 求解线性可分问题的支持向量机算法的步骤如算法 1.9 所示.

算法 1.9: 求解线性可分问题的支持向量机算法

1 **输入**: 训练集 $D=\{(\boldsymbol{x}_i,y_i)|\boldsymbol{x}_i\in\mathbf{R}^d,y_i\in\{+1,-1\}\}$, $1\leqslant i\leqslant n$.
2 **输出**: 决策函数 $f(\boldsymbol{x})=\mathrm{sign}((\boldsymbol{w}^*\cdot\boldsymbol{x})+b^*)$.
3 构造约束优化问题 (1.82);
4 求解约束优化问题 (1.82), 得最优解 $\boldsymbol{\alpha}^*=(\alpha_1^*,\alpha_2^*,\cdots,\alpha_n^*)$;
5 计算 $\boldsymbol{w}^*=\sum\limits_{i=1}^{n}y_i\alpha_i^*\boldsymbol{x}_i$;
6 选择 $\boldsymbol{\alpha}^*$ 的一个正分量 α_j^*, 并计算 $b^*=y_j-\sum\limits_{i=1}^{n}y_i\alpha_i^*(\boldsymbol{x}_i\cdot\boldsymbol{x}_j)$;
7 构造最优分类超平面 $(\boldsymbol{w}^*\cdot\boldsymbol{x})+b^*=0$;
8 输出决策函数 $f(\boldsymbol{x})=\mathrm{sign}((\boldsymbol{w}^*\cdot\boldsymbol{x})+b^*)$.

说明: “支持向量”是指训练集中的某些样本点 $\boldsymbol{x}_i$. 事实上, 约束优化问题 (1.82) 的解 $\boldsymbol{\alpha}^*$ 的每一个分量 α_i^* 都与一个样本点相对应, 支持向量机算法所构造的分类超平面, 仅仅依赖于那些对应 α_i^* 不为零的样本点 $\boldsymbol{x}_i$, 而与其他样本点无关. 称这些样本点 $\boldsymbol{x}_i$ 为“支持向量”. 显然, 只有支持向量对最终求得的分类超平面的法方向 $\boldsymbol{w}$ 有影响, 而非支持向量无影响.

1.6.2　近似线性可分支持向量机

对于近似线性可分问题, 任何分类超平面都必有错分的情况, 此时不能再要求所有训练点满足约束条件 $y_i((\boldsymbol{w}_i\cdot\boldsymbol{x}_i)+b)\geqslant 1, 1\leqslant i\leqslant n$. 为此, 引入松弛变量 ξ_i, 把约束条件放松为 $y_i((\boldsymbol{w}_i\cdot\boldsymbol{x}_i)+b)+\xi_i\geqslant 1, 1\leqslant i\leqslant n$. 显然, $\boldsymbol{\xi}=(\xi_1,\xi_2,\cdots,\xi_n)$ 体现了训练集中的样本点被错误分类的情况, 可以由 $\boldsymbol{\xi}$ 构造出训练集被错误分类的程度. 例如, 可用 $\sum_{i=1}^{n}\xi_i$ 描述训练集被错误分类的程度. 此时, 仍要求“间隔”尽量大, 而要求上式尽量小, 这样约束优化问题 (1.81) 变为:

$$\begin{aligned}&\min_{\boldsymbol{w},b,\boldsymbol{\xi}}\quad \frac{\|\boldsymbol{w}\|}{2}+C\sum_{i=1}^{n}\xi_i\\&\text{使得}\quad y_i((\boldsymbol{w}\cdot\boldsymbol{x}_i)+b)+\xi_i\geqslant 1, i=1,2,\cdots,n\end{aligned}\tag{1.83}$$

其中, $C>0$ 是可选的惩罚参数.

类似地, 约束优化问题 (1.83) 的对偶问题为:

$$\begin{aligned}&\min_{\boldsymbol{\alpha}}\quad \frac{1}{2}\sum_{i=1}^{n}\sum_{j=1}^{n}y_iy_j\alpha_i\alpha_j(\boldsymbol{x}_i\cdot\boldsymbol{x}_j)-\sum_{j=1}^{n}\alpha_j\\&\text{使得}\quad \sum_{i=1}^{n}y_i\alpha_i=0\\&\qquad\quad 0\leqslant\alpha_i\leqslant C, i=1,2,\cdots,n\end{aligned}\tag{1.84}$$

从而, 有下面的求解近似线性可分问题的支持向量机算法 1.10.

算法 1.10: 求解近似线性可分问题的支持向量机算法

1 **输入**: 训练集 $D=\{(\boldsymbol{x}_i, y_i)|\boldsymbol{x}_i\in\mathbf{R}^d, y_i\in\{+1,-1\}\}$, $1\leqslant i\leqslant n$, 参数 C.
2 **输出**: 决策函数 $f(\boldsymbol{x})=\operatorname{sign}((\boldsymbol{w}^*\cdot\boldsymbol{x})+b^*)$.
3 选取适当的参数 C, 构造约束优化问题 (1.83);
4 求解约束优化问题 (1.83), 得最优解 $\boldsymbol{\alpha}^*=(\alpha_1^*,\alpha_2^*,\cdots,\alpha_n^*)$;
5 计算 $\boldsymbol{w}^*=\sum\limits_{i=1}^{n} y_i\alpha_i^*\boldsymbol{x}_i$;
6 选择 $\boldsymbol{\alpha}^*$ 的一个正分量 α_j^*, 并计算 $b^*=y_j-\sum\limits_{i=1}^{n} y_i\alpha_i^*(\boldsymbol{x}_i\cdot\boldsymbol{x}_j)$;
7 构造最优分类超平面 $(\boldsymbol{w}^*\cdot\boldsymbol{x})+b^*=0$;
8 输出决策函数 $f(\boldsymbol{x})=\operatorname{sign}((\boldsymbol{w}^*\cdot\boldsymbol{x})+b^*)$.

1.6.3 线性不可分支持向量机

对于线性不可分问题, 支持向量机的处理思路是: 首先, 将训练集中的样本点通过核方法 [37] 映射到高维特征空间. 由于在高维特征空间中, 样本点变得稀疏, 使原本线性不可分的问题变为可分问题或近似线性可分. 然后, 在高维特征空间中构造约束优化问题并求解该优化问题.

设样本点 $\boldsymbol{x}$ 经非线性映射 $\varphi(\cdot)$ 变换后变为 $z=\varphi(\boldsymbol{x})$, 则在高维特征空间中, 约束优化问题 (1.84) 变为:

$$\begin{aligned}
\min_{\boldsymbol{\alpha}} \quad & \frac{1}{2}\sum_{i=1}^{n}\sum_{j=1}^{n} y_i y_j\alpha_i\alpha_j(\varphi(\boldsymbol{x}_i)\cdot\varphi(\boldsymbol{x}_j))-\sum_{j=1}^{n}\alpha_j \\
\text{使得} \quad & \sum_{i=1}^{n} y_i\alpha_i=0 \\
& 0\leqslant\alpha_i\leqslant C, i=1,2,\cdots,n
\end{aligned} \tag{1.85}$$

在进行变换后, 无论变换的具体形式如何, 变换对支持向量机的影响是把两个样本点在原空间中的内积 $(\boldsymbol{x}_i\cdot\boldsymbol{x}_j)$ 变成了在高维特征空间中的内积 $(\varphi(\boldsymbol{x}_i),\varphi(\boldsymbol{x}_j))$, 记为 $K(\boldsymbol{x}_i,\boldsymbol{x}_j)=(\varphi(\boldsymbol{x}_i),\varphi(\boldsymbol{x}_j))$, 称其为核函数. 这样在高维特征空间中, 优化问题 (1.85) 变为:

$$\begin{aligned}
\min_{\boldsymbol{\alpha}} \quad & \frac{1}{2}\sum_{i=1}^{n}\sum_{j=1}^{n} y_i y_j\alpha_i\alpha_j K(\boldsymbol{x}_i,\boldsymbol{x}_j)-\sum_{j=1}^{n}\alpha_j \\
\text{使得} \quad & \sum_{i=1}^{n} y_i\alpha_i=0 \\
& 0\leqslant\alpha_i\leqslant C, i=1,2,\cdots,n
\end{aligned} \tag{1.86}$$

类似地, 得到求解线性不可分问题的支持向量机算法, 如算法 1.11 所示.

算法 1.11: 求解线性不可分问题的支持向量机算法

1 **输入**: 训练集 $D=\{(\boldsymbol{x}_i,y_i)|\boldsymbol{x}_i\in\mathbf{R}^d,y_i\in\{+1,-1\}\}$, $1\leqslant i\leqslant n$, 参数 C.
2 **输出**: 决策函数 $f(\boldsymbol{x})=\text{sign}((\boldsymbol{w}^*\cdot\boldsymbol{x})+b^*)$.
3 选取适当的核函数 $K(\cdot,\cdot)$, 将训练集 D 映射到高维特征空间;
4 选取适当的参数 C, 在高维特征空间中构造约束优化问题 (1.86);
5 求解约束优化问题 (1.86), 得最优解 $\boldsymbol{\alpha}^*=(\alpha_1^*,\alpha_2^*,\cdots,\alpha_n^*)$;
6 计算 $\boldsymbol{w}^*=\sum\limits_{i=1}^{n}y_i\alpha_i^*\boldsymbol{x}_i$;
7 选择 $\boldsymbol{\alpha}^*$ 的一个正分量 α_j^*, 并计算 $b^*=y_j-\sum\limits_{i=1}^{n}y_i\alpha_i^*(\boldsymbol{x}_i\cdot\boldsymbol{x}_j)$;
8 构造最优分类超平面 $(\boldsymbol{w}^*\cdot\boldsymbol{x})+b^*=0$;
9 输出决策函数 $f(\boldsymbol{x})=\text{sign}((\boldsymbol{w}^*\cdot\boldsymbol{x})+b^*)$.

说明:

(1) 从计算的角度, 不论 $\varphi(\boldsymbol{x})$ 所生产的变换空间维数有多高, 这个空间里的支持向量机的求解都可以在原空间通过核函数 $K(\boldsymbol{x}_i,\boldsymbol{x}_j)$ 进行, 这样就避免了高维空间里的计算问题, 而且计算核函数的复杂度和计算内积的复杂度没有实质性的增加.

(2) 只要知道了核函数 $K(\boldsymbol{x}_i,\boldsymbol{x}_j)$, 没有必要知道 $\varphi(\boldsymbol{x})$ 的具体形式. 换句话说, 用支持向量机求解线性不可分问题, 可通过直接设计核函数 $K(\boldsymbol{x}_i,\boldsymbol{x}_j)$, 而不用设计变换函数 $\varphi(\boldsymbol{x})$, 但需要满足一定的条件, 下面的 Mercer 定理 [31−33] 给出了这一条件.

定理 1.6.1 (Mercer 条件) 对于任意的对称函数 $K(\boldsymbol{x},\boldsymbol{y})$, 它是某个特征空间中的内积运算的充分必要条件是, 对于任意的 $\varphi\neq 0$ 且 $\int\varphi^2(x)dx<0$, 有

$$\iint K(\boldsymbol{x},\boldsymbol{y})\varphi(\boldsymbol{x})\varphi(\boldsymbol{y})d\boldsymbol{x}d\boldsymbol{y}>0 \tag{1.87}$$

进一步可以证明 [38], 这个条件还可以放松为满足如下条件的正定核: $K(\boldsymbol{x},\boldsymbol{y})$ 是定义在空间 U 上的对称函数, 且对任意的样本点 $\boldsymbol{x}_1,\boldsymbol{x}_2,\cdots,\boldsymbol{x}_n\in U$ 和任意的实系数 $\alpha_1,\alpha_2,\cdots,\alpha_n$, 都有:

$$\sum_{i=1}^{n}\sum_{j=1}^{n}\alpha_i\alpha_jK(\boldsymbol{x}_i,\boldsymbol{x}_j)\geqslant 0 \tag{1.88}$$

对于满足正定条件的正定核, 肯定存在一个从空间 U 到内积空间 H 的变换

$\varphi(\boldsymbol{x})$, 使得:

$$K(\boldsymbol{x},\boldsymbol{y})=\varphi(\boldsymbol{x})\cdot\varphi(\boldsymbol{y}). \tag{1.89}$$

这样构成的空间在泛函分析中称为再生希尔伯特空间.

常用的核函数包含以下 3 种 [38]:

(1) 多项式核函数:

$$K(\boldsymbol{x},\boldsymbol{y})=((\boldsymbol{x}\cdot\boldsymbol{y})+1)^{q}\,. \tag{1.90}$$

(2) 径向基核函数:

$$K(\boldsymbol{x},\boldsymbol{y})=\exp\left(-\frac{\|\ \boldsymbol{x}-\boldsymbol{y}\ \|^{2}}{\sigma^{2}}\right)^{q}\,. \tag{1.91}$$

(3) Sigmoid 核函数:

$$K(\boldsymbol{x},\boldsymbol{y})=\tanh\left(v(\boldsymbol{x}\cdot\boldsymbol{y})+c\right). \tag{1.92}$$

说明:

(1) 支持向量机通过选择不同的核函数来实现不同形式的非线性分类器, 即不同形式的非线性支持向量机. 当核函数选为线性内积时就是线性支持向量机. 若选择径向基核函数, 支持向量机能够实现一个径向基函数神经网络的功能. 若采用 Sigmoid 核函数, 支持向量机能够实现一个三层前馈神经网络的功能, 隐含层结点的个数就是支持向量的个数.

(2) 选择核函数及其中参数的基本做法是首先尝试简单的选择, 如线性核. 当结果不能满足要求时, 再考虑非线性核. 如果选择径向基核函数, 则首先应该选择宽度比较大的核, 宽度越大越接近线性, 然后再尝试减小宽度, 增加非线性程度.

第 2 章　主动学习中的样例选择

本章首先概要介绍主动学习，然后介绍主动学习中的样例选择准则，最后介绍 3 种样例选择算法，它们是基于信息熵的主动学习、基于投票熵的主动学习和基于在线序列极限学习机的主动学习.

2.1　主动学习概述

从第 1 章可以看出，监督学习需要训练集中的每一个样例都有类别标签. 但是，在许多实际应用场景中，有类别标签的样例很少，而无类别标签的样例却很多，请领域专家标注数据需要付出巨大的代价，而且非常耗费时间. 主动学习 [39,40] 是解决这一问题的有效方法，它以迭代方式从无类别标签的数据中选择重要的样例，然后交给专家标注，这样逐渐增加有类别标签样例的个数，直到训练出满足泛化能力要求的分类器为止.

主动学习可以用一个四元组刻画: $AL = (C, L, U, O)$. 其中，C 表示分类器，L 表示有类别标签的样例集合，设样例分为 k 类，分别用 $\omega_1, \omega_2, \cdots, \omega_k$ 表示. U 表示无类别标签的样例集合，O 表示领域专家. 主动学习是一个迭代学习的过程，如图 2.1 所示. 开始时，L 包含少量有类别标签的样例. 首先，用某种训练算法从

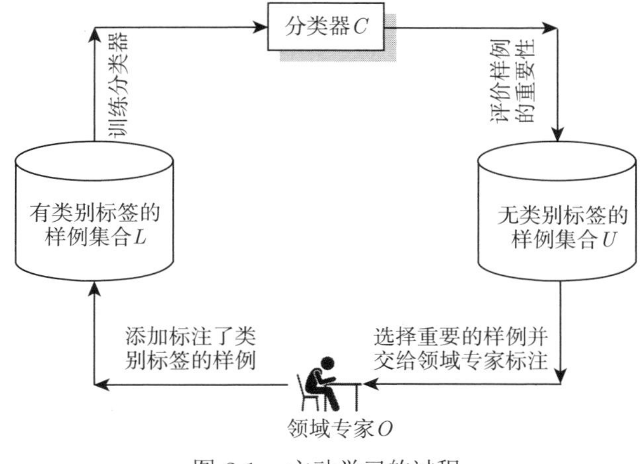

图 2.1　主动学习的过程

L 中训练一个分类器 C, 并用某种预定义的度量标准评估 U 中样例的重要性, 选择若干个重要的样例交给领域专家 O 进行标注; 然后, 将标注的样例添加到 L 中. 接下来, 重复这一过程, 直到训练出的分类器 C 的泛化性能达到指定的要求, 主动学习过程结束.

主动学习可以追溯到 20 世纪 80 年代末, 最早的主动学习算法是由 Angluin 于 1988 年提出的 [41]. 在主动学习中, 应用最广泛的样例选择准则是不确定性准则, 这种准则认为样例的分类不确定性越大, 这样的样例越重要. 自 Angluin 提出主动学习的概念以来, 研究人员提出了许多主动学习算法. 根据无类别标签样例呈现给选择算法的方式不同, 主动学习算法大致可以分为两大类: 基于流的主动学习算法和基于池的主动学习算法, 如图 2.2 所示.

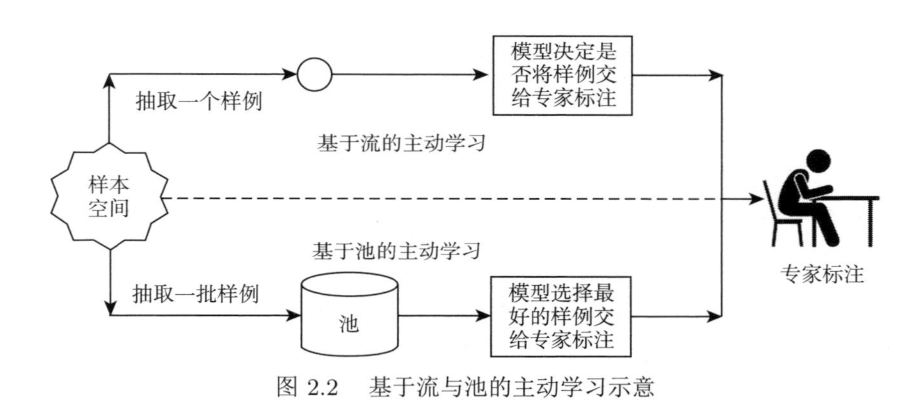

图 2.2 基于流与池的主动学习示意

在基于流的主动学习中, 无类别标签样例是逐个或逐批呈现给查询算法的. 这类方法早期代表性的工作包括: Cohn 等人提出的方法 [42] 和 Dagan 等人提出的方法 [43]. 与基于池的主动学习相比, 由于基于流的主动学习效率较低, 因此研究相对较少.

在基于池的主动学习算法中, 所谓的池就是无类别标签样例的集合. 近年来, 基于池的主动学习是研究热点, 主要集中在新的样例选取策略和应用研究上. 例如, Huang 等人 [44] 定义了样例代表性的概念, 并将样例的信息量和代表性结合起来, 提出了一种选择既富含信息量又具有代表性的无类别标签样例的算法, 该方法受到了国内外同行的好评. 在文献 [44] 的基础上, Du 等人 [45] 进一步研究了基于信息量和代表性的主动学习算法. 传统的主动学习算法对已经进行标注的样例不再进行改变, Zhang 等人 [46] 针对这一问题, 提出了一种双向主动学习算法, 对已经进行标注的样例还可以删除, 用这种方法选择出的样例具有更高的质量, 用标注类别标签的样例训练出的分类器, 具有更强的泛化能力. 在批处理模式的主动学习中, 样例块的大小通常是固定的, Chakraborty 等人 [47] 提出了一种自适应的批处理主动学习算法, 并用基于梯度下降的方法优化主动样例选择的策略. 与固定块模式的主动学习算法相比, 用该算法选择的样例更具代表性. 基于排序的思想, Cardoso 等人 [48] 从另一个角度改进了批处理主动学习方法, 提出了一种排序批处理主动学习算法, 取得了很好的效果. 而 Long 等人 [49] 通过优化期望损失, 提出了一种针对排序学习的主动学习算法, 这两种主动学习算法有异曲同工之处. 受集成学习中分类器多样性概念的启发, Gu 等人 [50] 定义了样例多样性的概念, 提出了一种组合样例不确定性和多样性的主动学习算法, 并应用于图像分类, 取得了很好的效果. Wang 等人 [51] 将样例的多样性和信息量结合起来, 提出了一种多示例主动学习算法. Du 等人 [52] 将主动学习推广到多标签学习, 提出了一种基于最大相关熵的多标签主动学习算法, 并应用于图像标注, 该方法扩展了主动学习的应用范畴, 具有重要的理论及应用价值. Du 等人 [53] 将对比学习的思想引入主动学习中, 提出了一种对比主动学习算法, 可以有效解决有标签数据和无标签数据类别分布不同的问题. Lipor 等人 [54] 将主动样例选择的思想应用到信号处理中的空域信号选择, 提出了一种基于距离惩罚的主动学习方法. Gu 等人 [55] 通过充分考虑未标记样本定义了一个主动学习风险界, 并用定义的风险界来表征样本的信息性和代表性, 在此基础上设计了一种高效的批处理主动学习算法. 最近几年, 有的研究人员探讨了深度学习场景中的主动学习, 关于这方面的研究工作, 有兴趣的读者可参考综述文献 [56]. 针对回归问题和聚类问题的主动学习, 有兴趣的读者可参考综述文献 [57].

2.2　样例选择准则

在主动学习中, 样例选择准则包括 5 种 [39]: 不确定性准则、投票熵准则、期望误差减少准则、方差减少准则和期望梯度长度准则. 下面分别介绍这 5 种准则, 需要注意的是在这 5 种准则中, 前两种应用最广泛.

2.2.1　不确定性准则

在主动学习中, 不确定性准则是最常用的准则, 这种准则又可细分为 3 种: 最小置信度准则、最小间隔准则和最大熵准则.

(1) 最小置信度准则.

最小置信度准则用概率学习模型计算或估计样例的后验概率, 并按下面的标准选择样例.

$$x^* = \underset{x}{\operatorname{argmax}}\{1 - P_\theta(\hat{y}|x)\} \tag{2.1}$$

其中, θ 是某种概率学习模型, $\hat{y} = \underset{y}{\operatorname{argmax}}\{P_\theta(y|x)\}$. 即, $\hat{y}$ 是用概率学习模型 θ 得到的具有最大后验概率的类别标签.

(2) 最小间隔准则.

最小置信度准则只考虑最有可能类别标签的信息, 忽略了其他类别标签分布的信息. 为了克服这一不足, 研究人员提出了最小间隔准则, 该准则按下面的标准选择样例.

$$x^* = \underset{x}{\operatorname{argmin}}\{P_\theta(\hat{y}_1|x) - P_\theta(\hat{y}_2|x)\} \tag{2.2}$$

其中, $\hat{y}_1$ 和 $\hat{y}_2$ 分别是模型预测的第一种和第二种最可能的类别标签.

(3) 最大熵准则.

最大熵准则用信息熵度量样例的不确定性, 并按下面的标准选择样例, 这种准则也是不确定性准则中最常用的.

$$x^* = \underset{x}{\operatorname{argmax}}\left\{-\sum_{i=1}^{k} P(\omega_i|x)\log_2 P(\omega_i|x)\right\} \tag{2.3}$$

2.2.2 投票熵准则

这种准则用投票熵度量样例的不确定性. 以投票熵作为不确定性度量, 按下面的标准选择样例.

$$x^* = \underset{x}{\operatorname{argmax}}\left\{-\sum_{i=1}^{k} \frac{V(\omega_i)}{|C|}\log_2 \frac{V(\omega_i)}{|C|}\right\} \tag{2.4}$$

其中, C 表示由若干个分类器构成的委员会, $|C|$ 表示委员会中的委员数, $V(\omega_i)$ 表示第 i 类 ω_i 得到的投票数.

2.2.3 期望误差减少准则

这种准则的目的不是测量模型可能会发生多大的变化, 而是测量模型的泛化误差可能会减少多少. 其基本思想是对 U 中剩余未标记的样例使用 $L \cup (x, y)$ 训练分类器, 估计模型的预期未来误差, 并选择预期未来误差最小的样例. 对于 0-1

损失的情况, 期望误差减少准则利用下面的标准选择样例.

$$x_{0/1}^* = \underset{x}{\operatorname{argmin}} \sum_{i=1}^{k} P_\theta(y_i|x) \left(\sum_{u=1}^{|U|} \left(1 - P_{\theta+(x,y_i)}\left(\hat{y}|x^{(u)}\right)\right) \right) \tag{2.5}$$

其中, $\theta + (x, y_i)$ 为将训练样例 (x, y_i) 加入 L 中重新训练后的新模型. 需要注意的是我们不知道每个查询样例的真实标签, 因此使用当前模型 θ 下所有可能标签的期望进行近似, 目标是减少错误预测的预期总数. 另一个不那么严格的目标是最小化下面的对数损失:

$$x_{\log}^* = \underset{x}{\operatorname{argmin}} \sum_{i=1}^{k} P_\theta(y_i|x) \left(-\sum_{u=1}^{|U|} \sum_{j=1}^{k} P_{\theta+(x,y_i)}\left(y_j|x^{(u)}\right) \log P_{\theta+(x,y_i)}\left(y_j|x^{(u)}\right) \right) \tag{2.6}$$

2.2.4　方差减少准则

直接最小化损失函数的期望代价很高, 而且通常不能以封闭形式完成. 然而, 可以通过最小化输出方差间接地减少泛化误差, 有时确实可以得到一个封闭解. 考虑一个回归问题 (分类问题是特殊的回归问题), 其中学习的目标是最小化标准误差 (即平方损失). 我们知道预期未来误差可以分解为:

$$\begin{aligned} E_T\left[(\hat{y} - y)^2|x\right] = & E\left[(y - E[y|x])^2\right] \\ & + (E_L[\hat{y}] - E[y|x])^2 \\ & + E_L[(\hat{y} - E_L[\hat{y}])^2] \end{aligned} \tag{2.7}$$

其中, $E_L[\cdot]$ 是在标记集合 L 上的期望, $E[\cdot]$ 是对条件密度 $P(y|x)$ 的期望, $E_T[\cdot]$ 是对两者的期望. 这里 $\hat{y}$ 是模型对给定样例 x 的预测输出, 而 y 表示该样例的真实类别标签.

公式 (2.7) 右边的第一项是噪声, 它不依赖于模型或训练数据. 第二项是偏差, 它表示模型本身造成的误差, 例如, 如果用一个线性模型学习一个近似线性函数. 给定一个固定的模型, 整体误差的这一部分是不变的. 第三项是模型的方差, 它是学习器相对于目标函数的平方损失的剩余部分. 那么, 最小化方差就保证了最小化模型未来泛化误差, 因为学习器本身对噪声或偏差无能为力.

对于神经网络, 某些样例的输出方差可以用公式 (2.8) 逼近 [39].

$$\sigma_{\hat{y}}^2 \approx \left[\frac{\partial \hat{y}}{\partial \theta}\right]^{\mathrm{T}} \left[\frac{\partial^2 S_\theta(L)}{\partial \theta^2}\right]^{-1} \left[\frac{\partial \hat{y}}{\partial \theta}\right] \approx \bigtriangledown x^{\mathrm{T}} F^{-1} \bigtriangledown x \tag{2.8}$$

其中, $S_\theta(L)$ 为当前模型 θ 在训练集 L 上的平方误差.

方差减少准则按下面的标准选择样例.

$$x^* = \underset{x}{\operatorname{argmin}} \langle \tilde{\sigma}_{\hat{y}}^2 \rangle^{+x} \tag{2.9}$$

其中, $\langle \tilde{\sigma}_{\hat{y}}^2 \rangle^{+x}$ 是在加入查询样例 x 重新训练模型后, 整个输入分布的估计平均输出方差.

2.2.5 期望梯度长度准则

这种准则的基本思想是学习器应选择这样的样例 x, 如果标注 x 的类别, 并将其加入 L 后, 将导致新的训练梯度增幅最大. 设 $\nabla \ell_\theta(L)$ 为目标函数 ℓ 相对于模型参数 θ 的梯度, 而 $\nabla \ell_\theta(L \cup (x, y))$ 是将 (x, y) 加入 L 后获得的新梯度. 由于主动样例选择算法事先不知道真正的类别标签 y, 所以必须将长度作为对可能标签的期望来计算, 即期望梯度长度准则按下面的标准选择样例.

$$x^* = \underset{x}{\operatorname{argmax}} \sum_{i=1}^{k} P_\theta(y_i|x) \parallel \nabla \ell_\theta(L \cup (x, y_i)) \parallel \tag{2.10}$$

其中, $\|\cdot\|$ 是欧氏范数.

2.3 基于信息熵的主动学习

基于信息熵的主动学习的基本思想非常简单, 就是用样例的信息熵作为启发式选择样例. 因为样例的信息熵越大, 其分类的不确定性越大, 所以这样的样例就越重要. 对于给定的有类别标签的样例集合 $L = \{(\boldsymbol{x}_i, y_i) | \boldsymbol{x}_i \in R^d, y_i \in \{\omega_1, \cdots, \omega_k\}\}$, $1 \leqslant i \leqslant l$ 和无类别标签的样例集合 $U = \{\boldsymbol{x}_i | \boldsymbol{x}_i \in R^d\}$, $l+1 \leqslant i \leqslant l+n$, 基于信息熵的主动学习的关键是计算 U 中样例 $\boldsymbol{x}$ 的信息熵. 要计算样例 $\boldsymbol{x}$ 的信息熵, 就需要求得样例 $\boldsymbol{x}$ 属于每一类的后验概率 $P(\omega_i|\boldsymbol{x})$, $1 \leqslant i \leqslant k$. 为此, 可以用有类别样例的集合 L 作为训练集, 训练一个输出为后验概率的分类器 C. 当然, 也可以训练一个输出为 k 维实数值向量的分类器, 然后用软最大化函数把分类器的输出转换为后验概率. 具体地, 对于给定样例 $\boldsymbol{x} \in U$, 设分类器 C 的输出为 $(o_1(\boldsymbol{x}), o_2(\boldsymbol{x}), \cdots, o_k(\boldsymbol{x}))$, 经软最大化函数变换后得到 $\text{Softmax}(o_i(\boldsymbol{x})) = \dfrac{e^{o_i(\boldsymbol{x})}}{\sum_{j=1}^{k} e^{o_j(\boldsymbol{x})}}$. 此时, $P(\omega_i|\boldsymbol{x}) = \text{Softmax}(o_i(\boldsymbol{x}))$.

基于信息熵的主动学习算法的伪代码如算法 2.1 所示.

算法 2.1: 基于信息熵的主动学习算法

1 **输入**: 有类别标签的样例集合 $L=\{(\boldsymbol{x}_i,y_i)|\boldsymbol{x}_i\in R^d,y_i\in\{\omega_1,\cdots,\omega_k\}\}$, $1\leqslant i\leqslant l$; 无类别标签的样例集合 $U=\{\boldsymbol{x}_i|\boldsymbol{x}_i\in R^d\}$, $l+1\leqslant i\leqslant l+n$; 每次迭代选择标注的样例数 q.
2 **输出**: 满足泛化性能要求的分类器 C.
3 用初始训练集 L 训练一个输出为后验概率的分类器 C;
4 **while** (当不满足算法停止条件时) **do**
5 　**for** $(\forall\boldsymbol{x}\in U)$ **do**
6 　　用 C 对样例 $\boldsymbol{x}$ 进行分类;
7 　**end**
8 　**for** $(\forall\boldsymbol{x}\in U)$ **do**
9 　　// 计算样例 $\boldsymbol{x}$ 的信息熵 $E(\boldsymbol{x})$;
10 　　$E(\boldsymbol{x})=-\sum\limits_{i=1}^{k}P(\omega_i|\boldsymbol{x})\log_2 P(\omega_i|\boldsymbol{x})$;
11 　**end**
12 　对 U 中样例的信息熵由大到小排序;
13 　选择信息熵最大的前 q 个样例交给领域专家标注它们的类别;
14 　将标注类别的 q 个样例添加到 L 中;
15 　用新的训练集 L 训练新的分类器 C;
16 **end**
17 输出训练的分类器 C.

2.4　基于投票熵的主动学习

基于投票熵的主动学习的基本思想是构建一个委员会, 用委员会评价 U 中无类别标签样例的重要性, 选择重要的样例交给领域专家标注类别. 委员会对样例的重要性评价用投票熵进行度量, 投票熵的定义由公式 (2.11) 给出.

$$VE=-\sum_{i=1}^{k}\frac{V(\omega_i)}{|C|}\log_2\frac{V(\omega_i)}{|C|} \tag{2.11}$$

其中, $|C|$ 表示委员会 C 中包含的委员数, $V(\omega_i)$ 表示 ω_i 类获得的票数.

基于投票熵的主动学习的关键是如何构建委员会, 常用的构建思路有两种: 基于样例子集的方法和基于属性子集的方法. 基于样例子集的方法是将有类别标签的数据集 L 划分成 m 个不交的子集, 并用这 m 个子集训练 m 个分类器, m 个分类器构成一个委员会, m 是用户定义的超参数. 基于样例子集构建委员会的主动学习过程如图 2.3 所示.

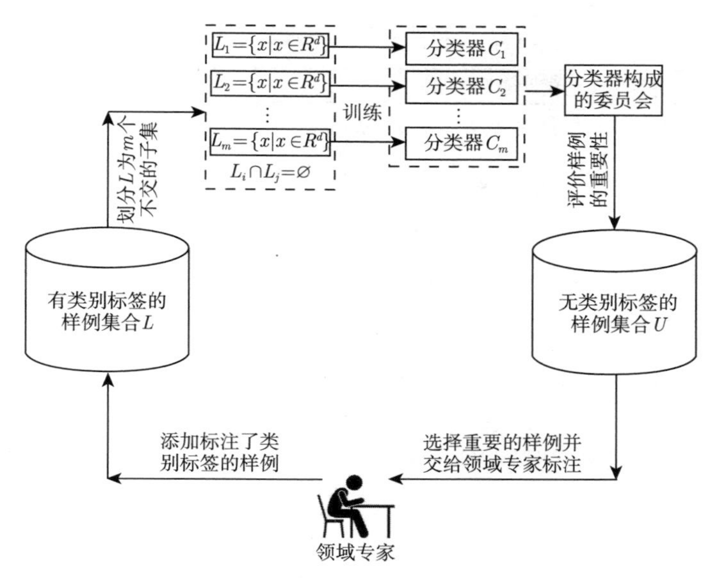

图 2.3 基于样例子集构建委员会的主动学习过程

基于属性子集的方法是根据属性子集构建 m 个不交的样例子集, 并用这 m 个样例子集训练 m 个分类器, m 个分类器构成一个委员会. 基于属性子集构建委员会的主动学习过程如图 2.4 所示.

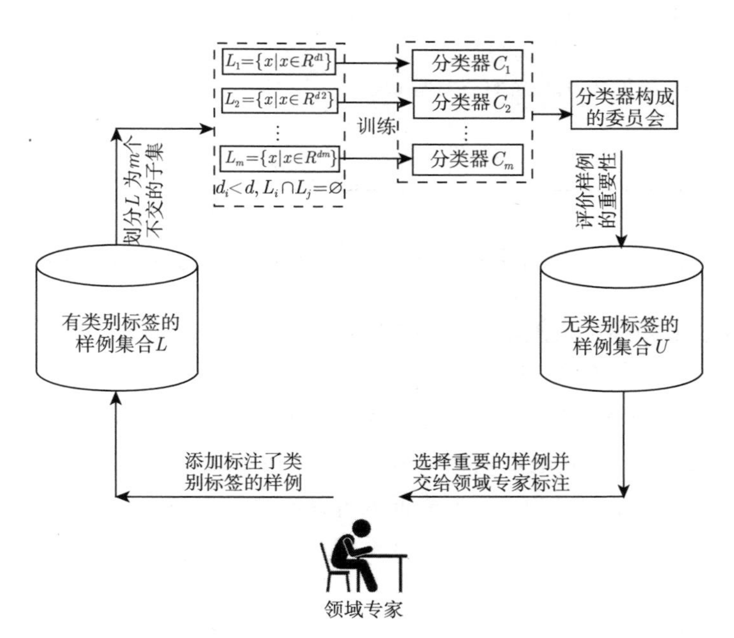

图 2.4 基于属性子集构建委员会的主动学习过程

基于投票熵的主动学习算法的伪代码如算法 2.2 所示.

算法 2.2: 基于投票熵的主动学习算法

1 **输入**: 有类别标签的样例集合 $L=\{(\boldsymbol{x}_i,y_i)|\boldsymbol{x}_i\in R^d,y_i\in\{\omega_1,\cdots,\omega_k\}\}$, $1\leqslant i\leqslant l$; 无类别标签的样例集合 $U=\{\boldsymbol{x}_i|\boldsymbol{x}_i\in R^d\}$, $l+1\leqslant i\leqslant l+n$; 委员会成员数 m, 每次迭代选择标注的样例数 q.

2 **输出**: 满足泛化性能要求的分类器 C.

3 将初始训练集 L 划分成 m 个子集, 训练 m 个分类器, 构成一个分类器委员会 $C=\{C_1,C_2,\cdots,C_m\}$;

4 **while** *(当不满足停止条件时)* **do**

5 　　**for** $(\forall\boldsymbol{x}\in U)$ **do**

6 　　　　**for** $(i=1;i<m;i=i+1)$ **do**

7 　　　　　　用 C_i 对样例 $\boldsymbol{x}$ 进行分类;

8 　　　　**end**

9 　　**end**

10 　　**for** $(\forall\boldsymbol{x}\in U)$ **do**

11 　　　　// 计算样例 $\boldsymbol{x}$ 的投票熵 $VE(\boldsymbol{x})$;

12 　　　　$VE=-\sum_{i=1}^{k}\frac{V(\omega_i)}{|C|}\log_2\frac{V(\omega_i)}{|C|}$;

13 　　**end**

14 　　对 U 中样例的投票熵由大到小排序;

15 　　选择投票熵最大的前 q 个样例交给领域专家标注它们的类别;

16 　　将标注类别的 q 个样例添加到 L 中;

17 　　用新的训练集 L 训练新的分类器 C;

18 **end**

19 输出训练的分类器 C.

2.5　基于在线序列极限学习机的主动学习

在第 1.5 节介绍了极限学习机, 极限学习机按批处理模式处理数据, 当训练集动态增加时, 必须重新进行训练, 从而导致其学习效率低下. 在线序列极限学习机是极限学习机的一种变型或一种改进, 它采用序列学习策略处理数据. 当有新的一批数据加入时, 不需要重复训练模型, 而是采用增量学习的方式训练模型, 这样可显著提高模型训练的效率. 下面先简要介绍在线序列极限学习机 [58], 然后介绍基于在线序列极限学习机的主动学习 [59].

2.5.1 在线序列极限学习机

假设隐含层输出矩阵 $\boldsymbol{H}$ 的秩等于 m, m 是隐含层结点的个数. 在这种假设下, 公式 (2.12) 成立.

$$\boldsymbol{H}^{\dagger} = (\boldsymbol{H}^{\mathrm{T}}\boldsymbol{H})^{-1}\boldsymbol{H}^{\mathrm{T}} \tag{2.12}$$

如果矩阵 $\boldsymbol{H}^T\boldsymbol{H}$ 是奇异的, 可以通过选择较小规模的网络 (即让 m 取较小的正整数) 或增加训练样例的数量 n 使矩阵 $\boldsymbol{H}^T\boldsymbol{H}$ 变成非奇异的 [58]. 此时, 极限学习机优化问题的最小二乘解可表示为:

$$\hat{\beta} = (\boldsymbol{H}^{\mathrm{T}}\boldsymbol{H})^{-1}\boldsymbol{H}^{\mathrm{T}}\boldsymbol{Y} \tag{2.13}$$

给定一个数据块 $D_0 = \{(\boldsymbol{x}_i, \boldsymbol{y}_i)|\boldsymbol{x}_i \in R^d, \boldsymbol{y}_i \in R^k\}$, $1 \leqslant i \leqslant n_0$, 且 $n_0 \geqslant m$. 根据极限学习机, 对于数据块 D_0, 只需要考虑以下优化问题:

$$\min_{\boldsymbol{\beta}} \|\boldsymbol{H}_0\boldsymbol{\beta} - \boldsymbol{Y}_0\| \tag{2.14}$$

其中

$$\boldsymbol{H}_0 = \begin{bmatrix} g(\boldsymbol{w}_1 \cdot \boldsymbol{x}_1 + b_1) & \cdots & g(\boldsymbol{w}_m \cdot \boldsymbol{x}_1 + b_m) \\ \vdots & \ddots & \vdots \\ g(\boldsymbol{w}_1 \cdot \boldsymbol{x}_{n_0} + b_1) & \cdots & g(\boldsymbol{w}_m \cdot \boldsymbol{x}_{n_0} + b_m) \end{bmatrix} \tag{2.15}$$

$$\boldsymbol{Y}_0 = (\boldsymbol{y}_1^{\mathrm{T}}, \cdots, \boldsymbol{y}_{n_0}^{\mathrm{T}}) \tag{2.16}$$

优化问题 (2.14) 的最小二乘解由公式 (2.17) 给出.

$$\boldsymbol{\beta}^{(0)} = \boldsymbol{K}_0^{-1}\boldsymbol{H}_0^{\mathrm{T}}\boldsymbol{Y}_0 \tag{2.17}$$

其中, $\boldsymbol{K}_0 = \boldsymbol{H}_0^{\mathrm{T}}\boldsymbol{H}_0$.

假设现在有另一个数据块 $D_1 = \{(x_i, y_i)|x_i \in R^d, y_i \in R^k\}$, $p \leqslant i \leqslant q$, 其中 $p = n_0 + 1, q = n_0 + n_1, n_1$ 是这一数据块中的样例数. 相应的优化问题变为:

$$\min_{\beta} \left\| \begin{bmatrix} \boldsymbol{H}_0 \\ \boldsymbol{H}_1 \end{bmatrix} \boldsymbol{\beta} - \begin{bmatrix} \boldsymbol{Y}_0 \\ \boldsymbol{Y}_1 \end{bmatrix} \right\| \tag{2.18}$$

其中

$$\boldsymbol{H}_1 = \begin{bmatrix} g(\boldsymbol{w}_1 \cdot \boldsymbol{x}_p + b_1) & \cdots & g(\boldsymbol{w}_m \cdot \boldsymbol{x}_p + b_m) \\ \vdots & \ddots & \vdots \\ g(\boldsymbol{w}_1 \cdot \boldsymbol{x}_q + b_1) & \cdots & g(\boldsymbol{w}_m \cdot \boldsymbol{x}_q + b_m) \end{bmatrix} \tag{2.19}$$

$$\boldsymbol{Y}_1 = (\boldsymbol{y}_p^{\mathrm{T}}, \cdots, \boldsymbol{y}_q^{\mathrm{T}}) \tag{2.20}$$

输出权值变为:

$$\boldsymbol{\beta}^{(1)} = \boldsymbol{K}_1^{-1} \begin{bmatrix} \boldsymbol{H}_0 \\ \boldsymbol{H}_1 \end{bmatrix}^{\mathrm{T}} \begin{bmatrix} \boldsymbol{Y}_0 \\ \boldsymbol{Y}_1 \end{bmatrix} \tag{2.21}$$

其中

$$\boldsymbol{K}_1 = \begin{bmatrix} \boldsymbol{H}_0 \\ \boldsymbol{H}_1 \end{bmatrix}^{\mathrm{T}} \begin{bmatrix} \boldsymbol{H}_0 \\ \boldsymbol{H}_1 \end{bmatrix} = \boldsymbol{K}_0 + \boldsymbol{H}_1^{\mathrm{T}} \boldsymbol{H}_1 \tag{2.22}$$

和

$$\begin{aligned} \begin{bmatrix} \boldsymbol{H}_0 \\ \boldsymbol{H}_1 \end{bmatrix}^{\mathrm{T}} \begin{bmatrix} \boldsymbol{Y}_0 \\ \boldsymbol{Y}_1 \end{bmatrix} &= \boldsymbol{H}_0^{\mathrm{T}} \boldsymbol{Y}_0 + \boldsymbol{H}_1^{\mathrm{T}} \boldsymbol{Y}_1 \\ &= \boldsymbol{K}_1 \boldsymbol{\beta}^{(0)} - \boldsymbol{H}_1^{\mathrm{T}} \boldsymbol{H}_1 \boldsymbol{\beta}^{(0)} + \boldsymbol{H}_1^{\mathrm{T}} \boldsymbol{Y}_1 \end{aligned} \tag{2.23}$$

组合 (2.22) 和 (2.23), 可得

$$\boldsymbol{\beta}^{(1)} = \boldsymbol{\beta}^{(0)} + \boldsymbol{K}_1^{-1} \boldsymbol{H}_1^{\mathrm{T}} (\boldsymbol{Y}_1 - \boldsymbol{H}_1 \boldsymbol{\beta}^{(0)}) \tag{2.24}$$

推广前面的讨论, 当收到第 $(k+1)$ 个数据块 $D_{k+1} = \{(x_i, y_i) | x_i \in R^d, y_i \in R^k\}$, $1 \leqslant i \leqslant r$ 时, 其中 $l = \left(\sum_{j=0}^{k} n_j\right) + 1$, $r = \sum_{j=0}^{k+1} n_j$, n_{k+1} 是第 $(k+1)$ 个数据块包含的样例数, 可得

$$\boldsymbol{K}_{k+1} = \boldsymbol{K}_k + \boldsymbol{H}_{k+1}^{\mathrm{T}} \boldsymbol{H}_{k+1} \tag{2.25}$$

和

$$\boldsymbol{\beta}^{(k+1)} = \boldsymbol{\beta}^{(k)} + \boldsymbol{K}_{k+1}^{-1} \boldsymbol{H}_{k+1}^{\mathrm{T}} \left(\boldsymbol{Y}_{k+1} - \boldsymbol{H}_{k+1} \boldsymbol{\beta}^{(k)} \right) \tag{2.26}$$

其中

$$\boldsymbol{H}_{k+1} = \begin{bmatrix} g(\boldsymbol{w}_1 \cdot \boldsymbol{x}_l + b_1) & \cdots & g(\boldsymbol{w}_m \cdot \boldsymbol{x}_l + b_m) \\ \vdots & \ddots & \vdots \\ g(\boldsymbol{w}_1 \cdot \boldsymbol{x}_r + b_1) & \cdots & g(\boldsymbol{w}_m \cdot \boldsymbol{x}_r + b_m) \end{bmatrix} \tag{2.27}$$

和

$$\boldsymbol{Y}_{k+1} = \left(\boldsymbol{y}_l^{\mathrm{T}}, \cdots, \boldsymbol{y}_r^{\mathrm{T}} \right) \tag{2.28}$$

$\boldsymbol{K}_{k+1}^{-1}$ 用下面的公式更新, 公式的推导用到了 Woodbury 公式 [60].

$$\begin{aligned}\boldsymbol{K}_{k+1}^{-1} &= \left(\boldsymbol{K}_k + \boldsymbol{H}_{k+1}^{\mathrm{T}}\boldsymbol{H}_{k+1}\right)^{-1} = \boldsymbol{K}_k^{-1} \\ &\quad - \boldsymbol{K}_k^{-1}\boldsymbol{H}_{k+1}^{\mathrm{T}}\left(\boldsymbol{I} + \boldsymbol{H}_{k+1}\boldsymbol{K}_k^{-1}\boldsymbol{H}_{k+1}^{\mathrm{T}}\right)^{-1}\boldsymbol{H}_{k+1}\boldsymbol{K}_k^{-1}\end{aligned} \tag{2.29}$$

令 $\boldsymbol{P}_{k+1} = \boldsymbol{K}_{k+1}^{-1}$, 那么 (2.25) 和 (2.26) 变为:

$$\boldsymbol{P}_{k+1} = \boldsymbol{P}_k - \boldsymbol{P}_k\boldsymbol{H}_{k+1}^{\mathrm{T}}\left(\boldsymbol{I} + \boldsymbol{H}_{k+1}\boldsymbol{P}_k\boldsymbol{H}_{k+1}^{\mathrm{T}}\right)^{-1}\boldsymbol{H}_{k+1}\boldsymbol{P}_k \tag{2.30}$$

和

$$\boldsymbol{\beta}^{(k+1)} = \boldsymbol{\beta}^{(k)} + \boldsymbol{P}_{k+1}\boldsymbol{H}_{k+1}^{\mathrm{T}}\left(\boldsymbol{Y}_{k+1} - \boldsymbol{H}_{k+1}\boldsymbol{\beta}^{(k)}\right) \tag{2.31}$$

在线序列极限学习机算法由两个阶段组成: 初始化阶段 (S_1) 和序列学习阶段 (S_2), 算法的伪代码如算法 2.3 所示.

算法 2.3: 在线序列极限学习机算法

```
1  输入: 训练集 D = {(x_i, y_i)|x_i ∈ R^d, y_i ∈ R^k}, i = 1, 2, ··· , n, ···; 激活函数 g(·),
     隐含层结点个数 m.
2  输出: 权矩阵 β̂.
3  // 初始化阶段 S_1: 利用第一个数据块 D_0 训练单隐含层前馈神经网络.
4  for (j = 1; j ⩽ m; j++) do
5  |   随机生成输入层权值 w_j 和隐含层结点的偏置 b_j;
6  end
7  for (i = 1; i ⩽ n_0; i++) do
8  |   for (j = 1; j ⩽ m; j++) do
9  |   |   利用公式 (2.15) 计算隐含层输出矩阵 H_0;
10 |   end
11 end
12 利用公式 (2.17) 计算输出层权矩阵 β^(0);
13 令 k = 0;
14 // 序列学习阶段 S_2: 输入第 (k+1) 个数据块 D_{k+1} 训练单隐含层前馈神经网
     络.
15 利用公式 (2.27) 计算隐含层输出矩阵 H_{k+1};
16 利用公式 (2.28) 更新 Y_{k+1};
17 利用公式 (2.30) 更新 P_{k+1};
18 利用公式 (2.31) 更新 β^(k+1);
19 令 k = k + 1, 转 3;
20 输出 β̂.
```

2.5.2 基于在线序列极限学习机的主动学习

2.5.2.1 算法基本思想

因为在线序列极限学习机是一种增量学习算法, 所以每一次迭代都不用重新训练单隐含层前馈神经网络. 在主动学习中, 当有新的标注类别标签的样例加入训练集 L 时, 都要重复训练分类器 C. 显然, 这是一种迭代增量学习过程. 因此如果用在线序列极限学习机作为分类器, 那么可以显著提高主动学习算法的效率. 基于这一思想, 提出了基于在线序列极限学习机的主动学习算法 [59]. 为了使单隐含层前馈神经网络的输出是后验概率分布, 需要对输出进行软最大化处理. 具体地, 对于任意无类别标签样例 $\boldsymbol{x}_i \in U$, 单隐含层前馈神经网络输出层第 j 个结点的输出经软最大化处理后变换为 $p(\omega_j|\boldsymbol{x}_i) = \dfrac{e^{y_{ij}}}{\sum_{j=1}^{k} e^{y_{ij}}}$. 其中, y_{ij} 是相对于样例 $\boldsymbol{x}_i$ 单隐含层前馈神经网络输出层第 j 个结点的输出.

对于无类别标签样例集合 U 中的样例 $\boldsymbol{x}_i$, 其重要性用公式 (2.32) 定义的样例信息熵来度量.

$$E(\boldsymbol{x}_i) = \sum_{j=1}^{k} p(\omega_j|\boldsymbol{x}_i) \log_2 p(\omega_j|\boldsymbol{x}_i) \tag{2.32}$$

对于样例 $\boldsymbol{x}_i \in U$, $E(\boldsymbol{x}_i)$ 的值越大, 说明 $\boldsymbol{x}_i$ 属于各个类别的不确定性也越大, 这种样例也就越重要. 基于在线序列极限学习机的主动学习就是用公式 (2.32) 定义的样例信息熵作为启发式, 从无类别标签样例集合 U 中选择样例, 然后交给专家标注其类别. 在主动学习过程中, 用 K-近邻算法作为专家, 标注选出的样例的类别. 具体地, 对于每一次迭代, 用当前有类别标签的样例构成的集合 L 作为训练集, 用 K-近邻算法确定选出的样例的类别, 主动学习算法的伪代码如算法 2.4 所示.

2.5.2.2 算法实现及与其他算法的比较

我们用 Matlab R2013a 编程实现了基于在线序列极限学习机的主动学习算法. 此外, 为了进一步验证算法的有效性, 在 12 个数据集上进行了实验, 其中包括 10 个 UCI 数据集和 2 个真实数据集. 两个真实数据集是 CT (计算机断层扫描) 和 RenRu 数据集. CT 数据集是从河北大学附属医院获取的 212 幅脑 CT 图像经特征提取后得到的, 212 幅图像中正常 CT 图像 170 幅, 病变 CT 图像 42 幅. 用于表示图像的特征 35 个, 其中 10 个对称特征, 9 个纹理特征和包括均值、方差、熵等在内的 16 个统计特征. RenRu 数据集是由河北大学智能图文实验室创建的. 由 92 个汉字 “人” 和 56 个汉字 “入” 构成, 每个汉字用 26 个特征来描述. 实验所

算法 2.4: 基于在线序列极限学习机的主动学习算法

1 **输入**: 有类别标签的样例集合 $L=\{(\boldsymbol{x}_i,y_i)|\boldsymbol{x}_i\in R^d,y_i\in\{\omega_1,\cdots,\omega_k\}\},1\leqslant i\leqslant l$;
  无类别标签的样例集合 $U=\{\boldsymbol{x}_i|\boldsymbol{x}_i\in R^d\},l+1\leqslant i\leqslant l+n$; 阈值参数 λ.
2 **输出**: 满足泛化性能要求的分类器 C.
3 $L'=\varnothing$;
4 用初始训练集 L 训练一个输出为后验概率的分类器 C, 即一个单隐含层前馈神经网络;
5 **while** (当不满足停止条件时) **do**
6   **for** $(\forall\boldsymbol{x}\in U)$ **do**
7   用 C 对样例 $\boldsymbol{x}$ 进行分类;
8   **end**
9   **for** $(\forall\boldsymbol{x}\in U)$ **do**
10   用公式 (2.32) 计算样例 $\boldsymbol{x}$ 的信息熵 $E(\boldsymbol{x})$;
11   **if** $(E(\boldsymbol{x})>\lambda)$ **then**
12       $L'=L'\cup\{\boldsymbol{x}\}$;
13   **end**
14   **end**
15   以 L 作为训练集, 用 K-近邻算法确定集合 L' 中样例的类别;
16   $L=L\cup L'$ 中;
17   用新的训练集 L 训练新的分类器 C;
18 **end**
19 输出训练的分类器 C.

用数据集的基本信息列于表 2.1 中. 实验环境是 Intel(R) Core(TM) i5-2400 CPU 3.10GHz 处理器, 4G 内存, 32 位 Windows 操作系统. 设计了两个实验用于测试算法的有效性. 实验 1 确定初始训练集中包含多少个样例比较合适; 实验 2 与 3 种相关算法进行了实验比较.

实验 1: 初始训练集 L 的确定

用随机抽样的方法产生初始训练集 L, 即从数据集中随机抽取 $|L|$ 个样例作为初始训练集. 实验分析了 $|L|$ 对分类器 C 测试精度的影响. 对于每一个数据集, 从原数据集中随机抽取不同个数的样例作为初始训练集, 测试算法对测试精度的影响. 实验结果如图 2.5 所示, 对于不同的数据集, 合适的 $|L|$ 列于表 2.1 的最后一列, 前面几列是实验所用数据集的基本信息. 在实验 2 中, 初始训练集就是按这种方法确定的. 需要说明的是, 在实验中, 隐去其他样例的类别标签, 作为无类别标签的样例使用.

表 2.1　实验所用数据集的基本信息及初始 L 的大小

数据集	样例数	属性数	类别数	初始 L 的大小
Banknote	1372	5	2	40
Pen	7494	16	10	250
Breast	699	11	2	80
Seed	210	8	3	50
Wine	130	13	3	25
RenRu	148	26	2	45
CT	221	36	2	25
Ionosphere	337	34	2	50
Heart	2126	22	3	90
Park	195	22	2	45
Forest	325	28	4	40
Iris	150	4	3	35

实验 2: 与 3 种相关算法的比较

在该实验中, 与 3 种相关算法 [61−63] 从选择的样例数和 CPU 时间两方面进行了实验比较. 对于本节介绍的算法, 每一次迭代, 将样本熵大于某个阈值的样例选择出来进行标注, 对于不同的数据集, 设置不同的阈值, 设置的原则是大于或等于平均信息熵. 当没有样例可选择时, 算法终止. CPU 时间比较的实验结果列于表 2.2 中, 选择标注的样例数的实验结果列于表 2.3 中, 需要说明的是选出的样例

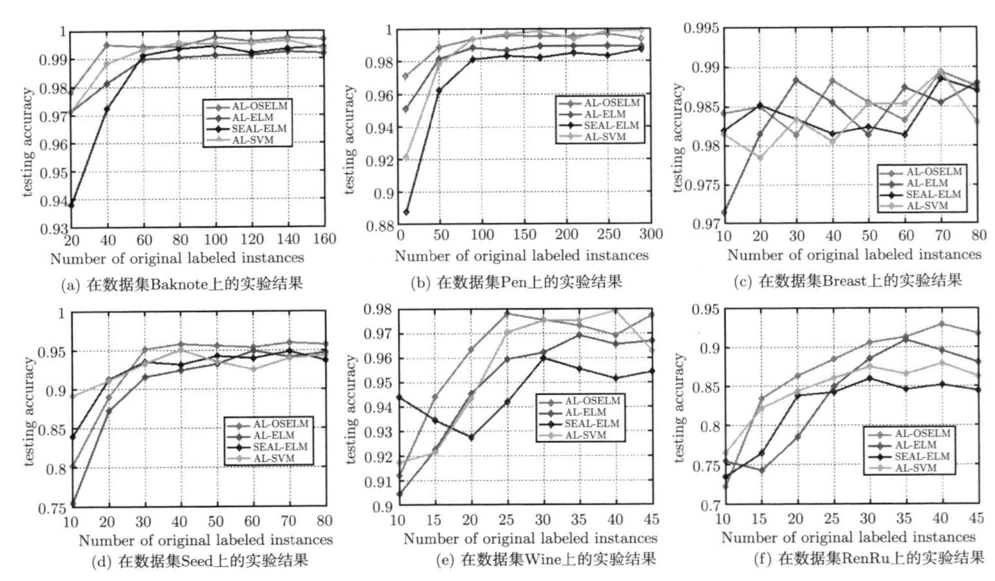

(a) 在数据集Baknote上的实验结果　(b) 在数据集Pen上的实验结果　(c) 在数据集Breast上的实验结果

(d) 在数据集Seed上的实验结果　(e) 在数据集Wine上的实验结果　(f) 在数据集RenRu上的实验结果

图 2.5　初始训练集 L 中包含的样例数与分类器 C 测试精度之间的关系

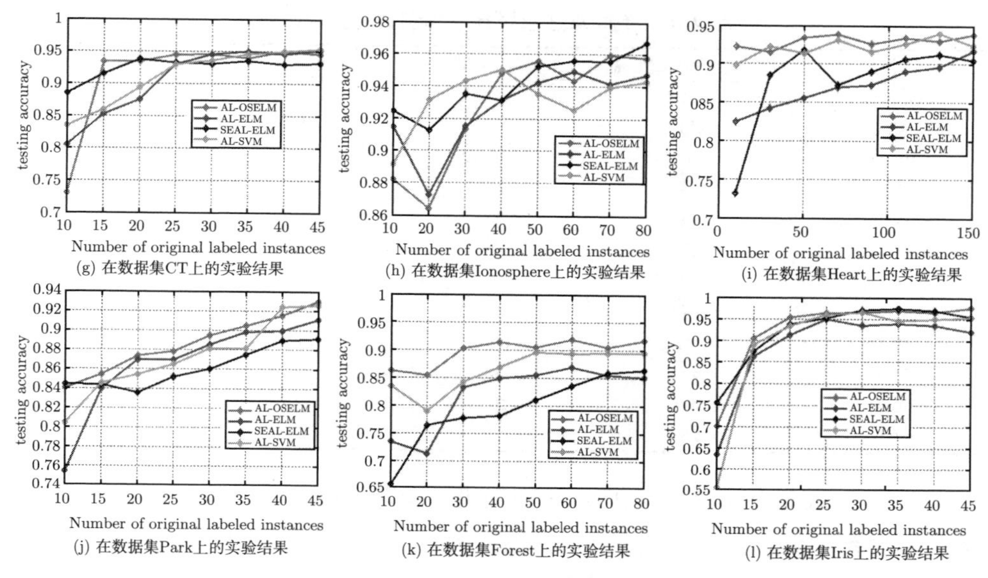

(g) 在数据集CT上的实验结果

(h) 在数据集Ionosphere上的实验结果

(i) 在数据集Heart上的实验结果

(j) 在数据集Park上的实验结果

(k) 在数据集Forest上的实验结果

(l) 在数据集Iris上的实验结果

图 2.5 初始训练集 L 中包含的样例数与分类器 C 测试精度之间的关系 (续)

数不包含初始训练集中样例. 在表 2.2 和表 2.3 中, AL-OSELM 是本节介绍的算法, 3 种相关方法中, AL-ELM 是文献 [61] 中的算法, SEAL-ELM 是文献 [62] 中的算法, AL-SVM 是文献 [63] 中的算法. 从实验结果可以看出, 与 3 种算法相比, AL-OSELM 算法选择标注的样例数基本相同, 但 CPU 时间是最少的. 总体来说, AL-OSELM 算法具有更好的性能.

表 2.2 不同算法 CPU 时间的实验比较 (单位: s)

数据集	AL-OSELM	AL-ELM	SEAL-ELM	AL-SVM
Banknote	7.0824	16.8481	10.1401	1135.6064
Pen	29.6246	34.7882	31.2002	2845.8734
Breast	2.3244	4.7736	3.5880	151.3253
Seed	0.8112	1.2168	0.9984	65.3345
Wine	0.3900	0.7488	0.6708	38.4479
RenRu	0.4368	0.4992	0.6240	42.4949
CT	0.5928	0.8736	0.7332	47.1812
Ionosphere	1.2948	1.4976	1.4820	112.0751
Heart	12.4333	18.2053	14.0353	1822.4934
Park	0.9672	1.0140	1.0544	103.2794
Forest	1.6536	2.4024	1.7784	81.1932
Iris	0.4213	0.5620	0.7361	15.6024

表 2.3 不同算法选择标注样例数的实验比较

数据集	AL-OSELM	AL-ELM	SEAL-ELM	AL-SVM
Banknote	282	253	210	271
Pen	211	265	190	223
Breast	159	174	130	168
Seed	44	43	22	39
Wine	24	35	19	26
RenRu	25	26	16	26
CT	33	26	33	31
Ionosphere	37	37	31	43
Heart	341	333	290	287
Park	43	33	30	41
Forest	102	101	80	97
Iris	23	22	27	25

本节 AL-OSELM 算法利用在线序列极限学习机作为分类器, 用 K-近邻分类器作为领域专家标注选出的无类别标签样例的类别, 用样例信息熵作为启发式度量样例的重要性. AL-OSELM 算法具有如下 3 个特点: ① 算法思想简单易于实现; ② 算法运行速度快且标注准确; ③ 用样例信息熵作为启发式, 可解释性好. 算法运行速度快的原因有两点: 一是在线序列极限学习机算法具有增量学习的特点, 在迭代过程中, 不需要重新训练分类器; 二是极限学习机是一种快速学习算法.

第 3 章 监督学习中的样例选择

不同于主动学习中的样例选择, 监督学习中的样例选择的目的是提高学习算法的效率, 降低学习算法的计算复杂度. 本章介绍监督学习中的样例选择, 内容包括监督学习中的样例选择概述, 压缩近邻算法及其变体 [64−68], 以及作者团队提出的 4 种算法: 基于组合先验熵和预测熵的样例选择算法 [69]、基于监督聚类的样例选择算法 [70]、基于概率神经网络的样例选择算法 [71,72] 和基于交叉验证策略的样例选择算法 [73].

3.1 监督学习中的样例选择概述

在监督学习中, 样例选择是指从有类别标签的训练集中选择一个重要的子集, 代替原训练集训练分类器, 使得在子集上训练的分类器的性能和在原训练集上训练的分类器的性能相差无几. 下面给出样例选择的形式化定义.

定义 3.1.1 给定一个训练集 $D=\{(\boldsymbol{x}_i,y_i)|\boldsymbol{x}_i\in R^d,y_i\in Y\}$, $1\leqslant i\leqslant n$, Y 是类别标签的集合. 设 M 是预定义的样例重要性度量, λ 是阈值参数, E 是分类器性能的度量. 样例选择是从 D 中选择一个子集 D', 使得下面两个条件成立:

(1) $\forall \boldsymbol{x}'\in D'$, $M(\boldsymbol{x}')\geqslant\lambda$;

(2) $E(C)\approx E(C')$, C 和 C' 分别是在 D 和 D' 上训练的分类器.

历史上, 压缩近邻 (condensed nearest neighbor, CNN)[64] 是第一个样例选择算法. CNN 算法是针对 1-近邻 (1-NN) 分类器提出的, 目的是提高 1-NN 算法的效率, 降低 1-NN 算法的计算复杂度. CNN 算法的核心概念是一致子集, 其目标是寻找原始训练集的最小一致子集. 但是, 后来的研究人员发现, CNN 算法得到的未必是最小一致子集. 针对这一问题, 不同研究人员提出了不同的改进算法或不同的 CNN 变体. 例如, Gates 提出了约简近邻 (reduced nearest neighbor, RNN) 算法 [65]. Wilson 和 Martinez 提出了编辑近邻 (edited nearest neighbor, ENN) 算法 [66]. Dasarathy 提出了最小一致子集 (minimal consistent set, MCS) 算法 [67]. Brighton 和 Mellish 提出了迭代样例过滤 (iterative case filtering, ICF) 算法 [68]. 早期的样例选择算法都是针对 K-近邻 (K-NN) 算法提出的, 后来研究人员又提出了针对其他分类算法 (如决策树、支持向量机、神经网络) 的样例选择算法. 现在文献中有大量的样例选择算法, 根据样例选择对分类器性能的影响, 这些算法可大致分为两类: 能力保持型和能力增强型 [67]. 根据样例选择的方式不同, 样例选择算法也可大致分为两类: 递增算法和递减算法 [66].

递增算法从空集开始, 迭代地从训练集中选择重要的样例, 直到满足停止条件. CNN 就是一种典型的递增算法, Zhai 等人将 CNN 扩展到不确定场景, 提出了模糊 CNN 算法 [74], 将在第 5 章介绍这一算法. de Haro-García 等人提出了一种使用 boosting 来选择样例子集的算法 [75], 该算法在保持高压缩比的前提下, 还能显著提升分类器的分类精度. 它通过构造分类器集成对样例进行加权, 并递增地选择样例, 以使在选择的样例子集上训练的分类器的精度得到最大幅度的提升. Malhat 等人通过平衡分类准确率、压缩比和计算时间复杂度, 提出了两种样例选择算法 [76]. 第一种算法使用全局密度和相关函数选择最相关的样例, 第二种算法在保持第一种算法有效性的同时提高了压缩比. 基于进化算法的样例选择在搜索效率和计算成本方面面临着巨大的挑战, 为了应对这一挑战, Cheng 等人提出了一种针对大规模样例选择的多目标进化算法 [77], 该算法采用长度缩减策略, 递归缩短种群中每个个体的编码长度, 大大提高了算法的计算效率. García-Pedrajas 等人将特征选择和样例选择组合在一起, 提出了一种可以同时选择重要样例和重要特征的算法 [78]. 与已有的同类算法相比, 该算法空间复杂度更低, 测试精度更高, 并可扩展到高维数据集. Ma 和 Chow 发现现有的大多数样例和特征选择算法都忽略了输入与输出的相关性. 为了解决这个问题, 他们在主题模型的框架内, 提出了一种多标签学习的框架 [79]. 该框架可以在潜在主题空间中进行有效的样例和特征选择, 因为该空间能很好地捕捉输入和输出空间之间的相关关系. Fu 和 Robles-Kelly 将样例选择问题扩展到多示例学习中, 提出了一种用于多示例学习的样例选择框架 [80]. Yuan 等人也提出了一种针对多示例学习的样例选择算法 [81], 该算法采用两种不同视角的样例选择准则, 为多示例学习选择重要的样例.

递减算法从原始训练集开始, 迭代删除训练集中不重要的样例, 直到满足停止条件为止. RNN、MCS 和 DROP(decremental reduction optimization procedure) 算法 [66] 是 3 个经典的递减算法. Cavalcanti 和 Soares 提出了一种基于排序的样例选择 (ranking-based instance selection, RIS) 算法 [82], 该算法根据每个样例与训练集中所有其他样例的关系给每个样例分配一个分数. 在此基础上, 定义了得分较高的安全区域和得分较低的犹豫区域两个概念. 在样例选择过程中, 从安全区域和犹豫区域中删除不相关的样例. 针对医学图像样例选择问题, Huang 等人提出了一种基于分治策略的样例选择框架 [83], 该框架旨在提高每个特定样例选择算法的性能. 以两种著名的递减算法 DROP3 和 IB3[66] 作为基准, 实验中使用了各种大小尺度的医疗数据集. Aslani 和 Seipel 提出了一种基于局部敏感哈希 (locality-sensitive hash, LSH) 的样例选择算法 [84], 该算法利用 LSH 快速找到相似和冗余的训练样例, 并将其从原始训练集中删除. 该算法具有两个优点: ① 具有线性时间复杂度, 适合于处理大规模数据集; ② 可以显著减少选择的样例数和算法执行时间. Ireneusz 和 Piotr 将递减样例选择作为下采样方法应用于两类非平衡数据分类问题, 提出了一种基于聚类的解决方案 [85], 该方案从多数类聚类中选择信息量大的样例进行下采样. Orliński 和 Jankowski 提出了一种改进的 DROP 算法 [86], 该算法使用随机区域哈希森林和丛林来保持尽可能低的计算复杂度. 该算法将计算时间复杂度从 $O(n^3)$ 降低到 $O(n\log n)$, n 是训练集包含的样例数.

最近几年, 由于深度学习的盛行, 样例选择在深度学习领域, 特别是计算机视觉领域, 引起了研究人员的关注, 用于从大型图像数据集中选择信息量大的图像或从视频中选择重要帧. 例如, Huang 和 Wang 通过引入自注意模型, 提出了一种从视频中选择关键帧的框架 [87]. 再如, Ding 等人提出了一种非常具有代表性的原型选择算法 [88]. 此外, 样例选择 (或约简) 也是处理大数据问题的一种有效方法. 在第 4 章, 将介绍面向大数据的样例选择方法.

3.2 压缩近邻算法及其变体

3.2.1 压缩近邻算法

压缩近邻算法是历史上第一个样例选择算法, 它是针对 1-NN 算法设计的, CNN 的核心概念是一致子集, 其定义如下:

定义 3.2.1 给定一个训练集 $D=\{(\boldsymbol{x}_i,y_i)|\boldsymbol{x}_i\in R^d,y_i\in Y\}$, $1\leqslant i\leqslant n$. $D'\subseteq D$, D' 称为 D 的一致子集, 如果 D 中的所有样例都能被 D' 用 1-NN 正确分类.

说明:

(1) 因为 D' 中的样例肯定能用 1-NN 算法正确分类, 所以定义中 "如果 D 中的所有样例都能被 D' 用 1-NN 算法正确分类" 可以改为 "如果 $D-D'$ 中的所有样例都能被 D' 用 1-NN 算法正确分类";

(2) 上述定义是针对 1-NN 算法定义的, 自然可以容易扩充到 K-NN 算法.

定义 3.2.2 给定一个训练集 $D=\{(\boldsymbol{x}_i,y_i)|\boldsymbol{x}_i\in R^d,y_i\in Y\}, 1\leqslant i\leqslant n$. D 的所有一致子集中包含样例数最少的一致子集称为最小一致子集.

CNN 算法是一种迭代算法, 开始时, 从训练集 D 中随机选择一个样例, 将其从 D 中移动到 D' 中, 对于 D 中剩余的样例, 用 D' 作为训练集, 用 1-NN 算法进行分类. 如果样例被错误分类, 那么将其从 D 中移动到 D' 中. 这样, 随着迭代次数的增加, D' 中的样例逐渐增多, 而 D 中的样例逐渐减少. 当 D 变为空集, 或 D 中的样例都能被 D' 中的样例用 1-NN 算法正确分类时, 算法终止. CNN 算法的伪代码如算法 3.1 所示.

算法 3.1: CNN 算法

```
1  输入: 训练集 D = {(x_i, y_i)|x_i ∈ R^d, y_i ∈ Y, 1 ⩽ i ⩽ n}.
2  输出: D' ⊆ D.
3  初始化 D' = ∅;
4  从 D 中随机地选择一个样例移动到 D' 中;
5  repeat
6      for (∀x_i ∈ D) do
7          for (∀x_j ∈ D') do
8              计算 x_i 到 x_j 之间的距离;
9              寻找 x_i 在 D' 中的最近邻 x_j^*;
10         end
11         if (x_i 的类别和 x_j^* 的类别不同 ) then
12             D' = D' ∪ {x_i};
13             D = D − {x_i};
14         end
15     end
16 until (D = ∅ 或 D 中的所有样例都能被 D' 用最近邻方法正确分类 );
17 输出 D'.
```

说明:

(1) CNN 算法是针对 1-NN 算法设计的, 如果将 1-NN 算法改为 K-NN 算法, 那么初始化 D' 时, 需要从 D 中随机选择 K 个样例, 从 D 中将它们移动到 D' 中.

(2) CNN 算法认为被 1-NN 算法错误分类的样例更重要, CNN 算法选择的样例大都分布在分类边界附近.

CNN 算法具有思想简单, 易于实现的优点. 但是, 研究人员发现它有如下缺点:

(1) 对噪声特别敏感, 因为噪声样例通常会错误分类, 所以会被选择.

(2) 对 D 中样例呈现给 D' 进行分类的顺序敏感, 呈现的顺序不同, 可能得到的结果不同.

(3) 只能从 D 中添加样例到 D' 中, 而不能从 D' 中移除, 这样可能导致 D' 中依然有冗余样例.

(4) CNN 算法的目标是寻找 D 的最小一致子集, 但是 CNN 算法得到的结果可能不是最小一致子集.

3.2.2 约简近邻算法

约简近邻算法是为了克服 CNN 算法的缺点 (3) 而提出的改进版本, 它能从 D' 中移除冗余样例, 但是它的计算时间复杂度比 CNN 高. 为了描述方便, 用 CNN 算法选择的样例子集 D' 记为 D'_{CNN}, 用 RNN 算法选择的子集记为 D'_{RNN}. RNN 算法的伪代码如算法 3.2 所示.

算法 3.2: RNN 算法

```
1  输入: 训练集 D = {(x_i, y_i)|x_i ∈ R^d, y_i ∈ Y, 1 ⩽ i ⩽ n}.
2  输出: D'_RNN ⊆ D.
3  调用 CNN 算法, 得到 D'_CNN;
4  初始化 D'_RNN = D'_CNN;
5  从 D'_RNN 中移除一个样例;
6  用 D'_RNN 作为训练集, 用 1-NN 算法分类 D 中的所有样例;
7  if (D 中所有样例都能被正确分类) then
8  |   转 14;
9  end
10 if (D 中有一个样例不能被正确分类) then
11 |   将移除的样例放回 D'_RNN 中;
12 |   转 14;
13 end
14 if (D'_RNN 中所有样例都被移除了一次) then
15 |   算法终止;
16 end
17 else
18 |   移除下一个样例;
19 |   转 6;
20 end
21 输出 D'_RNN.
```

3.2.3 编辑近邻算法

编辑近邻算法也是 CNN 算法的改进版本. 用 ENN 算法选择的样例子集记为 D'_{ENN}, 由于该算法容易理解, 我们直接给出其伪代码, 如算法 3.3 所示.

算法 3.3: ENN 算法

```
1  输入: 训练集 D = {(x_i, y_i)|x_i ∈ R^d, y_i ∈ Y, 1 ⩽ i ⩽ n}.
2  输出: D'_ENN ⊆ D.
3  初始化 D'_ENN = ∅;
4  从 D 中随机地选择一个样例移动到 D'_ENN 中;
5  for (∀x_i ∈ D) do
6  |   if (x_i 被 D'_ENN 中的样例用 1-NN 算法错误分类 ) then
7  |   |   将 x_i 标记为删除;
8  |   end
9  end
10 for (∀x_i ∈ D) do
11 |   if (x_i 标记为删除 ) then
12 |   |   D = D − {x};
13 |   end
14 end
15 输出 D'_ENN.
```

3.2.4 迭代样例过滤算法

迭代样例过滤算法以 ENN 算法为基础, 其核心概念是可达集和覆盖集, 这两个概念是在异类最近邻子集 (nearest unlike neighbor subset, $NUNS$) 的基础上定义的, 下面先给出 $NUNS$ 相关的基本概念.

定义 3.2.3　给定一个训练集 $D=\{(\boldsymbol{x}_i,y_i)|\boldsymbol{x}_i\in R^d, y_i\in Y\}$, $1\leqslant i\leqslant n$. 对于 $\forall\boldsymbol{x}_i\in D$, 其最近异类近邻子集 $NUNS(\boldsymbol{x}_i)$ 定义为:

$$NUNS(\boldsymbol{x}_i)=\left\{\boldsymbol{x}_j|j=\underset{j}{\operatorname{argmin}}\{d(\boldsymbol{x}_i,\boldsymbol{x}_j)\}, j\neq i, y_j\neq y_i\right\} \tag{3.1}$$

其中, $d(\boldsymbol{x}_i,\boldsymbol{x}_j)$ 表示样例 $\boldsymbol{x}_i$ 和 $\boldsymbol{x}_j$ 之间的欧氏距离.

定义 3.2.4　给定样例 $\boldsymbol{x}_i\in D$, $\boldsymbol{x}_i$ 到它的最近异类近邻子集 $NUNS(x_i)$ 之间的距离 $NUNSdis$ 定义为:

$$NUNSdis(\boldsymbol{x}_i)=d(\boldsymbol{x}_i,NUNS(\boldsymbol{x}_i)) \tag{3.2}$$

定义 3.2.5 给定样例 $\boldsymbol{x}_i \in D$, $\boldsymbol{x}_i$ 的比距离 $NUNS(\boldsymbol{x}_i)$ 中的样例更近的近邻子集定义为:

$$neighbor(\boldsymbol{x}_i) = \{\boldsymbol{x}_j | d(\boldsymbol{x}_i, \boldsymbol{x}_j) < NUNSdis(\boldsymbol{x}_i), j = 1, 2, \cdots, n\} \tag{3.3}$$

容易看出, 集合 $neighbor(\boldsymbol{x}_i)$ 中的样例都和 $\boldsymbol{x}_i$ 具有相同的类别.

例 3.2.1 图 3.1 所示是一个两类问题有 6 个样例的数据集, 其中正类和负类各有 3 个样例, 分别用符号 "+" 和 "−" 表示. 试计算: (1) 这 6 个样例的最近异类近邻; (2) 这 6 个样例的比距离最近异类近邻子集中的样例更近的近邻子集.

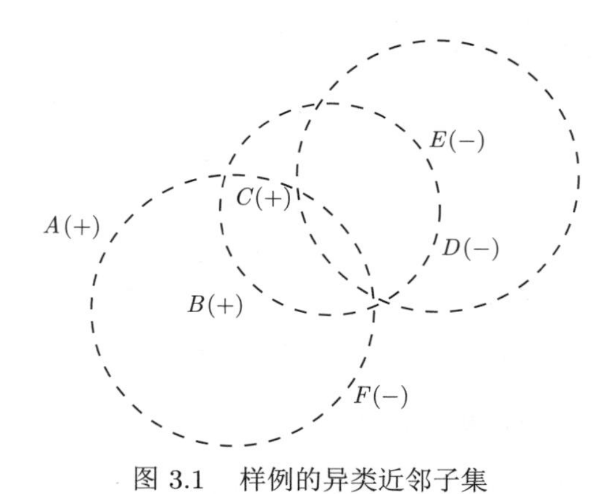

图 3.1 样例的异类近邻子集

解 (1) 6 个样例的最近异类近邻分别为:

$$NUNS(A) = \{D\}, NUNS(B) = \{F\}, NUNS(C) = \{D\},$$

$$NUNS(D) = \{C\}, NUNS(E) = \{C\}, NUNS(F) = \{B\}.$$

(2) 6 个样例的比距离最近异类近邻子集中的样例更近的近邻分别为:

$$neighbor(A) = \{A, B, C\}, neighbor(B) = \{B, C\}, neighbor(C) = \{C\},$$

$$neighbor(D) = \{D, E\}, neighbor(E) = \{D, E\}, neighbor(F) = \{F\}.$$

有了最近异类近邻子集 $NUNS$ 的概念, 就可以定义 ICF 算法的核心概念可达集和覆盖集了.

定义 3.2.6 给定样例 $\boldsymbol{x}_i \in D$, $\boldsymbol{x}_i$ 的可达集 $reacherable(\boldsymbol{x}_i)$ 定义为:

$$reacherable(\boldsymbol{x}_i) = \{\boldsymbol{x}_j | d(\boldsymbol{x}_i, \boldsymbol{x}_j) < NUNSdis(\boldsymbol{x}_i)\} \tag{3.4}$$

定义 3.2.7　给定样例 $\boldsymbol{x}_i \in D$, $\boldsymbol{x}_i$ 的覆盖集 $coverage(x_i)$ 的定义为:

$$coverage(\boldsymbol{x}_i) = \{\boldsymbol{x}_j | d(\boldsymbol{x}_j, \boldsymbol{x}_i) < NUNSdis(\boldsymbol{x}_j)\} \tag{3.5}$$

例 3.2.2　图 3.2 所示是一个有 5 个样例两类问题的例子, 其中空心圆表示的 A, B, C 是一类, 实心圆表示的是另一类. 图 3.2(a1) 是可达集示意图, 图 3.2(a2) 是覆盖集示意图. 试计算: (1) A, B, C 的可达集; (2) A, B, C 的覆盖集.

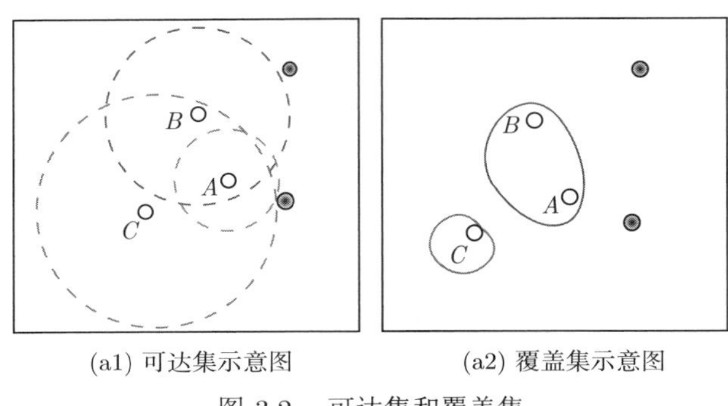

(a1) 可达集示意图　(a2) 覆盖集示意图

图 3.2　可达集和覆盖集

解　(1) A, B, C 的可达集分别为:

$$reacherable(A) = \{A\},$$

$$reacherable(B) = \{A, B\},$$

$$reacherable(C) = \{A, B, C\}.$$

(2) A, B, C 的覆盖分别为:

$$coverage(A) = \{A, B, C\},$$

$$coverage(B) = \{B, C\},$$

$$coverage(C) = \{C\}.$$

样例 $\boldsymbol{x}_i$ 的重要性可用 $|reacherable(\boldsymbol{x}_i)|$ 度量, $|reacherable(\boldsymbol{x}_i)|$ 的值越大, 样例 $\boldsymbol{x}_i$ 越重要. 样例 $\boldsymbol{x}_i$ 的重要性也可用 $|coverage(\boldsymbol{x}_i)|$ 度量, $|coverage(\boldsymbol{x}_i)|$ 的值越小, 样例 $\boldsymbol{x}_i$ 越重要. ICF 算法就是用这种度量标准来选择样例的, 算法 3.4 是 ICF 算法的伪代码.

算法 3.4: ICF 算法

```
1  输入: 训练集 D = {(x_i, y_i)|x_i ∈ R^d, y_i ∈ Y, 1 ⩽ i ⩽ n}.
2  输出: D'_ICF ⊆ D
3  初始化 D'_ICF = ∅;
4  调用 ENN 算法, 并更新 D'_ICF = D'_ENN;
5  while (Progress=true) do
6      for (∀x ∈ D'_ICF) do
7          利用公式 (3.4) 计算 reacherable(x);
8          利用公式 (3.5) 计算 coverage(x);
9          Progress = false;
10     end
11     for (∀x ∈ D'_ICF) do
12         if (|reacherable(x)| > |coverage(x)|) then
13             将 x 标记为删除;
14             Progress = true;
15         end
16     end
17     for (∀x ∈ D'_ICF) do
18         if (x 标记为删除 ) then
19             D'_ICF = D'_ICF − {x};
20         end
21     end
22 end
23 输出 D'_ICF.
```

3.3 基于组合先验熵和预测熵的样例选择算法

在第 2 章, 介绍了主动学习中的样例选择准则. 实际上, 这些准则也适用于监督学习中的样例选择, 只是样例不是从无类别标签的数据集中选择, 而是从有类别标签的数据集中选择. 本节介绍的基于组合先验熵和预测熵的样例选择算法就是基于不确定性准则选择重要的样例, 下面详细介绍这一算法.

3.3.1 算法基本思想

在监督学习框架下, 样例选择算法的特性通常用空间复杂度降低的幅度、分类器的泛化性能、抗噪声能力和学习速度 4 方面来刻画. 在这 4 个方面中, 分类器的学习速度往往被忽略. 但是, 对于大规模学习问题, 学习速度也很重要. 已有的样例选择算法大都是针对 K-近邻、支持向量机、决策树等分类器设计的, 针对神经网络分类器的样例选择算法并不多. 本节算法关注这两点, 以组合先验熵和预测熵作为重要性度量, 用极限学习机 (ELM) 训练的单隐含层前馈神经网络 (SLFN) 作为分类器. 极限学习机算法在第 1 章已经介绍过, 不同于经典的 BP 算法, 它不需要迭代调整网络参数, 具有学习速度快, 泛化性能好的特点.

对于给定的具有类别标签的数据集, 虽然每个样例所属的类别是明确的, 但是对于不同的类, 样例在类内的分布是不同的. 有的样例距离类中心比较近, 有的样例距离类中心比较远. 如果认为距离分类边界比较近的样例更重要, 那么从样例分布的先验信息对样例的重要性就有一个预判, 这些先验信息对评价样例的重要性有辅助作用. 正是基于这一思想, 提出了基于先验熵和预测熵相结合的样例选择算法. 下面先给出样例先验熵的定义, 然后给出预测熵的定义. 给定训练集 $D=\{(\boldsymbol{x}_i,y_i)|\boldsymbol{x}_i\in R^d,y_i\in Y,1\leqslant i\leqslant n\}$, 设 $|Y|=k$, 即 D 中样例属于 k 个不同的类. 样例的先验熵是由其类别的先验分布决定的, 基于样例到每一个类中心的距离定义样例的先验熵. 一个样例距离某一个类的中心越近, 这个样例属于这一类的隶属度就越高; 反之, 一个样例距离某一个类的中心越远, 这个样例属于这一类的隶属度就越低.

定义 3.3.1　给定样例 $\boldsymbol{x}_i\in D$, $\boldsymbol{x}_i$ 属于类别 j 的隶属度 $\mu_j(\boldsymbol{x}_i)$ 定义为:

$$\mu_j(\boldsymbol{x}_i)=\mu_{ij}=\frac{(d_{ij}^2)^{-1}}{\sum_{t=1}^{k}(d_{it}^2)^{-1}} \tag{3.6}$$

其中, $d_{ij}(1\leqslant i\leqslant n;1\leqslant j\leqslant k)$ 是样例 $\boldsymbol{x}_i$ 到第 j 个类中心的距离. 将样例 $\boldsymbol{x}_i$ 属于类别 j 的隶属度 μ_{ij} 看作样例的类别概率分布, 就可以定义样例 $\boldsymbol{x}_i$ 先验熵.

定义 3.3.2　给定样例 $\boldsymbol{x}_i\in D$, $\boldsymbol{x}_i$ 的先验熵定义为:

$$E_{\text{pri}}(\boldsymbol{x}_i)=-\sum_{j=1}^{k}\mu_j(\boldsymbol{x}_i)\log_2\mu_j(\boldsymbol{x}_i)=-\sum_{j=1}^{k}\mu_{ij}\log_2\mu_{ij} \tag{3.7}$$

先验熵用于刻画样例属于各个类别的先验不确定性, 而预测熵用于刻画分类器预测样例属于各个类别的不确定性, 下面介绍样例的预测熵. 要想定义一个样例的预测熵, 就需要预测样例属于各个类别的后验概率. 借鉴交叉验证的思想, 将训练集 D 划分成 m 个子集 $D_1,D_2,\cdots,D_m$. 计算每一个子集 $D_i(1\leqslant i\leqslant m)$ 的预测熵时, 将其他 $m-1$ 个子集合并起来作为训练集 R_i, 并用 ELM 算法训练一

个分类器 C_i. 然后, 用 C_i 分类 D_i 中的样例 $\boldsymbol{x}$, 并对分类器的输出做软最大化变换, 得到后验概率 $p_j(\boldsymbol{x})$, 进而可以计算 D_i 中样例的预测熵. 预测熵的定义如下:

定义 3.3.3 给定样例 $\boldsymbol{x} \in D_i(1 \leqslant i \leqslant m)$, $\boldsymbol{x}$ 的预测熵定义为:

$$E_{\text{pre}}(\boldsymbol{x}) = -\sum_{j=1}^{k} p_j(\boldsymbol{x}) \log_2 p_j(\boldsymbol{x}) \tag{3.8}$$

将先验熵和预测熵组合起来作为样例重要性度量选择样例时, 相当于既参考了样例的先验重要性, 也参考了样例的预测重要性. 因此, 组合先验熵和预测熵能更准确地刻画样例所属类别的不确定性. 以从子集 D_1 中选择样例为例, 基于组合先验熵和预测熵的选择样例算法的技术路线如图 3.3 所示, 算法的伪代码在算法 3.5 中给出.

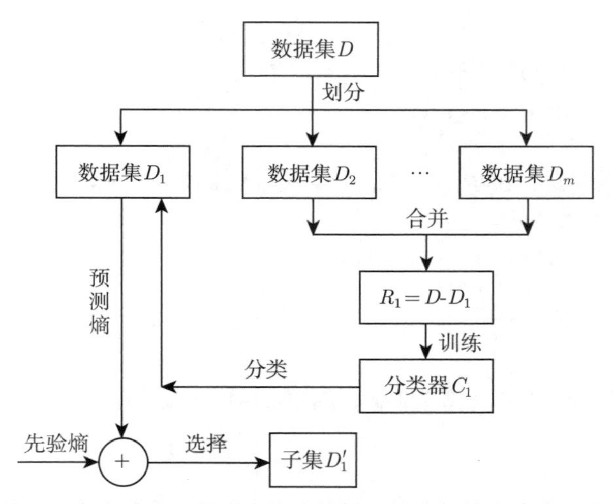

图 3.3 基于组合先验熵和预测熵的选择样例算法的技术路线 (以 D_1 为例)

3.3.2 算法实现以及与其他算法的比较

我们用 Matlab 7.0 编程实现了基于组合先验熵和预测熵的样例选择算法, 并与 4 种经典算法 (CNN、ENN、RNN 和 ICF) 在 10 个 UCI 数据集 [89] 上进行了实验比较. 将数据集随机划分成训练集和测试集, 80%的样例用于训练, 20%的样例用于测试. 在实验中, 对于每一个数据集, 所有属性的值都规范化到 $[-1, +1]$ 区间, 以消除不同量纲对实验结果的影响. 关于算法中 3 个参数的设置, 根据数据集的大小设置参数 m 的值, 对于小数据集, 如 Image segmentation 和 Spambase, 设置 $m=3$; 对于中型数据集, 如 Page-blocks、Waveform、Optdigits 等, 设置

算法 3.5: 基于组合先验熵和预测熵的选择样例算法

```
1  输入: 训练集 D = {(x_i, y_i) | x_i ∈ R^d, y_i ∈ Y, 1 ⩽ i ⩽ n}, 参数 m, α 和 λ.
2  输出: D' ⊆ D.
3  初始化 D' = ∅;
4  for (i = 1; i ⩽ n; i = i + 1) do
5      for (j = 1; j ⩽ k; j = j + 1) do
6          利用公式 (3.6) 计算样例 x_i 属于第 j 类的隶属度 μ_ij;
7      end
8  end
9  for (i = 1; i ⩽ n; i = i + 1) do
10     for (j = 1; j ⩽ k; j = j + 1) do
11         利用公式 (3.7) 计算样例 x_i 的先验熵 E_pri(x);
12     end
13 end
14 将训练集 D 划分为 m 个子集 D_1, D_2, ···, D_m;
15 for (i = 1; i ⩽ m; i = i + 1) do
16     R_i = D − D_i;
17     调用 ELM 算法, 在 R_i 上训练一个单隐含层前馈神经网络分类器 C_i;
18     for (∀x ∈ D_i) do
19         for (j = 1; j ⩽ k; j = j + 1) do
20             p_j(x) = e^{o_j(x)} / Σ_{t=1}^{k} e^{o_t(x)};
21         end
22         利用公式 (3.8) 计算样例 x ∈ D_i 的预测熵 E_pre(x);
23     end
24 end
25 for (i = 1; i ⩽ n; i = i + 1) do
26     E(x_i) = αE_pri(x_i) + (1 − α)E_pre(x_i);
27     if (E(x_i) > λ) then
28         D' = D' ∪ {x_i};
29     end
30 end
31 输出 D'.
```

$m=5$; 对于较大数据集, 如 Pendigits、Magic04 和 Shuttle, 设置 $m=7$. 设置参数 $\alpha=0.5$, 参数 λ 为平均熵值. 此外, 为了消除随机划分数据集对实验结果的影响, 在每一个数据集上的实验都重复运行 10 次, 实验结果是 10 次的平均. 实验所用 10 个 UCI 数据集的基本信息列于表 3.1 中.

表 3.1 实验所用 10 个 UCI 数据集的基本信息

数据集	样例数	属性数	类别数
Page-blocks	5473	10	5
Sensor_readings_2	5456	2	4
Spambase	4601	57	2
Waveform	5000	21	3
Waveform+noise	5000	40	3
Pendigits	10992	16	10
Image segmentation	2310	19	7
Magic04	19020	11	2
Shuttle	58000	9	7
Optdigits	5620	64	10

实验 1: 对分类器性能的影响

在这个实验中, 比较在选择的数据集和原数据集上训练的分类器性能的差异, 以分析提出的算法是否能够保持分类器的分类精度. 实验所用的分类器是用 ELM 算法训练的单隐含层前馈神经网络, 在选择的数据集上和原数据集上训练的分类器分别记为 $\mathrm{SLFN_{sel}}$ 和 $\mathrm{SLFN_{ori}}$, 其性能的比较列于表 3.2 中.

表 3.2 在选择的数据集和原数据集上训练的分类器性能的比较

数据集	$\mathrm{SLFN_{sel}}$ 的测试精度	$\mathrm{SLFN_{ori}}$ 的测试精度
Page-blocks	**0.9587**	0.9564
Sensor_readings_2	**0.9588**	0.9418
Spambase	**0.9157**	0.9000
Waveform	0.84.36	**0.8600**
Waveform+noise	0.8284	**0.8388**
Pendigits	0.9584	**0.9608**
Image segmentation	**0.9411**	0.9330
Magic04	**0.8531**	0.8500
Shuttle	0.9755	**0.9815**
Optdigits	**0.9822**	0.9788

从列于表 3.2 的实验结果可以看出, $\mathrm{SLFN_{sel}}$ 的测试精度在 6 个数据集中高于 $\mathrm{SLFN_{ori}}$ 的测试精度, 表现出能力增强的特征, 但是增强的幅度都不大, $\mathrm{SLFN_{sel}}$ 的测试精度在 4 个数据集上低于 $\mathrm{SLFN_{ori}}$ 的测试精度, 但是低的幅度也都不大, 表现出了能力保持的特征. 因此, 实验 1 的结果说明用本节算法选择样例具有可行性.

实验 2: 与 4 种经典算法的比较

在这个实验中, 将本节方法与 4 种经典算法: CNN、ENN、RNN 和 ICF 从选择时间、压缩比和测试精度 3 方面进行了比较, 实验结果分别列于表 3.3、3.4、3.5 中.

表 3.3 与 4 种经典算法在选择时间上的比较

数据集	CNN	ENN	RNN	ICF	本节算法
Page-blocks	3.4406	10.1594	1519.4	**0.9567**	2.6656
Sensor_readings_2	2.4562	5.225	1231.8	**0.9864**	1.4188
Spambase	10.0094	33.9344	426.1219	**0.9003**	9.4906
Waveform	4.6625	18.6844	288.0219	**0.7646**	4.6094
Waveform+noise	8.2969	31.3625	153.2688	**0.7244**	9.2438
Pendigits	13.8438	85.1406	16229	**0.9932**	13.065
Image segmentation	0.8219	2.3125	78.1344	0.9623	**0.8125**
Magic04	34.5438	156.3469	–	–	**9.6312**
Shuttle	343.8125	–	–	–	**159.03**
Optdigits	13.6594	65.3969	4575	**0.9813**	21.093

表 3.4 与 4 种经典算法在压缩比上的比较

数据集	CNN	ENN	RNN	ICF	本节算法
Page-blocks	0.9364	0.9595	0.9385	**0.0953**	0.7397
Sensor_readings_2	0.9379	0.9873	0.9261	**0.1259**	0.4294
Spambase	0.9964	0.9026	0.9954	**0.2168**	0.6418
Waveform	0.9963	0.7712	0.9940	**0.2482**	0.5523
Waveform+noise	0.9992	0.7433	0.9977	**0.2885**	0.5125
Pendigits	0.9759	0.9934	0.9384	**0.1158**	0.5510
Image segmentation	0.9817	0.9624	0.9690	**0.3537**	0.4688
Magic04	0.9969	0.8101	–	–	**0.5001**
Shuttle	0.9527	–	–	–	**0.4929**
Optdigits	0.9679	0.9863	0.9616	**0.1486**	0.6009

表 3.5 与 4 种经典算法在测试精度上的比较

数据集	CNN	ENN	RNN	ICF	本节算法
Page-blocks	0.9534	0.9502	0.9567	0.9326	**0.9587**
Sensor_readings_2	**0.9897**	0.9855	0.9864	0.9817	0.9588
Spambase	0.9081	0.9040	0.9003	0.8578	**0.9157**
Waveform	0.7632	0.7906	0.7646	0.7628	**0.8436**
Waveform+noise	0.7404	0.7586	0.7244	0.7272	**0.8284**
Pendigits	0.9926	0.9923	**0.9932**	0.9875	0.9584
Image segmentation	**0.9658**	0.9485	0.9623	0.9403	0.9411
Magic04	0.8131	0.8248	–	–	**0.8531**
Shuttle	**0.9993**	–	–	–	0.9755
Optdigits	0.9804	0.9818	0.9813	0.9772	**0.9855**

在表 3.3~3.5 中, 符号 "–" 表示算法未能得到结果, 从列于三个表的实验结果可以看出, 虽然在选择时间和压缩比两方面, ICF 算法取得了较好的结果, 但是 ICF 算法在两个较大规模的数据集上未能得到结果; 而在测试精度上, 本节算法取得了较好的结果. 综合考虑, 本节算法优于 CNN、ENN、RNN 和 ICF 四种算法.

3.4 基于监督聚类的样例选择算法

3.4.1 算法基本思想

与传统的聚类不同, 监督聚类 [90] 处理的是有类别标签的数据, 其目标是识别相对于单个具有高概率密度的聚类, 同时保持簇 (聚类) 的数量较小, 如图 3.4 所示. 在图 3.4 中, 数据共分为两类: 正类和负类, 分别用符号 "+" 和 "–" 表示. 经监督聚类后, 数据聚类成 A、B、C、D、E 和 F 共 6 个簇.

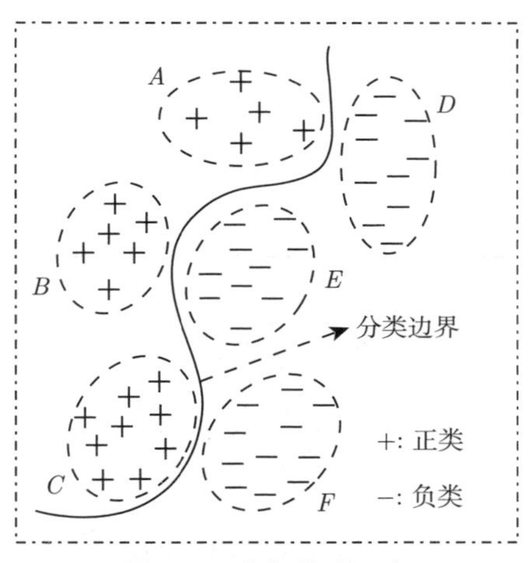

图 3.4 监督聚类示意

由于监督聚类算法思想简单, 易于理解, 所以这里直接给出算法的伪代码, 如算法 3.6 所示.

基于监督聚类的样例选择算法选择每一个簇的边界样例, 簇的边界包括内边界和外边界, 它们是训练集中两个样例的子集合 [91]. 下面给出簇的内边界和外边界的定义.

定义 3.4.1 给定一个簇 C_j, $\forall \boldsymbol{x} \in C_j (1 \leqslant j \leqslant m)$, $\boldsymbol{x}$ 的 p 个最远的同簇的

算法 3.6: 监督聚类算法

1 **输入**: 训练集 $D=\{(\boldsymbol{x}_i,y_i)|\boldsymbol{x}_i\in R^d, y_i\in\{\omega_1,\omega_2,\cdots,\omega_k\}, 1\leqslant i\leqslant n\}$, 第 j 类 ω_j 包含的样例数 $n_j(1\leqslant j\leqslant k)$
2 **输出**: 聚类结果: $C_1,C_2,\cdots,C_m$, m 是簇的个数
3 初始化每一个簇 C_j 为每一类 ω_j;
4 **for** $(j=1;j\leqslant k;j=j+1)$ **do**
5 　$\boldsymbol{c}_j=\dfrac{1}{n_j}\sum\limits_{\boldsymbol{x}\in C_j}\boldsymbol{x}$;
6 **end**
7 **while** (D 中存在没有被聚类的样例时) **do**
8 　随机选择一个没有被聚类的样例 $\boldsymbol{x}$;
9 　选择距离样例 $\boldsymbol{x}$ 最近的聚类 C_j;
10 　**if** (样例 $\boldsymbol{x}$ 和 C_j 具有相同的类别) **then**
11 　　$C_j=C_j\cup\{\boldsymbol{x}\}$;
12 　　更新聚类中心 $\boldsymbol{c}_j$;
13 　**end**
14 　**else**
15 　　产生一个以样例 $\boldsymbol{x}$ 为中心的新簇, 簇的类别标号就是样例 $\boldsymbol{x}$ 的类别;
16 　**end**
17 　删除样例 $\boldsymbol{x}$;
18 **end**
19 输出 $C_1,C_2,\cdots,C_m$.

样例的并集称为簇 C_j 的内边界, 记为 $I_p(C_j)$.

$$I_p(C_j)=\bigcup_{\boldsymbol{x}\in C_j}G(\boldsymbol{x},p,C_j,D) \tag{3.9}$$

在公式 (3.9) 中, $G(\boldsymbol{x},p,C_j,D)$ 由公式 (3.10) 递归定义.

$$G(\boldsymbol{x},p,C_j,D)$$
$$=\begin{cases}\{fn(\boldsymbol{x},C_j,D)\}\cup G\{\boldsymbol{x},p-1,C_j,D-[fn(\boldsymbol{x},C_j,D)]\} & \text{如果 } p>0\\ 0 & \text{如果 } p=0\end{cases} \tag{3.10}$$

其中, $fn(\boldsymbol{x},C_j,D)=\underset{\boldsymbol{x}'\in D-C_j}{\operatorname{argmax}}\{||\boldsymbol{x}'-\boldsymbol{x}||^2\}$.

定义 3.4.2 给定一个簇 C_j, $\forall\boldsymbol{x}\in C_j(1\leqslant j\leqslant m)$, $\boldsymbol{x}$ 的 q 个最近的不同簇

的样例的并集称为簇 C_j 的外边界, 记为 $B_q(C_j)$.

$$B_p(C_j) = \bigcup_{\boldsymbol{x} \in C_j} F(\boldsymbol{x}, q, C_j, D) \tag{3.11}$$

在公式 (3.11) 中, $F(\boldsymbol{x}, q, C_j, D)$ 由公式 (3.12) 递归定义.

$$F(\boldsymbol{x}, q, C_j, D) = \begin{cases} [nf(\boldsymbol{x}, C_j, D)] \cup F\{\boldsymbol{x}, q-1, C_j, D - [nf(\boldsymbol{x}, C_j, D)]\} & \text{如果 } q > 0 \\ 0 & \text{如果 } q = 0 \end{cases} \tag{3.12}$$

其中, $nf(\boldsymbol{x}, C_j, D) = \underset{\boldsymbol{x}' \in D - C_j}{\operatorname{argmin}} \{||\boldsymbol{x}' - \boldsymbol{x}||^2\}$.

大多数样例选择算法认为靠近分类边界的样例比较重要, 基于这一思想, 训练集经监督聚类得到各个簇后, 计算得到各个簇的内外边界样例自然可以认为是重要的样例, 从而得到了基于监督聚类的样例选择算法. 该算法分为 3 步: ① 调用监督聚类算法, 对训练集进行监督聚类; ② 对于每一个簇, 计算其内边界和外边界; ③ 选择内外边界样例集合中的样例. 算法的伪代码在算法 3.7 中给出.

算法 3.7: 基于监督聚类的样例选择算法

1 **输入**: 训练集 $D = \{(\boldsymbol{x}_i, y_i) | \boldsymbol{x}_i \in R^d, y_i \in \{\omega_1, \omega_2, \cdots, \omega_k\}, 1 \leqslant i \leqslant n\}$, 参数 p, q.
2 **输出**: $D' \subseteq D$.
3 调用算法 3.6 对训练集 D 中的样例进行监督聚类, 得到 m 个簇 $C_1, C_2, \cdots, C_m$;
4 **for** $(i = 1; i \leqslant m; i = i + 1)$ **do**
5 　利用公式 (3.9) 计算簇 C_i 的内边界 $I_p(C_i)$;
6 　利用公式 (3.11) 计算簇 C_i 的外边界 $B_q(C_i)$;
7 **end**
8 **for** $(i = 1; i \leqslant m; i = i + 1)$ **do**
9 　计算训练集 D 的内边界 $I_p(D) = \bigcup_{i=1}^{m} I_p(C_i)$;
10 　计算训练集 D 的外边界 $B_q(D) = \bigcup_{i=1}^{m} B_q(C_i)$;
11 **end**
12 计算 $D' = I_p(D) \cup B_q(D)$;
13 输出 D'.

3.4.2 算法实现以及与其他算法的比较

我们用 Matlab 7.0 编程实现了基于监督聚类的样例选择算法, 并与经典的 CNN 和 ENN 算法在 8 个数据集上进行了实验比较. 在实验中, 参数 p 和 q 均设置为 8 个数据集, 包括 2 个人工数据集和 6 个 UCI 数据集. 第一个人工数据集 Gaussian1 是一个三维两类的数据集, 每类各 3000 个数据点, 共 6000 个样例. 两类数据均服从高斯分布, 两个高斯分布的均值向量和协方差矩阵在表 3.6 中给出. 第二个人工数据集 Gaussian2 是一个两维两类的数据集, 也是每类各 3000 个数据点, 共 6000 个样例. 两类数据均服从高斯分布, 两个高斯分布的均值向量和协方差矩阵在表 3.7 中给出. 6 个 UCI 数据集分别是 Breast、Car、Mushroom、Handwritten、Credit 和 Wine, 实验所用的 8 个数据集的基本信息列于表 3.8 中.

表 3.6　人工数据集 Gaussian1 的均值向量和协方差矩阵

i	μ_i	$\boldsymbol{\Sigma}_i$
1	$(0.0, 1.0, 0.0)^{\mathrm{T}}$	$\begin{bmatrix} 1.0 & 0.0 & 1.0 \\ 0.0 & 2.0 & 2.0 \\ 1.0 & 2.0 & 5.0 \end{bmatrix}$
2	$(-1.0, 0.0, 1.0)^{\mathrm{T}}$	$\begin{bmatrix} 2.0 & 0.0 & 0.0 \\ 0.0 & 6.0 & 0.0 \\ 0.0 & 0.0 & 1.0 \end{bmatrix}$

表 3.7　人工数据集 Gaussian2 的均值向量和协方差矩阵

i	μ_i	$\boldsymbol{\Sigma}_i$
1	$(1.0, 1.0)^{\mathrm{T}}$	$\begin{bmatrix} 0.6 & -0.2 \\ -0.2 & 0.6 \end{bmatrix}$
2	$(2.5, 2.5)^{\mathrm{T}}$	$\begin{bmatrix} 0.2 & -0.1 \\ -0.1 & 0.2 \end{bmatrix}$

表 3.8　实验所用 8 个数据集的基本信息

数据集	样例数	属性数	类别数
Gaussian1	6000	3	2
Gaussian2	6000	2	2
Breast	699	10	2
Car	1728	6	4
Mushroom	768	22	2
Handwritten	5620	64	10
Credit	1000	20	2
Wine	178	13	3

在实验中, 用 K-近邻分类器评价选出的样例子集的质量, 即用选择的样例子集代替原始训练集, 分别计算 K-近邻分类器的测试精度, 比较测试精度有无显著差异. 此外, 还比较了 3 种算法的 CPU 时间, 实验结果分别列于表 3.9 和表 3.10 中.

表 3.9　与 CNN 和 ENN 两种算法在测试精度上的比较

数据集	K-近邻 (基准)	本节算法	CNN	ENN
Gaussian1	**0.7834**	0.7828	0.7800	0.7824
Gaussian2	**0.9816**	0.9811	0.9804	0.9707
Breast	**0.9565**	0.9555	0.9521	0.9509
Car	**0.8955**	0.8912	0.8618	0.8837
Mushroom	**0.9910**	0.9906	0.9903	0.9905
Handwritten	**0.9847**	0.9833	0.9658	0.9814
Credit	**0.7117**	0.7115	0.6781	0.7113
Wine	**0.9445**	0.9418	0.8840	0.9406

表 3.10　与 CNN 和 ENN 两种算法在 CPU 时间上的比较　(单位: s)

数据集	本节算法	CNN	ENN
Gaussian1	**12.620**	21.090	15.930
Gaussian2	8.480	**3.320**	15.840
Breast	**0.170**	0.190	0.230
Car	**0.810**	1.450	1.590
Mushroom	6.840	**6.140**	19.600
Handwritten	**9.020**	14.800	68.200
Credit	**0.320**	0.850	1.560
Wine	**0.001**	0.030	0.130

从列于表 3.9 的实验结果可以看出, 作为基准的 K-近邻算法在原始训练集上的测试精度最高, 与基准测试精度相比, 其他 3 种算法在选择的样例子集上的测试精度, 即 K-近邻算法在 3 个选择的样例子集上的测试精度相差不大, 属于能力保持算法. 与 3 种样例选择算法相比, 本节算法的测试精度最高. 从列于表 3.10 的实验结果可以看出, 在 8 个数据集上, 本节算法在 6 个数据集上的 CPU 时间最少, CNN 算法在另外两个数据集上的 CPU 时间最少. 综合测试精度和 CPU 时间两个指标来看, 本节算法优于 CNN 和 ENN 算法.

由于本节算法将每一个簇的内外边界样例集合中的样例都认为是重要样例, 即全部样例都进行了选择. 直观地, 距离分类边界较远的簇, 其样例也都选择似乎会有冗余. 为验证这一猜想, 进行了消融实验. 具体地, 从选出的样例子集 D' 中, 再按一定的百分比随机选择样例, 逐渐增加百分比, 记录 K-近邻算法的测试精度, 实验结果以柱状图形式给出, 如图 3.5 所示. 从实验结果中, 我们发现在 Mushroom 数据集上选择 50%的样例, 就能使测试精度达到最大值; 在 Gaussian2 和 Handwritten 两个数据集上选择 60%的样例, 就能使测试精度达到最大值; 选择百分比最高的是 Gaussian1 和 Credit 两个数据集, 实验结果验证了我们的猜想. 为此, 可在算法输出结果基础上, 进一步消除冗余的样例.

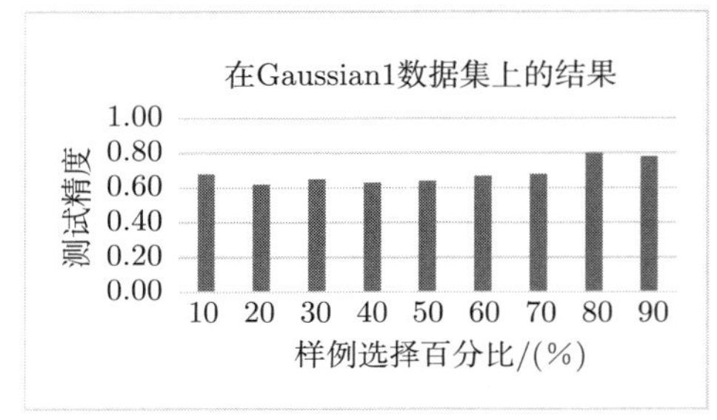

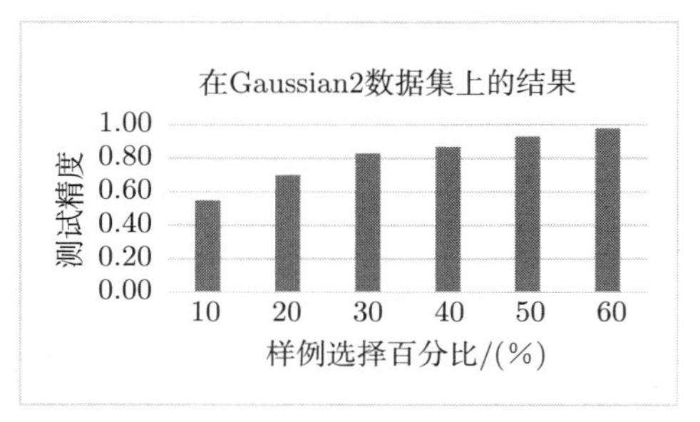

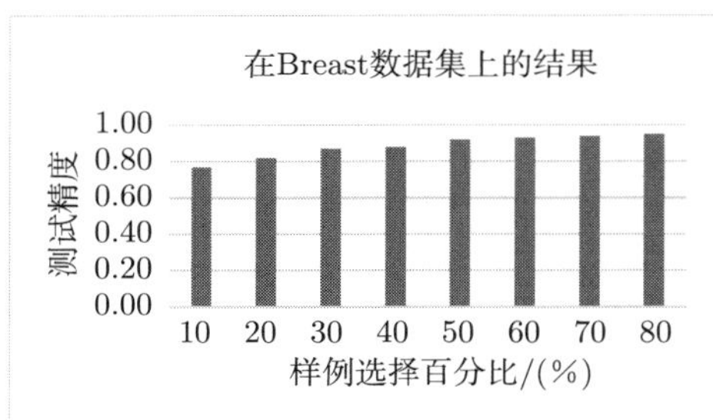

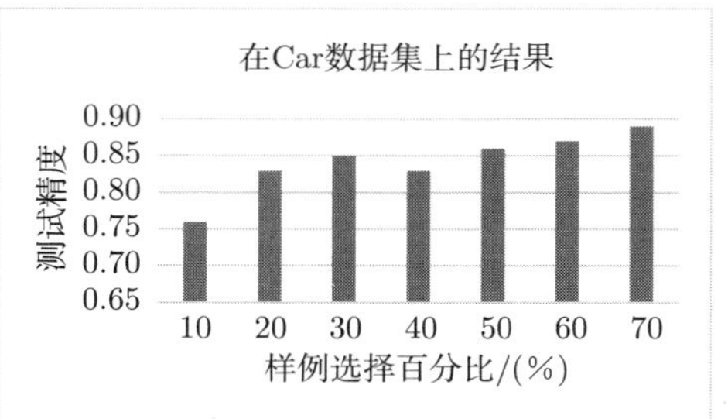

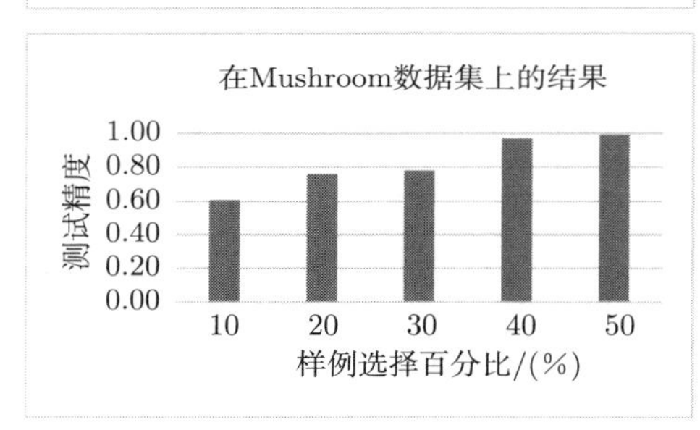

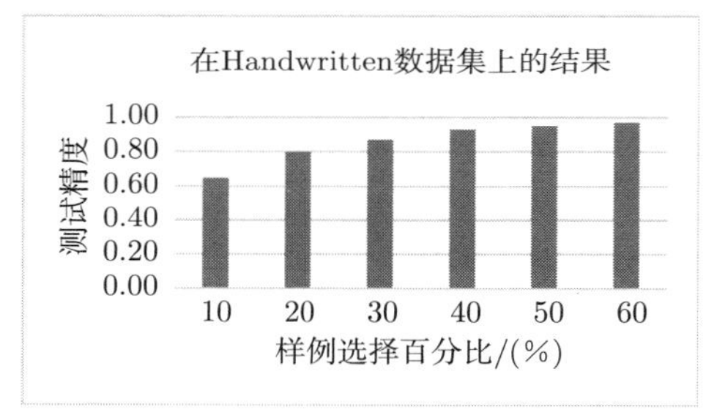

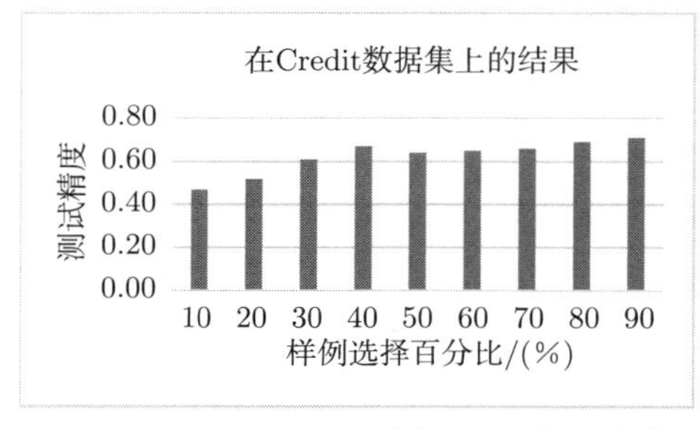

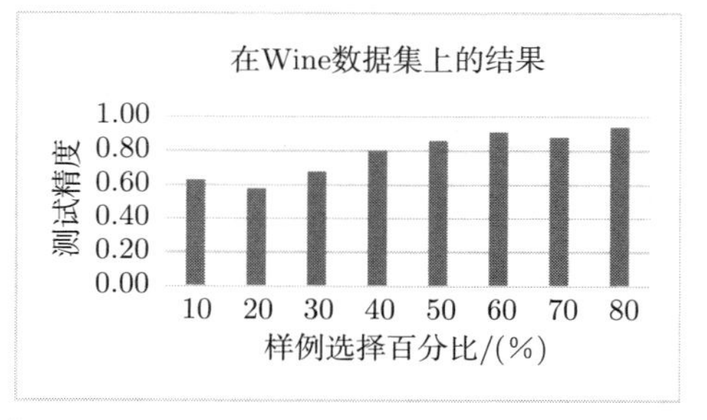

图 3.5 在 8 个数据集上的消融实验结果

3.5 基于概率神经网络的样例选择算法

在 1.4 节中介绍了概率神经网络. 在这一节, 介绍两种基于概率神经网络的样例选择算法: ① 基于概率神经网络和信息熵的样例选择算法 [71]; ② 基于概率神经网络和 K-L 散度的样例选择算法 [72].

3.5.1 基于概率神经网络和信息熵的样例选择算法

3.5.1.1 算法基本思想

概率神经网络 (PNN) 具有学习速度快, 易于实现的特点. 众所周知, 大多数样例选择算法认为靠近分类边界的样例更为重要, 因为这样的样例在分类时最有可能被分错, 含有的信息量大, 对分类的贡献也大. 因为事先并不知道分类边界的信息, 所以如何有效地衡量样例是否分布在分类边界附近至关重要. PNN 提供了一种估计样例在分类边界附近分布的有效方法, 本节介绍基于概率神经网络和信息熵的样例选择算法, 简记为 PNN-IE (PNN-Information Entropy). PNN-IE 算法分为 4 步: 第 1 步将数据集分为训练集、验证集和测试集; 第 2 步用训练集训练一个概率神经网络, 并用训练出的神经网络计算验证集中的样例属于每一类的后验概率, 及相应样例的信息熵; 第 3 步选择信息熵大于平均信息熵的样例; 第 4 步用选出的样例训练一个新的概率神经网络, 并用测试集进行测试, 若达不到精度要求, 则从原数据集中去掉选出的样例, 重复此过程, 直到训练出的概率神经网络满足精度要求为止. 因为概率神经网络及信息熵等基础知识在前面的章节已经介绍过, 所以本节直接给出该算法的伪代码, 如算法 3.8 所示.

3.5.1.2 算法实现及与其他算法的比较

我们用 Matlab 7.0 编程实现了基于概率神经网络和信息熵的样例选择算法. 此外, 为了验证算法 PNN-IE 的有效性, 在 1 个人工数据集和 10 个 UCI 数据集上进行了 3 个实验. 实验 1 是在人工数据集上验证算法 PNN-IE 的可行性及选出的样例的分布情况. 实验 2 是在 10 个 UCI 数据集上从压缩比和测试精度两方面与 CNN、RNN 和 ICF 算法进行了比较. 实验 3 探讨了平滑参数 σ 对测试精度的影响. 在所有实验中, 每次随机地将数据集划分为训练集、验证集和测试集, 三个子集样例数的比例分别为 50%, 25%和 25%. 实验采用十折交叉验证的方法, 实验环境是 PC 机, 双核 1.86GHz CPU, 2G 内存, Windows 8 操作系统.

实验 1: 在人工数据集上的实验

实验 1 所用的人工数据集 Circle 是一个二类二维数据集, 共 10 000 个样例, 其中第一类样例均匀分布于以 (0.0, 0.0) 为中心, 半径 0.5 的圆形内, 共 3000 个样例; 第二类样例均匀分布于以 (0.0, 0.0) 为中心, 半径 0.5 的圆形外, 中心在 (0.0, 0.0), 边长为 2 的正方形之内, 共 7000 个样例. 两类样例的分布如图 3.6(a) 所示. 利用本节算法 PNN-IE 选出的样例大多分布在分类边界附近, 选出的样例的分布情况如图 3.6(b) 所示.

算法 3.8: 基于概率神经网络和信息熵的样例选择算法

1 **输入**: 数据集 D, 参数 ε.

2 **输出**: 选择的样例集合 $D' \subseteq D$.

3 初始化 $D' = \varnothing$;

4 将数据集 D 随机划分为训练集 D_1、验证集 D_2 和测试集 D_3;

5 用 D_1 训练一个 PNN;

6 **for** $(\forall \boldsymbol{x} \in D_2)$ **do**

7 　计算 $\boldsymbol{x}$ 属于每一类的后验概率 $p_j(\boldsymbol{x})(1 \leqslant j \leqslant k)$;

8 　计算 $\boldsymbol{x}$ 的信息熵 $E(\boldsymbol{x}) = -\sum_{j=1}^{k} p_j(\boldsymbol{x}) \log_2 p_j(\boldsymbol{x})$;

9 **end**

10 计算 D_2 中样例的平均信息熵 $E_{av} = \frac{1}{|D_2|}\sum_{\boldsymbol{x} \in D_2} E(\boldsymbol{x})$;

11 **for** $(\forall \boldsymbol{x} \in D_2)$ **do**

12 　**if** $(E(\boldsymbol{x}) > E_{av})$ **then**

13 　　$D' = S \cup \{\boldsymbol{x}\}$;

14 　**end**

15 **end**

16 用 D' 训练一个 PNN, 并用测试集 D_3 进行测试. 如果测试精度大于或等于 ε, 则算法停止; 否则, 令 $D = D - D'$, 然后转 4. 重复此过程, 直到测试精度大于或等于 ε 为止.

17 输出选择的样例集合 D'.

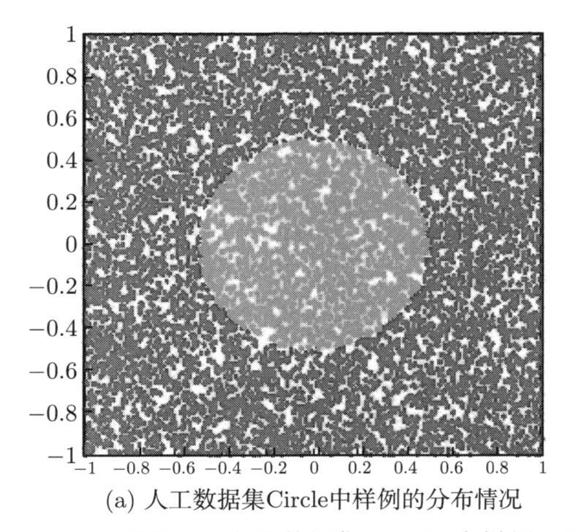

(a) 人工数据集Circle中样例的分布情况

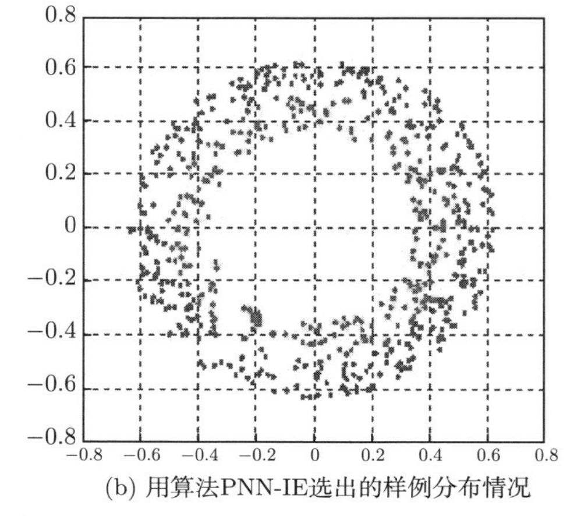

(b) 用算法PNN-IE选出的样例分布情况

图 3.6　人工数据集 Circle 中样例及用算法 PNN-IE 选出的样例的分布情况

实验 2: 与 CNN、RNN 和 ICF 算法的性能比较

实验 2 用 10 个 UCI 数据集从压缩比和测试精度两方面与 CNN、RNN 和 ICF 3 种样例选择算法进行了性能比较. 10 个 UCI 数据集的基本信息如表 3.11 所示. 压缩比和测试精度比较的实验结果列于表 3.12 中.

表 3.11　实验所用 UCI 数据集的基本信息

数据集	样例个数	属性个数	类别个数
Banana	5300	2	2
Satimage	6435	36	6
Optdigits	5620	64	10
Pendigits	10992	16	10
Waveform	5000	21	3
Nursery	12960	8	5
Wine	178	13	3
Image	2310	19	7
Spect	267	22	22
Mushroom	5644	22	2

表 3.12　与 CNN、RNN 和 ICF 比较的实验结果

数据集	PNN-IE		CNN		RNN		ICF	
	压缩比	测试精度	压缩比	测试精度	压缩比	测试精度	压缩比	测试精度
Banana	0.147	0.908	0.231	0.862	0.228	0.861	0.132	0.885
Satimage	0.571	0.901	0.206	0.884	0.206	0.883	0.166	0.882
Optdigits	0.590	0.984	0.008	0.957	0.008	0.957	0.149	0.977
Pendigits	0.339	0.985	0.004	0.961	0.004	0.960	0.116	0.984
Waveform	0.333	0.834	0.396	0.729	0.396	0.729	0.248	0.763
Nursery	0.750	0.910	0.284	0.848	0.285	0.848	0.457	0.710
Wine	0.295	0.878	0.437	0.747	0.354	0.758	0.296	0.917
Image	0.585	0.948	0.128	0.821	0.124	0.823	0.354	0.940
Spect	0.291	0.796	0.397	0.775	0.398	0.775	0.275	0.696
Mushroom	0.300	0.999	0.007	0.993	0.007	0.992	0.225	1.000

从表 3.12 可以看出, 与 CNN 算法相比, PNN-IE 算法的压缩比在 Banana, Waveform, Wine 和 SPECT 4 个数据集上低, 在其他 6 个数据集上高; PNN-IE 算法的测试精度在 10 个数据集上都高. RNN 算法比较的结果与 CNN 算法比较的结果相似, 与 ICF 算法相比, PNN-IE 算法的压缩比在所有数据集上均大于

ICF 算法, PNN-IE 算法的测试精度除在 Wine 和 Mushroom 两个数据集上略低于 ICF 算法之外, 在其他 8 个数据集上均高于 ICF 算法.

实验 3: 平滑参数 σ 对测试精度的影响

PNN 模式层激活函数中的平滑参数 σ 对分类器的性能有很大的影响, 至今没有什么好的方法来寻找最优的 σ 值. 在实验中我们发现对于不同的数据集, σ 的最优值会有很大差异, 为了便于比较, 我们做了如式 (3.13) 所示的等价变换, 利用 β 代替 σ, β 在区间 [0, 20] 或者 [0, 30] 之间的变化.

$$\beta = -\log_2 0.5 \times \frac{\overline{h}}{\sigma^2}. \tag{3.13}$$

其中, $\overline{h}$ 为模式层输出的平均值. 在 10 个 UCI 数据集上, β 与测试精度之间的关系如图 3.7 所示. 从图 3.7 可以看出, 对不同的数据集 β 的取值是不同的, 当然 σ 的取值也不同. 对 Banana, Satimage, Optdigits, Pendigits 和 Mushroom 5 个数据集, β 在 [4, 20] 之间取值比较合适, 能使测试精度达到最高. 对 Waveform 数据

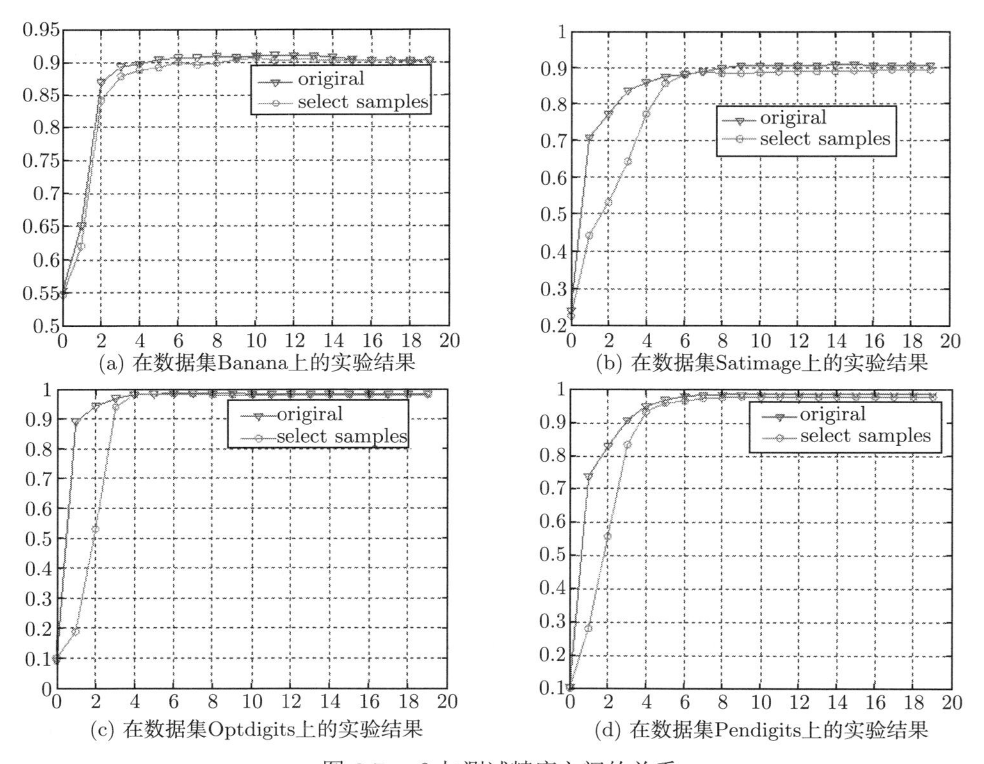

(a) 在数据集Banana上的实验结果

(b) 在数据集Satimage上的实验结果

(c) 在数据集Optdigits上的实验结果

(d) 在数据集Pendigits上的实验结果

图 3.7　β 与测试精度之间的关系

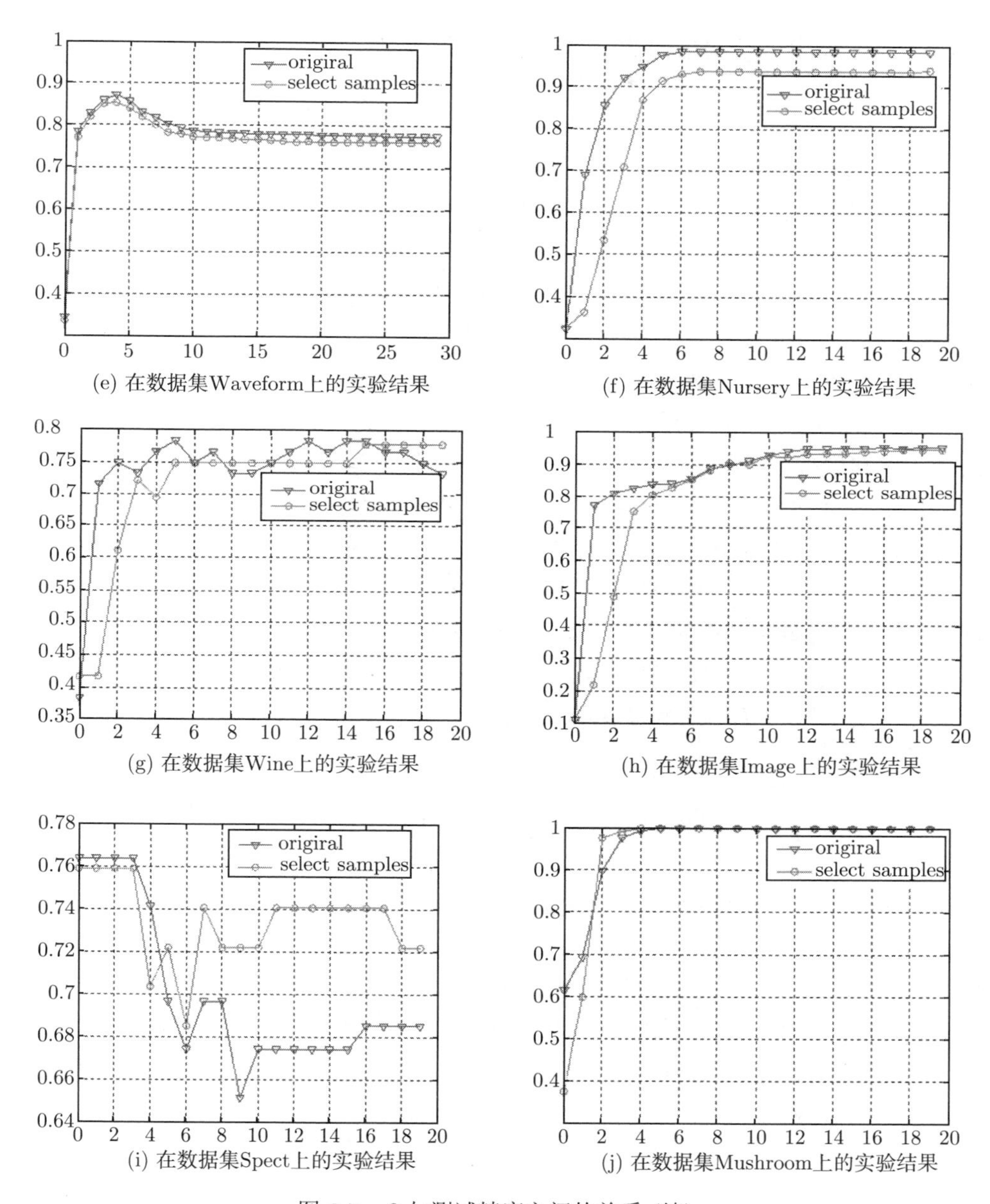

(e) 在数据集Waveform上的实验结果

(f) 在数据集Nursery上的实验结果

(g) 在数据集Wine上的实验结果

(h) 在数据集Image上的实验结果

(i) 在数据集Spect上的实验结果

(j) 在数据集Mushroom上的实验结果

图 3.7 β 与测试精度之间的关系 (续)

集, β 在 [3, 4] 之间取值比较合适. 对 Nursery 数据集, β 在 [6, 20] 之间取值比较合适. 对 Wine 数据集, β 在 [5, 15] 之间取值比较合适. 对 Image 数据集, β 在 [11, 20] 之间取值比较合适. 对 Spect 数据集, β 在 [0, 3] 之间取值比较合适.

3.5.2 基于概率神经网络和 K-L 散度的样例选择算法

3.5.2.1 算法基本思想

在 1.6 节, 介绍了支持向量机 (SVM). SVM 作为一种分类器, 具有坚实的理论基础, 应用也非常广泛. 但是, 针对 SVM 分类器的样例选择算法却不多, 大多数样例选择算法都是针对 K-近邻算法提出的. 实际上, SVM 分类器和样例选择有一个很好的切入点: SVM 分类器的分类超平面只与支持向量样本有关, 与其他样本无关. 支持向量样本大都分布在分类边界附近, 而样例选择算法一般认为分布在分类边界附近的样例更重要. 因此, 对于给定的训练集, 特别是规模较大的训练集, 如果能用样例选择算法找出一个重要的子集, 那么 SVM 分类器的支持向量一定包含在这个子集中、把选择的样例子集作为候选支持向量集合, 在此数据子集上训练 SVM 分类器, 可以极大地提高训练 SVM 分类器的效率. 基于这一思想, 提出了针对 SVM 分类器基于概率神经网络和 K-L 散度的样例选择算法. 该算法用概率神经网络计算样例属于各个类别的概率分布, 用 K-L 散度 (K-L Divergence) 度量样例的重要性. K-L 散度也称为相对熵, 是两个概率分布之间距离的一种度量. 对于离散型随机变量 $\boldsymbol{x}$, 设它的所有可能取值的集合为 V, 它的两个概率密度函数为 $P_1(\boldsymbol{x})$ 和 $P_2(\boldsymbol{x})$, 则这两个概率分布之间的 K-L 散度定义由公式 (3.14) 给出.

$$Div(P_1|P_2) = \sum_{\boldsymbol{x}\in V} P_1(\boldsymbol{x}) \log_2 \frac{P_1(\boldsymbol{x})}{P_2(\boldsymbol{x})} \tag{3.14}$$

基于概率神经网络和 K-L 散度的样例选择算法的基本思想如图 3.8 所示. 首先, 将数据集划分成 m 个子集, 对于每一个子集 i, 用其他 $m-1$ 个子集训练出的 PNN 分类器组成一个样例选择委员会 B, 然后根据 K-L 散度选择子集 i 中的样例, 算法以迭代的方式选出最终的样例子集.

设委员会 B 的 $m-1$ 个成员为 $\mathrm{PNN}_1, \mathrm{PNN}_2, \cdots, \mathrm{PNN}_{m-1}$, 每个成员是一个概率神经网络, 基于 K-L 散度按下面的标准选择样例:

$$\boldsymbol{x}^* = \underset{\boldsymbol{x}}{\mathrm{argmax}} \left\{ \frac{1}{m-1} \sum_{i=1}^{m-1} Div(P_{\mathrm{PNN}_i}|P_B) \right\} \tag{3.15}$$

其中,

$$Div(P_{\mathrm{PNN}_i}|P_B) = \sum_{j=1}^{k} P_{\mathrm{PNN}_i}(\omega_j|\boldsymbol{x}) \log_2 \frac{P_{\mathrm{PNN}_i}(\omega_j|\boldsymbol{x})}{P_B(\omega_j|\boldsymbol{x})} \tag{3.16}$$

$$P_B(\omega_j|\boldsymbol{x}) = \frac{1}{m-1}\sum_{i=1}^{m-1} P_{\text{PNN}_i}(\omega_j|\boldsymbol{x}) \tag{3.17}$$

基于概率神经网络和 K-L 散度的样例选择算法的伪代码在算法 3.9 中给出.

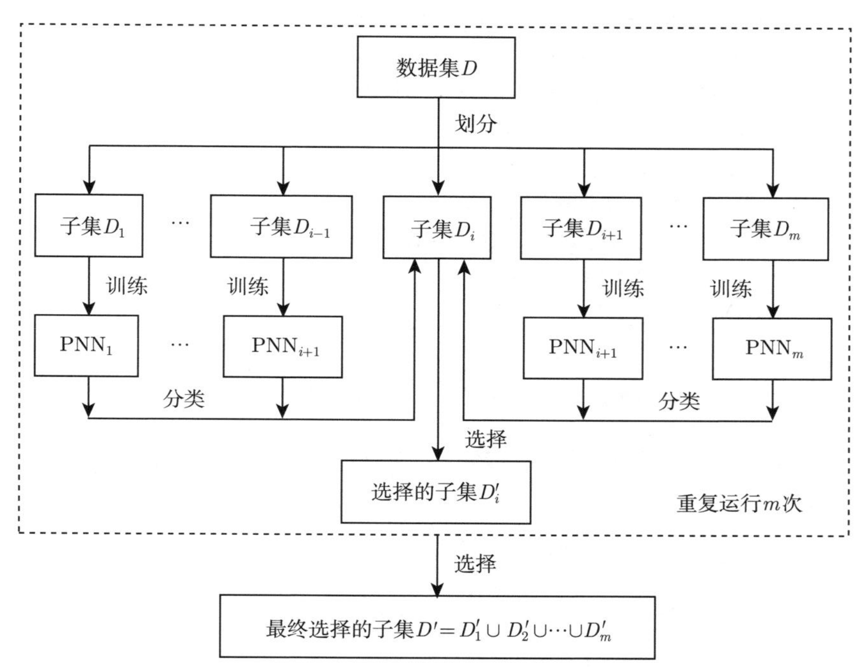

图 3.8 基于概率神经网络和 K-L 散度的样例选择算法的基本思想

3.5.2.2 算法实现及与其他算法的比较

我们用 Matlab 7.0 编程实现了基于概率神经网络和 K-L 散度的样例选择算法, 实验环境是 PC (个人计算机), 双核 1.86GHz CPU, 2G 内存, Windows 8 操作系统. 为描述方便简记该算法为 PNN-KL. 此外, 为了验证 PNN-KL 的有效性, 在 14 个 UCI 数据集上进行了实验比较, 在 14 个 UCI 数据集中, 有 4 个规模较大的数据集, 超过 10 000 个样本, 14 个 UCI 数据集的基本信息列于表 3.13 中. 在实验中, 首先验证了 PNN-KL 算法对 SVM 分类器的有效性. 我们分别在原数据集和选择的数据子集上训练 SVM 分类器, 为描述方便, 在原数据集上训练 SVM 分类器用 SVM_{ori} 表示, 在选择的数据子集上训练 SVM 分类器用 SVM_{sel} 表示, 比较了测试精度和所用的 CPU 时间两个指标, 实验结果列于表 3.14 中. 在表 3.14 中, 符号 “–” 表示未能得到结果.

算法 3.9: 基于概率神经网络和 K-L 散度的样例选择算法

1 **输入**: 数据集 D.
2 **输出**: 选择的样例集合 $D' \subseteq D$.
3 初始化 $D' = \varnothing$;
4 将数据集 D 随机划分为 m 个子集 $D_1, D_2, \cdots, D_m$;
5 **for** $(i=1; i \leqslant m; i=i+1)$ **do**
6 　用除 D_i 外的 $m-1$ 个子集 $D_j(j \neq i)$ 训练 $m-1$ 个 $\mathrm{PNN}_j(j \neq i)$, 构成一个委员会 B_i;
7 　**for** $(\forall \boldsymbol{x} \in D_i)$ **do**
8 　　**for** $(\forall \mathrm{PNN}_j \in B_i)$ **do**
9 　　　**for** $(s=1; s \leqslant k; s=s+1)$ **do**
10 　　　　计算 $\mathrm{PNN}_j(\omega_s|\boldsymbol{x})$
11 　　　**end**
12 　　**end**
13 　　计算平均后验概率 $P_{B_i}(\omega_s|\boldsymbol{x}) = \dfrac{1}{m-1}\sum\limits_{j\neq i}\mathrm{PNN}_j(\omega_s|\boldsymbol{x})$;
14 　　计算 K-L 散度 $Div(P_{\mathrm{PNN}_j}|P_{B_i}) = \sum\limits_{s=1}^{k} P_{\mathrm{PNN}_j}(\omega_s|\boldsymbol{x}) \log_2 \dfrac{P_{PNN_j}(\omega_s|\boldsymbol{x})}{P_{B_i}(\omega_s|\boldsymbol{x})}$;
15 　**end**
16 　计算平均 K-L 散度 $avg(Div(P_{\mathrm{PNN}_j}|P_{B_i})) = \dfrac{1}{m-1}\sum\limits_{j\neq i} Div(P_{\mathrm{PNN}_j}|P_{B_i})$;
17 　计算 $\boldsymbol{x}' = \underset{\boldsymbol{x}\in D_i}{\mathrm{argmax}}\{avg(Div(P_{\mathrm{PNN}_j}|P_{B_i}))\}$;
18 　$D' = D' \cup \{\boldsymbol{x}'\}$;
19 **end**
20 输出选择的样例集合 D'.

从列于表 3.14 的实验结果可以发现, 虽然在某些数据集上, $\mathrm{SVM_{sel}}$ 的测试精度低于 $\mathrm{SVM_{ori}}$ 的测试精度, 但是相差无几, PNN-KL 可以看作一个能力保持样例选择算法, 在能力保持的框架下, PNN-KL 算法从原始数据集中选取位于分类边界附近的重要样例, 选择的样例作为候选支持向量子集训练 SVM 分类器. 需要注意的是, 在样例选择的过程中, 可能会出现一些不在分类边界附近的支持向量没有被选择的情况. 因此, 与 $\mathrm{SVM_{ori}}$ 相比, $\mathrm{SVM_{sel}}$ 的测试精度可能会有一定的损失. 此外, $\mathrm{SVM_{ori}}$ 在几个较大的数据集上未能得到结果, 而 $\mathrm{SVM_{sel}}$ 在较大规模的数据集上也能得到结果. 而且, $\mathrm{SVM_{sel}}$ 的 CPU 时间比 $\mathrm{SVM_{ori}}$ 要短得多. 综合考虑, 在能力保持的框架下, 提出的算法是非常高效的.

表 3.13 实验所用 14 个 UCI 数据集的基本信息

数据集	样例个数	属性个数	类别个数
Pima	768	8	2
Banana	5300	2	2
Mushroom	5644	22	2
Satimage	6435	36	7
Usps	9298	256	10
Cloud	10 000	2	2
Nursery	12 960	8	5
Letter	18 570	16	26
Magic	19 020	10	2
Shuttle	58 000	3	5
MiniBooNE_PID	130 064	51	2
Skin_segment	245 057	3	2
Artificial_2state	250 000	8	2
Cod_rna	488 565	8	2

表 3.14 在原始数据集和选择的数据集上训练 SVM 的性能比较

数据集	测试精度		CPU 时间/s	
	SVM_{ori}	SVM_{sel}	SVM_{ori}	SVM_{sel}
Pima	**0.7900**	0.7847	12.64	**0.13**
Banana	**0.8774**	0.8631	106.99	**0.84**
Mushroom	0.9995	**0.9998**	37.04	**3.66**
Satimage	**0.8606**	0.8597	15.67	**9.32**
Usps	**0.8706**	0.8571	643.20	**76.42**
Cloud	–	**0.8614**	–	**12.80**
Nursery	–	**0.8955**	–	**25.61**
Letter	0.8090	**0.8644**	76.93	**30.07**
Magic	–	**0.7912**	–	**33.74**
Shuttle	–	**0.9780**	–	**185.52**
MiniBooNE_PID	–	**0.8376**	–	**7054.24**
Skin_segment	–	**0.9960**	–	**1114.14**
Artificial_2state	–	**0.7158**	–	**1775.83**
Cod_rna	–	**0.9566**	–	**6280.09**

进一步地, 我们还将 PNN-KL 与一个著名的大规模样例选择算法 FEDIS[92] 进行了实验比较, 比较指标依然是测试精度和 CPU 时间, 实验结果列于表 3.15 中.

从列于表 3.15 的实验结果可以看出, 在 14 个数据集中, PNN-KL 算法的测试精度在 11 个数据集上高于 FEDIS 算法, 在 3 个数据集上低于 FEDIS 算法; 而 CPU 时间的实验结果是类似的, 在 11 个数据集上 PNN-KL 算法的 CPU 时间少于 FEDIS 算法, 在 3 个数据集上则多于 FEDIS 算法. 从测试精度和 CPU 时间两方面看, PNN-KL 算法优于 FEDIS 算法. 原因是 PNN-KL 算法使用 K-L 散度衡量样例的重要性更合理, 使用概率神经网络来选择样例, 由于其学习速度快, 易于实现, 所选择的样例大部分位于决策边界附近, 能将绝大部分支持向量选择进去. 另外, 在实验中, 我们还发现了一个有趣的现象, SVM_{ori} 在 Letter 数据集上是可行的, 但在 Cloud 数据集和 Nursery 数据集上是不可行的, 因为它们所包含的样本数量、属性和类都比 Letter 数据集少, 目前尚不清楚这一现象出现的原因.

表 3.15　PNN-KL 与 FEDIS 算法的性能比较

数据集	测试精度		CPU 时间/s	
	FEDIS	PNN-KL	FEDIS	PNN-KL
Pima	0.7783	**0.7847**	1.23	**0.13**
Banana	0.8387	**0.8631**	1.88	**0.84**
Mushroom	0.9984	**0.9998**	42.90	**3.66**
Satimage	**0.8877**	0.8597	24.20	**9.32**
Usps	0.8546	**0.8571**	80.00	**76.42**
Cloud	0.8601	**0.8614**	15.15	**12.80**
Nursery	0.8819	**0.8955**	28.11	**25.61**
Letter	**0.9298**	0.8644	**25.10**	30.07
Magic	0.7800	**0.7912**	50.24	**33.74**
Shuttle	**0.9960**	0.9780	**90.20**	185.52
MiniBooNE_PID	0.8228	**0.8376**	7111.00	**7054.24**
Skin_segment	0.9859	**0.9960**	1157.48	**1114.14**
Artificial_2state	0.7060	**0.7158**	**1675.00**	1775.83
Cod_rna	0.9478	**0.9566**	6343.71	**6280.09**

3.6　基于交叉验证策略的样例选择算法

交叉验证是实验设计中的一种常用策略, 受这一策略的启发, 提出了基于交叉验证策略的样例选择算法, 这一算法可有效处理大规模样例选择问题.

3.6.1　算法基本思想

基于交叉验证策略的样例选择算法的基本思想可描述如下:

首先, 将数据集 D 随机划分为 m 个子集 $D_1, D_2, \cdots, D_m$, 对于每一个子集 $D_i(1 \leqslant i \leqslant m)$, 用其他 $m-1$ 个子集分别训练分类器, 组成一个委员会.

然后, 用该委员会评判子集 D_i 中样例的重要性, 并从 D_i 中选择样例.

算法运行一轮后，把从各个子集选择的样例合并在一起，得到一个样例子集. 如果选择的样例子集满足预定义的停止条件，则算法停止，否则重复此过程.

从子集 D_1 中选择样例的过程如图 3.9 所示.

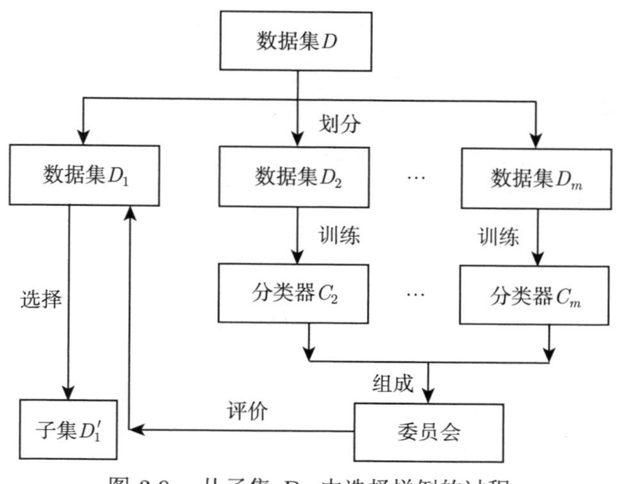

图 3.9 从子集 D_1 中选择样例的过程

算法的停止条件是用独立的验证集，确定用选择的样例子集训练出的分类器的验证精度，当验证精度达到给定阈值时，算法停止. 在该算法中，用 K-L 散度作为样例重要性的度量，用 ELM 训练的 SLFN 作为分类器，并用软最大化函数将 SLFN 的输出变换为一个概率分布，这种 SLFN 称为概率极限学习机网络 (Probabilistic ELM Network, PELMN).

K-L 散度的定义已在公式 (3.14) 中给出，需要注意：在 K-L 散度的计算中，假定 $0\log_2\dfrac{0}{0}=0$, $0\log_2\dfrac{0}{P_2}=0$, $p\log_2\dfrac{P_1}{0}=\infty$.

设 PELMN_1, PELMN_2, $\cdots$, PELMN_m 是委员会 B 的 m 个成员，即 m 个概率极限学习机网络，则样例选择的准则可描述如下:

$$x^*=\underset{x}{\operatorname{argmax}}\left\{avg(D(P_{\mathrm{PELMN}_i}|P_B))\right\}. \tag{3.18}$$

其中,

$$avg(D(P_{\mathrm{PELMN}_i}|P_B))=\frac{1}{m}\sum_{i=1}^{m}D(P_{\mathrm{PELMN}_i}|P_B). \tag{3.19}$$

$$D(P_{\mathrm{PELMN}_i}|P_B)=\sum_{j=1}^{k}P_{\mathrm{PELMN}_i}(w_j|x)\log_2\frac{P_{\mathrm{PELMN}_i}(w_j|x)}{P_B(w_j|x)}. \tag{3.20}$$

$$P_B(w_j|x) = \frac{1}{m}\sum_{i=1}^{m} P_{\mathrm{PELMN}_i}(w_j|x). \tag{3.21}$$

基于交叉验证策略的样例选择算法中交叉的意义在于: 从每个子集中选择样例时, 是用由其他子集训练的分类器组成委员会, 来对该子集中的样例的重要性进行评价, 并从该子集中选择重要的样例, 这一循环过程是一个交叉选择的过程. 在该算法中, 分类器和样例重要性度量有多种选择. 下面以 ELM 算法训练的 SLFN 作为分类器, 以 K-L 散度作为样例重要性度量介绍基于交叉验证策略的样例选择算法, 简称交叉选择样例算法, 并简记这一算法为 ELM-KL. 该算法的伪代码在算法 3.10 给出.

说明:

(1) ELM-KL 算法中, 可以使用不同的分类器组成委员会, 也可以用其他的标准度量样例的重要性.

(2) 每次在子集上选出样例加入已选样例集合后, 若验证精度未增长, 则丢弃本次选择的样例, 这样可以有效提高压缩比.

(3) 虽然 ELM-KL 算法对使用的分类器没有限制, 但是由于算法的循环过程比较复杂, 循环的次数和参数的设置与具体的数据集有关, 且每次循环都需要重新划分数据集, 并训练分类器, 因此对于规模较大的数据集, 如果采用训练速度慢的分类器, 交叉选择样例算法的时间开销较大. 考虑到效率问题, 对于规模较大的数据集, 建议选用速度较快的分类器, 如极限学习机、概率神经网络分类器、近邻分类器等, 以便加快样例选择的速度.

ELM-KL 算法中包括 3 个参数: 划分子集数 m, 每次循环选择的样例数 q 和阈值 m_0. 若验证精度未增长的次数达阈值 m_0, 则算法停止. 划分子集数 m 的设置, 可根据数据集的规模而定. 实验研究发现, 对样例数小于 10 000 的数据集, 子集规模可以确定为 1000 左右, 样例个数在 10 000 到 30 000 的数据集, 子集规模可以确定为 3000 左右, 样例个数大于 30 000 的数据集, 子集规模可以确定为 5000 左右. 作为算法停止条件的阈值 m_0, 选择较小的值算法的稳定性和精度相对较低, 选择较大的值可提高算法的稳定性和精度, 但会选择出了更多的样例. 在下一节中, 对所有的数据集, 采用了相同的值 50. 另外一个参数是每次循环选择样例数 q, 经过实验验证, 每次选择重要度前 10 的样例既能够保证速度又能保证选出较少的样例.

算法 3.10: 基于交叉验证策略的样例选择算法 ELM-KL

1 **输入**: 原始数据集 D, 划分数 m, 每次循环选择的样例数 q, 阈值 m_0.
2 **输出**: $D' \subseteq D$.
3 划分数据集 D 为训练集 D_{tr}, 验证集 D_{va};
4 划分训练集 D_{tr} 为 m 个互不相交的子集 $D_1, D_2, \cdots, D_m$;
5 令 $count = 0$, $D' = \varnothing$;
6 **for** $(i = 1; i \leqslant m; i = i + 1)$ **do**
7 | 用除 D_i 外的其他 $m-1$ 个样例子集分别训练概率极限学习机网络 $\text{PELMN}_j (j \neq i)$, $m-1$ 个概率极限学习机网络组成一个委员会 B_i;
8 **end**
9 **for** $(\forall \boldsymbol{x} \in D_i)$ **do**
10 | **for** $(\forall \omega_j \in Y)$ **do**
11 | | 计算样例 $\boldsymbol{x}$ 关于委员会 B_i 属于类别 j 的后验概率 $P_{B_i}(w_j|\boldsymbol{x})$;
12 | **end**
13 **end**
14 **for** $(\forall \text{PELMN}_i \in B_i)$ **do**
15 | 计算 K-L 散度 $D(P_{\text{PELMN}_i}|P_{B_i})$;
16 **end**
17 计算委员会的平均 K-L 散度 $avg(D(P_{\text{PELMN}_i}|P_{B_i}))$;
18 选择 q 个具有最大 K-L 散度的样例, 组成子集 D_t;
19 在样例子集 $D' \cup D_t$ 上用 ELM 算法训练一个分类器 SLFN;
20 计算分类器 SLFN 在验证集 D_{va} 上的验证精度 $V_a(D' \cup D_t)$;
21 **if** $(V_a(D' \cup D_t) > V_a(D'))$ **then**
22 | $D' = D' \cup D_t$;
23 | $count = 0$;
24 **else**
25 | $count = count + 1$;
26 **end**
27 计算 $D = D - D'$;
28 **if** $(count \geqslant m_0)$ **then**
29 | 输出 D';
30 **else**
31 | 转 3;
32 **end**

3.6.2 算法实现及与其他算法的比较

我们用 Matlab 7.0 编程实现了算法 ELM-KL, 实验环境是 Intel 双核 CPU 3.50GHz, 4GB 内存的 PC 计算机. 此外, 用 3 个人工数据集和 12 个 UCI 数据集对 ELM-KL 算法的有效性进行了验证. 在实验中, 还用样例全集作为验证集进行了实验, 为描述方便, 这种算法简记为 ELM-KL-ALL.

第 1 个人工数据集是一个二维二类的同心数据集 Concentric, 第 1 类 ω_1 中的数据点均匀地分布在以 (0.5, 0.5) 为圆心, 以 0.3 为半径的圆内. 第 2 类 ω_2 中的数据点均匀地分布在以 (0.5, 0.5) 为圆心, 以 0.3 为内半径、0.5 为外半径的圆环内.

第 2 个人工数据集是一个二维二类的云数据集 Cloud, 两类的样例数相同. 第 1 类 ω_1 中的样例服从的概率分布为:

$$p(\boldsymbol{x}|\omega_1) = \frac{1}{2}\left(\frac{p_1(\boldsymbol{x})}{2} + \frac{p_2(\boldsymbol{x})}{2} + p_3(\boldsymbol{x})\right). \tag{3.22}$$

其中, $\boldsymbol{x} = (x_1, x_2)$, 且

$$p_i(\boldsymbol{x}) = \frac{1}{2\pi\sigma_{ix_1}\sigma_{ix_2}} \exp\left(-\frac{(x_1 - \mu_{ix_1})^2}{2\sigma_{ix_1}^2} - \frac{(x_2 - \mu_{ix_2})^2}{2\sigma_{ix_2}^2}\right). \tag{3.23}$$

其中, μ_{ix_1} 和 μ_{ix_2} 是第 $i(i = 1, 2)$ 个分布的分量 x_1 和 x_2 的均值. σ_{ix_1} 和 σ_{ix_2} 是相应的标准差. 第二类 ω_2 中的样例服从如下高斯分布:

$$p(\boldsymbol{x}|\omega_2) = \frac{1}{2\pi} \exp\left(-\frac{x_1^2 + x_2^2}{2}\right). \tag{3.24}$$

第 3 个人工数据集是一个三维四类的高斯数据集 Gaussian, 第 i 类 $\omega_i(i = 1, 2, 3, 4)$ 中的样例服从高斯分布: $p(\boldsymbol{x}|\omega_i) \sim N(\mu_i, \Sigma_i)$.
其中,

$\boldsymbol{\mu}_1 = (0, 0, 0)$, $\boldsymbol{\mu}_2 = (0, 1, 0)$, $\boldsymbol{\mu}_3 = (-1, 0, 1)$, $\boldsymbol{\mu}_4 = (0, 0.5, 1)$.

$$\sum_1 = \begin{bmatrix} 1 & 0 & 0 \\ 0 & 1 & 0 \\ 0 & 0 & 1 \end{bmatrix}, \sum_2 = \begin{bmatrix} 1 & 0 & 1 \\ 0 & 2 & 2 \\ 1 & 2 & 5 \end{bmatrix}, \sum_3 = \begin{bmatrix} 2 & 0 & 0 \\ 0 & 6 & 0 \\ 0 & 0 & 1 \end{bmatrix}, \sum_4 = \begin{bmatrix} 2 & 0 & 0 \\ 0 & 2 & 0 \\ 0 & 0 & 3 \end{bmatrix}.$$

3 个人工数据集的基本信息列于表 3.16 中.

表 3.16 3 个人工数据集的基本信息

数据集	训练样例数	测试样例数	属性数	类别数
Concentric	6666	3334	2	2
Cloud	6666	3334	2	2
Gaussian	26 666	13 334	3	4

实验所用的 12 个 UCI 数据集包括 6 个较小的数据集和 6 个较大的数据集, 6 个较小的数据集的基本信息列于表 3.17 中, 6 个较大的数据集的基本信息列于表 3.18 中. 在实验中, 我们将每一个属性的值规范化到 $[-1,1]$ 区间.

表 3.17 6 个较小的 UCI 数据集的基本信息

数据集	训练样例数	测试样例数	属性数	类别数
Banana	3533	1767	2	2
Sensor	3637	1819	2	4
Mushroom	3762	1882	22	2
Satimage	4290	2145	36	6
Usps	6198	3100	256	10
Nursery	8640	4320	8	5

表 3.18 6 个较大的 UCI 数据集的基本信息

数据集	训练样例数	测试样例数	属性数	类别数
Letter	12 380	6190	16	26
Shuttle	38 666	19 334	9	7
MiniBooNE	86 709	43 355	50	2
Skin	163 371	81 686	3	2
Artificial_2	166 666	83 334	10	2
Cod_rna	325 710	162 855	8	2

在实验中, 从选择的样例数、SLFN 分类器的最优隐含层结点数、测试精度和训练时间 4 个方面, 对 ELM-KL 和 ELM-KL-ALL 算法与原始的 ELM (简记为 ORI) 和 ELM-EN 算法进行了比较. ELM-EN 是我们提出的另一种样例选择算法 [93], 该算法以 ELM 作为分类器, 以投票熵作为样例重要性的度量. 在 3 个人工数据集上的实验结果列于表 3.19 中, 在 6 个较小的 UCI 数据集上的实验结果列于表 3.20 中, 在 6 个较大的 UCI 数据集上的实验结果列于表 3.21 中.

表 3.19　在 3 个人工数据集上的实验结果

数据集	算法	选择的样例数	最优隐结点数	测试精度	训练时间
Concentric	ORI	6666	42	0.9978	0.0694
Concentric	ELM-EN	288	33	0.9860	0.0087
Concentric	ELM-KL	780	27	0.9792	0.0087
Concentric	ELM-KL-ALL	700	39	0.9692	0.0143
Cloud	ORI	6666	90	0.9008	0.4999
Cloud	ELM-EN	288	85	0.8596	0.0182
Cloud	ELM-KL	1680	65	0.8928	0.0409
Cloud	ELM-KL-ALL	1080	95	0.8882	0.0504
Gaussian	ORI	26 666	155	0.5727	4.5966
Gaussian	ELM-EN	1056	25	0.5245	0.0221
Gaussian	ELM-KL	1560	85	0.5636	0.0942
Gaussian	ELM-KL-ALL	2220	110	0.5684	0.1586

表 3.20　在 6 个较小的 UCI 数据集上的实验结果

数据集	算法	选择的样例数	最优隐结点数	测试精度	训练时间
Banana	ORI	3533	36	0.8986	0.0293
Banana	ELM-EN	540	39	0.8914	0.0110
Banana	ELM-KL	390	39	0.8850	0.0097
Banana	ELM-KL-ALL	960	48	0.8918	0.0154
Sensor	ORI	3637	170	0.9678	0.2498
Sensor	ELM-EN	450	55	0.9637	0.0139
Sensor	ELM-KL	1080	45	0.9711	0.0174
Sensor	ELM-KL-ALL	600	55	0.9491	0.0156
Mushroom	ORI	3762	144	1.0000	0.2452
Mushroom	ELM-EN	396	126	0.9986	0.0447
Mushroom	ELM-KL	600	171	0.9965	0.0894
Mushroom	ELM-KL-ALL	840	315	0.9989	0.3061
Satimage	ORI	4290	792	0.9040	9.3714
Satimage	ELM-EN	1080	270	0.8854	0.2472
Satimage	ELM-KL	1080	414	0.8891	0.7487
Satimage	ELM-KL-ALL	1320	306	0.8950	0.3394
Usps	ORI	6198	1638	0.9748	79.3723
Usps	ELM-EN	1860	672	0.9535	5.3119
Usps	ELM-KL	2100	714	0.9520	6.4023
Usps	ELM-KL-ALL	2760	798	0.9602	9.3255
Nursery	ORI	8640	1890	0.9489	100.1691
Nursery	ELM-EN	1344	336	0.8889	0.4791
Nursery	ELM-KL	3000	630	0.9060	4.1534
Nursery	ELM-KL-ALL	1920	252	0.8833	0.2926

表 3.21 在 6 个较大的 UCI 数据集上的实验结果

数据集	算法	选择的样例数	最优隐结点数	测试精度	训练时间
Letter	ORI	12 380	1500	0.9501	61.8324
	ELM-EN	5820	1800	0.9299	91.0960
	ELM-KL	7320	2100	0.9492	131.9845
	ELM-KL-ALL	8040	2100	0.9515	133.6210
Shuttle	ORI	38 666	390	0.9973	10.8409
	ELM-EN	1200	120	0.9944	0.1541
	ELM-KL	1710	180	0.9894	0.2452
	ELM-KL-ALL	2940	180	0.9941	0.3602
MiniBooNE	ORI	86 709	252	0.9170	19.2086
	ELM-EN	1200	180	0.9108	0.4199
	ELM-KL	1020	276	0.8862	0.6431
	ELM-KL-ALL	6132	540	0.9207	4.5385
Skin	ORI	163 371	90	0.9927	16.4253
	ELM-EN	7000	180	0.9925	1.7672
	ELM-KL	15 000	180	0.9808	3.4153
	ELM-KL-ALL	27 000	90	0.9889	2.5708
Artificial_2	ORI	166 666	22	0.7191	1.3610
	ELM-EN	1500	48	0.6983	0.1734
	ELM-KL	480	30	0.7178	0.1037
	ELM-KL-ALL	2916	32	0.7187	0.1240
Cod_rna	ORI	325 710	68	0.9597	16.1655
	ELM-EN	2000	68	0.9556	0.4141
	ELM-KL	10 000	132	0.9583	1.4635
	ELM-KL-ALL	19 764	96	0.9609	1.8600

从列于表 3.19~ 表 3.21 中的实验结果可以看出, 虽然 ELM-KL 算法在选择的样例子集上的测试精度低于在原数据集上的测试精度, 但差别很小. 而 ELM-KL 算法在选择的样例子集上的训练时间都大大低于在原数据集上的训练时间. 在能力保持的框架下, 本节介绍的算法是行之有效的. 表 3.19~ 表 3.21 中最优隐含层结点数是用我们在文献 [93] 中提出的方法确定的. 图 3.10~ 图 3.12 分别描述了 4 种算法 ORI 和 ELM-EN, ELM-KL, ELM-KL-ALL 在 3 个人工数据集、6 个较小的 UCI 数据集和 6 个较大的 UCI 数据集上的测试精度和隐含层结点数之间的关系.

我们还将 ELM-KL 算法与 5 个著名的样例选择算法 CNN、ENN、RNN、MCS 和 ICF 进行了实验比较. 在 3 个人工数据集上的实验结果列于表 3.22, 在 6 个较小的 UCI 数据集上的实验结果列于表 3.23 中, 在 6 个较大的 UCI 数据集上的实验结果列于表 3.24 中. 其中, "–" 表示相应的算法没能得到实验结果. 在 3 个人工数据集和 6 个较小的 UCI 数据集上, 与 CNN、ENN 和 RNN 算法相比, ELM-KL 算法在能力保持的框架下, 压缩比更高. 虽然 ICF 算法和 MCS 算法的压缩比比 ELM-KL 算法高, 但这两种算法需要更多的运行时间. 另外, RNN 算法在人工数据集 Gaussian 上没能得到实验结果. 在 6 个较大的 UCI 数据集上, ENN、RNN、ICF 和 MCS 四种算法在 artificial_2 和 cod_rna 这两个数据集上, 没能得到实验结果. MCS 和 ICF 这两种算法在 Shuttle 和 MiniBooNE 这两个数据集上, 没能得到实验结果. 从总的情况来看, ELM-KL 算法能在压缩比和运行时间上取得很好的折中, 更重要的是算法 ELM-KL 能有效处理较大数据集的分类问题.

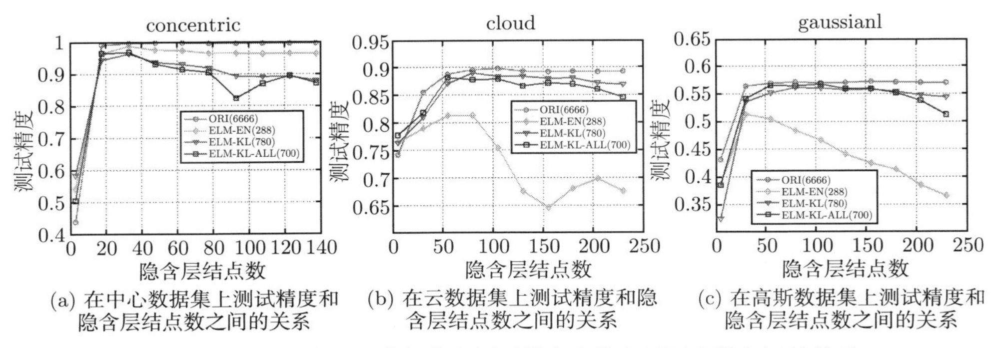

(a) 在中心数据集上测试精度和隐含层结点数之间的关系　(b) 在云数据集上测试精度和隐含层结点数之间的关系　(c) 在高斯数据集上测试精度和隐含层结点数之间的关系

图 3.10　在 3 个人工数据集上测试精度和隐含层结点数之间的关系

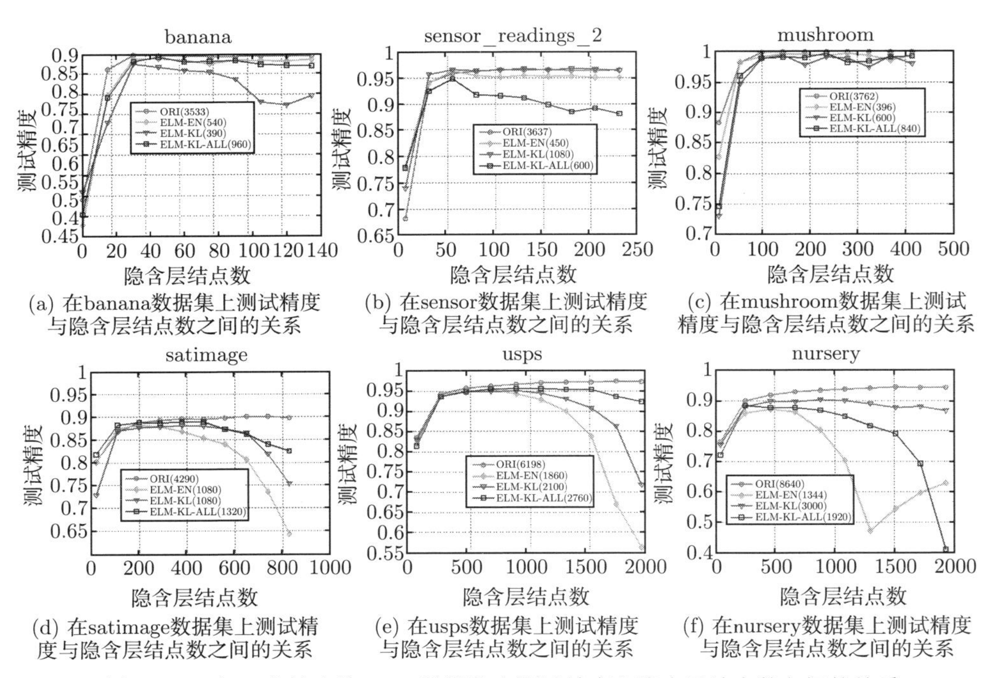

(a) 在banana数据集上测试精度与隐含层结点数之间的关系　(b) 在sensor数据集上测试精度与隐含层结点数之间的关系　(c) 在mushroom数据集上测试精度与隐含层结点数之间的关系

(d) 在satimage数据集上测试精度与隐含层结点数之间的关系　(e) 在usps数据集上测试精度与隐含层结点数之间的关系　(f) 在nursery数据集上测试精度与隐含层结点数之间的关系

图 3.11　在 6 个较小的 UCI 数据集上测试精度和隐含层结点数之间的关系

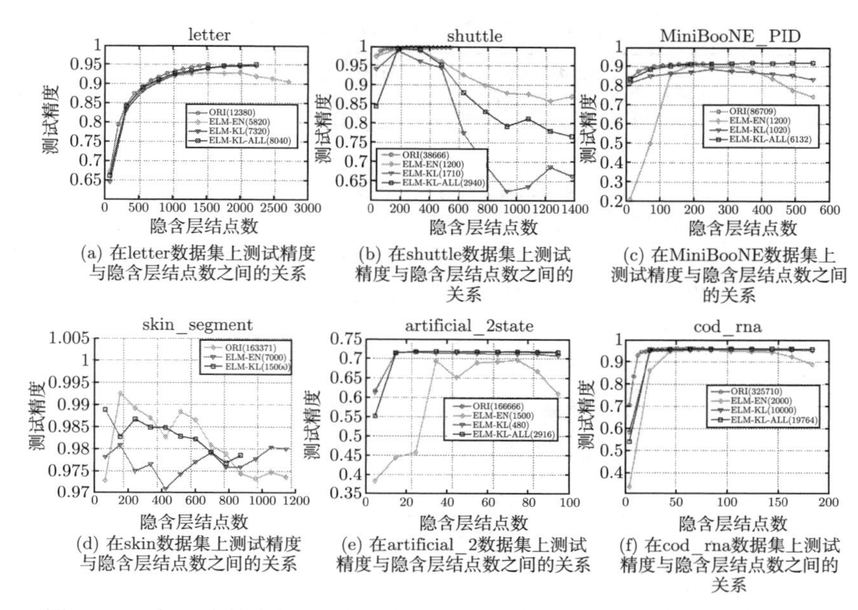

(a) 在letter数据集上测试精度与隐含层结点数之间的关系

(b) 在shuttle数据集上测试精度与隐含层结点数之间的关系

(c) 在MiniBooNE数据集上测试精度与隐含层结点数之间的关系

(d) 在skin数据集上测试精度与隐含层结点数之间的关系

(e) 在artificial_2数据集上测试精度与隐含层结点数之间的关系

(f) 在cod_rna数据集上测试精度与隐含层结点数之间的关系

图 3.12 在 6 个较大的 UCI 数据集上测试精度和隐含层结点数之间的关系

表 3.22 在 3 个人工数据集上的实验结果

数据集	算法	CPU 时间/s	测试精度	选择的样例数	选择比率
Concentric	CNN	5.8510	0.9820	240	0.0360
	ENN	8.2481	0.9868	6601	0.9902
	RNN	336.3406	0.9820	227	0.0341
	MCS	1511.7455	0.9826	271	0.0407
	ICF	1398.1360	0.9862	515	0.0773
	ELM-KL	10.0628	0.9792	780	0.1170
	ELM-KL-ALL	6.6688	0.9692	700	0.1050
Cloud	CNN	7.6715	0.8350	1725	0.2588
	ENN	7.4860	0.8872	5671	0.8507
	RNN	3180.4889	0.8350	1721	0.2582
	MCS	1196.2013	0.8734	1029	0.1544
	ICF	910.5015	0.8824	775	0.1163
	ELM-KL	17.5268	0.8928	1680	0.2520
	ELM-KL-ALL	15.5289	0.8882	1080	0.1620
Gaussian	CNN	118.5483	0.4494	18 449	0.6919
	ENN	180.2716	0.5193	12 195	0.4573
	RNN	–	–	–	–
	MCS	41 967.1556	0.5071	6844	0.2567
	ICF	21 739.3537	0.5134	6639	0.2490
	ELM-KL	88.8690	0.5636	1560	0.0585
	ELM-KL-ALL	100.2332	0.5684	2220	0.0833

表 3.23　在 6 个较小的 UCI 数据集上的实验结果

数据集	算法	CPU 时间/s	测试精度	选择的样例数	选择比率
Banana	CNN	3.7082	0.8620	817	0.2312
	ENN	2.3970	0.8835	3060	0.8661
	RNN	664.7361	0.8609	807	0.2284
	MCS	263.1752	0.8835	498	0.1410
	ICF	197.6661	0.8812	493	0.1395
	ELM-KL	8.3401	0.8850	390	0.1104
	ELM-KL-ALL	4.9598	0.8918	960	0.2717
Sensor	CNN	2.5769	0.9802	172	0.0473
	ENN	2.5811	0.9857	3582	0.9849
	RNN	131.9766	0.9780	161	0.0443
	MCS	334.6975	0.9747	185	0.0509
	ICF	281.5395	0.9857	504	0.1386
	ELM-KL	11.8005	0.9711	1080	0.2969
	ELM-KL-ALL	6.0709	0.9491	600	0.1650
Mushroom	CNN	1.6302	1.0000	23	0.0061
	ENN	12.6683	1.0000	3762	1.0000
	RNN	18.6766	1.0000	19	0.0051
	MCS	455.4940	1.0000	37	0.0098
	ICF	390.5345	1.0000	776	0.2063
	ELM-KL	41.6807	0.9965	600	0.1595
	ELM-KL-ALL	15.2960	0.9989	840	0.2233
Satimage	CNN	8.0939	0.8788	868	0.2023
	ENN	27.9934	0.9115	3874	0.9030
	RNN	1301.1808	0.8770	864	0.2014
	MCS	523.9055	0.8984	568	0.1324
	ICF	399.1155	0.8863	751	0.1751
	ELM-KL	117.2124	0.8891	1080	0.2517
	ELM-KL-ALL	39.6046	0.8950	1320	0.3077
Usps	CNN	127.8049	0.9432	785	0.1267
	ENN	410.9598	0.9755	6010	0.9697
	RNN	15 764.7628	0.9432	773	0.1247
	MCS	1483.2887	0.9555	620	0.1000
	ICF	2045.5241	0.9465	939	0.1515
	ELM-KL	1021.9758	0.9520	2100	0.3388
	ELM-KL-ALL	560.0207	0.9602	2760	0.4453
Nursery	CNN	22.4742	0.8481	2462	0.2850
	ENN	29.1504	0.7407	6697	0.7751
	RNN	8794.6589	0.8481	2461	0.2848
	MCS	2481.9342	0.7884	1772	0.2051
	ICF	2230.6714	0.7333	4148	0.4801
	ELM-KL	134.8509	0.9060	3000	0.3472
	ELM-KL-ALL	119.2932	0.8833	1920	0.2222

表 3.24 在 6 个较大的 UCI 数据集上的实验结果

数据集	算法	CPU 时间/s	测试精度	选择的样例数	选择比率
Letter	CNN	39.9782	0.9102	2262	0.1827
	ENN	114.1854	0.9367	11 768	0.9506
	RNN	16 002.1794	0.9102	2260	0.1826
	MCS	7037.5992	0.9092	2026	0.1637
	ICF	9009.4445	0.9283	5083	0.4106
	ELM-KL	5450.5569	0.9492	7320	0.5913
	ELM-KL-ALL	6978.5808	0.9515	8040	0.6494
Shuttle	CNN	37.0411	0.9989	174	0.0045
	ENN	737.4826	0.9988	38 630	0.9991
	RNN	1567.1027	0.9989	160	0.0041
	MCS	–	–	–	–
	ICF	–	–	–	–
	ELM-KL	258.7930	0.9894	1710	0.0442
	ELM-KL-ALL	564.2342	0.9941	2940	0.0760
MiniBooNE	CNN	13 084.5546	0.8296	24 857	0.2867
	ENN	16 675.7168	0.8759	74 305	0.8569
	RNN	–	–	–	–
	MCS	–	–	–	–
	ICF	–	–	–	–
	ELM-KL	1369.0141	0.8862	1020	0.0118
	ELM-KL-ALL	9923.2437	0.9207	6132	0.0707
Skin	CNN	166.7861	0.9995	377	0.0023
	ENN	8379.5660	0.9997	163 287	0.9995
	RNN	15 106.0892	0.9995	336	0.0021
	MCS	–	–	–	–
	ICF	–	–	–	–
	ELM-KL	993.5088	0.9808	15 000	0.0918
	ELM-KL-ALL	11 422.5497	0.9889	27 000	0.1653
Artificial_2	CNN	19 924.9839	0.5872	96 213	0.5773
	ENN	–	–	–	–
	RNN	–	–	–	–
	MCS	–	–	–	–
	ICF	–	–	–	–
	ELM-KL	289.8407	0.7178	480	0.0029
	ELM-KL-ALL	665.9558	0.7187	2916	0.0175
Cod_rna	CNN	24 811.9301	0.9485	42 769	0.1313
	ENN	–	–	–	–
	RNN	–	–	–	–
	MCS	–	–	–	–
	ICF	–	–	–	–
	ELM-KL	2392.7120	0.9583	10 000	0.0307
	ELM-KL-ALL	25 785.4931	0.9609	19 764	0.0607

和大多数样例选择算法一样, 用 ELM-KL 算法选择的样例也分布在分类边界附近, 如图 3.13 所示. 其中, 图 3.13(a) 显示的是人工数据集 Concentric 中样例的分布情况, 图 3.13(b) 和图 3.13(c) 显示的是用 ELM-KL 和 ELM-KL-ALL 算法从数据集 Concentric 中选择的样例的分布情况. 图 3.13(d) 显示的是 UCI 数据集 Banana 中样例的分布情况, 图 3.13(e) 和图 3.13(f) 显示的是 ELM-KL 和 ELM-KL-ALL 算法从 UCI 集 Banana 中选择的样例的分布情况. 用 ELM-KL 和 ELM-KL-ALL 算法从其他数据集中选择的样例的分布情况类似, 不再给出分布图.

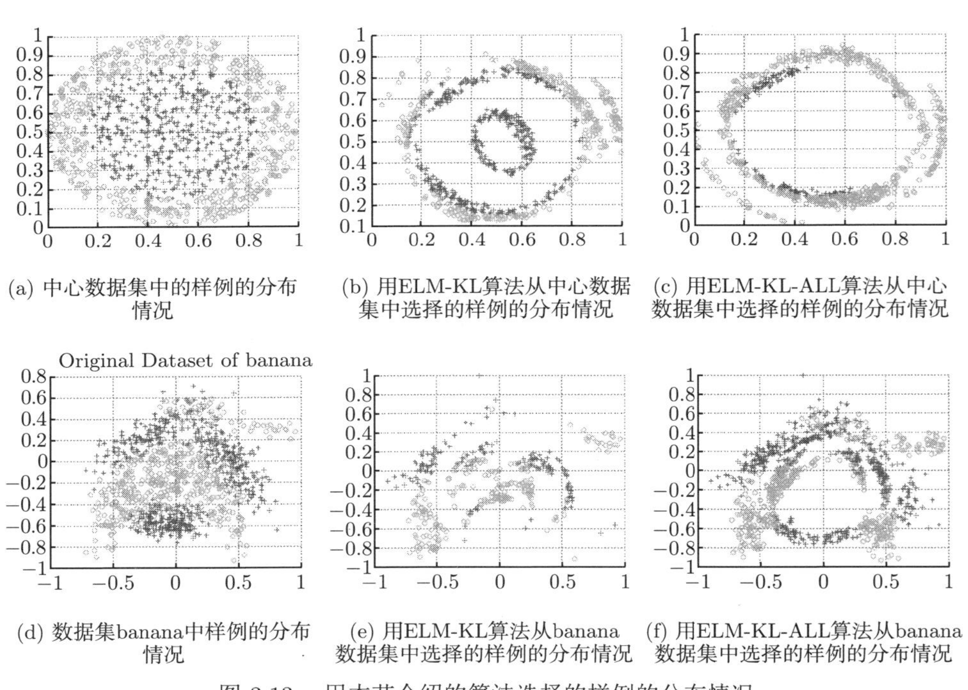

(a) 中心数据集中的样例的分布情况　(b) 用ELM-KL算法从中心数据集中选择的样例的分布情况　(c) 用ELM-KL-ALL算法从中心数据集中选择的样例的分布情况

(d) 数据集banana中样例的分布情况　(e) 用ELM-KL算法从banana数据集中选择的样例的分布情况　(f) 用ELM-KL-ALL算法从banana数据集中选择的样例的分布情况

图 3.13　用本节介绍的算法选择的样例的分布情况

第 4 章　大数据样例选择

在第 2 章和第 3 章, 分别介绍了主动学习样例选择和监督学习样例选择, 本章主要介绍这两种样例选择在大数据中的扩展. 具体地, 第 1 节介绍大数据与大数据样例选择概述, 内容包括大数据概述、基于批处理模式的开源大数据平台 Hadoop、基于内存计算模式的开源大数据平台 Spark 和大数据样例选择概述. 接下来的几节介绍我们自己提出的几种大数据样例选择算法, 第 2 节介绍大数据主动学习 [94,95], 第 3 节介绍基于 MapReduce 和投票机制的大数据样例选择 [96], 第 4 节介绍基于局部敏感哈希和双投票机制的大数据样例选择 [97], 第 5 节介绍基于遗传算法和开源框架的大数据样例选择 [98].

4.1　大数据与大数据样例选择概述

4.1.1　大数据概述

目前, 大数据还没有标准定义. 狭义地讲, 大数据就是海量数据, 是指大小超过一定量级的数据. 美国著名的麦肯锡公司给出一个狭义的大数据定义: 大数据是指大小超出常规软件获取、存储、管理和分析能力的数据. 狭义的定义只考虑了大数据的量级, 没有考虑大数据的其他特征. 广义地讲, 大数据不只是量大的数据, 还有其他的特征, 例如, 多样性特征 (Variety)、时效性特征 (Velocity)、不精确性特征 (Veracity)、价值性特征 (Value). 这 4 个特征连同海量性特征 (Volume) 称为大数据的 5V 特征.

在这 5 个特征中, 价值性特征处于核心位置, 如图 4.1 所示. 大数据之所以受到极大关注, 就是因为大数据中蕴含着巨大的价值, 下面详细介绍大数据的 5V 特征.

(1) 海量性特征: 是指数据量大, 即所谓的海量. 数据的量级已从 TB($1\text{TB} = 2^{10}\text{GB}$) 级转向 PB($1\text{PB} = 2^{10}\text{TB}$) 级, 正在向 ZB($1\text{ZB} = 2^{10}\text{PB}$) 级转变. 从机器学习的角度讲, 量大有两种表现形式: 一是数据集中样例的个数超多, 二是表示样例的属性或特征的维数超高.

(2) 多样性特征: 是指数据类型、表现形式和数据源多种多样. 数据类型可能是结构化数据 (如表结构的数据), 也可能是无结构化数据 (如文档数据), 还可能

是半结构化数据 (如 Web 网页数据). 数据的表现形式呈现出多种模态, 如音频、视频、日志等. 数据源可能是同构的, 也可能是异构的.

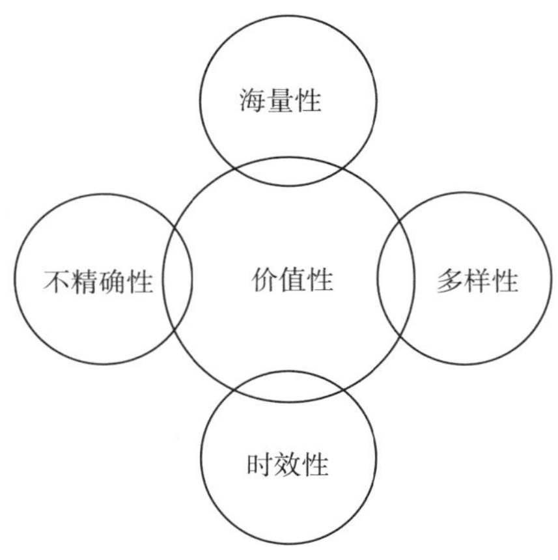

图 4.1　大数据的 5V 特征

(3) 时效性特征: 是指数据需要及时处理, 否则就会失去其应用价值. 随着网络技术、数据存储技术和物联网技术的快速发展, 以及移动通信设备的普及, 数据呈爆炸式快速增长, 新数据不断涌现, 快速增长的数据要求数据处理的速度也要快, 这样才能使大量的数据得到有效的利用. 在实践中, 很多大数据都需要在一定时间内及时处理, 例如, 电子商务大数据.

(4) 不精确性特征: 是指由数据的质量、可靠性、不确定性、不完全性引起的不确定性. 这一特征有时也从其对立面考虑, 称为数据的真实性. 数据的重要性体现在其应用价值, 数据的规模并不能决定其是否有应用价值, 数据的真实性是保证能挖掘到具有应用价值或潜在应用价值的规律或规则的重要因素.

(5) 价值性特征: 价值性特征是大数据的核心特征, 它包括两层含义: 一是指大数据的价值密度低, 二是指大数据的确蕴含着巨大的价值. 例如, 用于罪犯跟踪的视频大数据, 可能对罪犯跟踪有价值的只有很少的几个帧, 但正是这关键的几帧数据, 却有重大的价值.

4.1.2　基于批处理模式的开源大数据平台 Hadoop

从软件项目的角度来看, Hadoop[①]是 Apache 软件基金会负责管理的一个大型顶级开源软件项目. 从软件系统的角度来看, Hadoop 是 Apache 软件基金会负责管理和维护的一个开源大数据处理软件, 用于高可靠、可扩展的分布式计算.

① https://hadoop.apache.org/

Hadoop 软件库为用户提供了一种简单有效的大数据计算框架, 使用简单的编程模型可跨集群对大数据进行分布式处理. Hadoop 是用 Java 语言开发的, Java 是 Hadoop 默认的编程语言. Hadoop 具有很好的跨平台特性, 可以部署到廉价的计算机集群上. Hadoop 也支持其他编程语言, 如 C、C++ 和 Python. 作为一个集成大数据处理系统, Hadoop 由许多组件构成, 如图 4.2 所示. 其中, 分布式文件系统 (hadoop distributed file system, HDFS)、MapReduce 和公共服务模块 (Common) 是三个基础组件. HDFS 负责大数据的组织与存储, MapReduce 负责大数据的处理, Common 负责与底层硬件的交互. 下面简要介绍 MapReduce, 其他组件有兴趣的读者可参考相关文献.

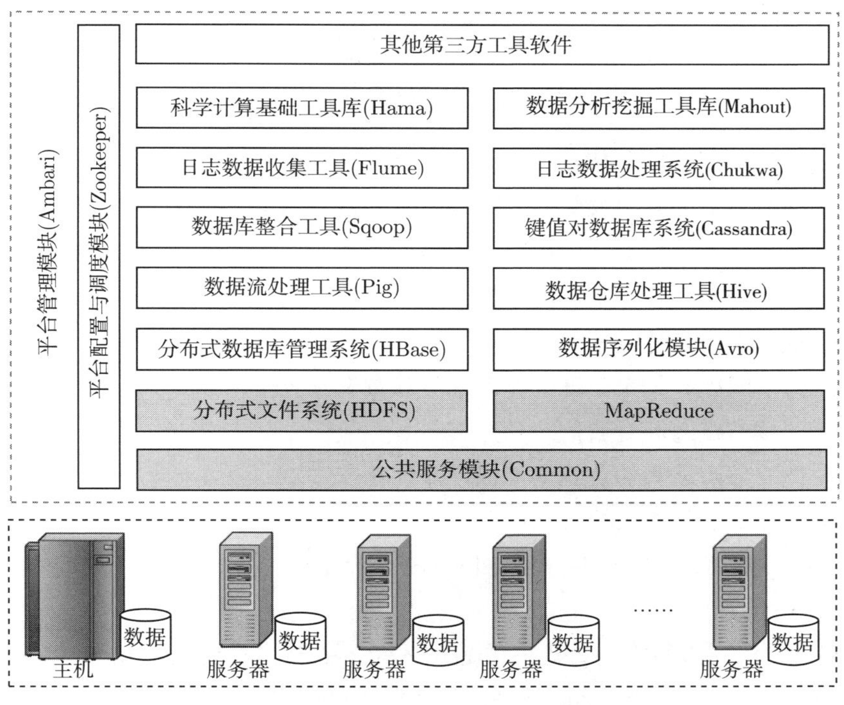

图 4.2 Hadoop 系统的构成组件

MapReduce 以批处理方式处理大数据, 包括 Map、Shuffle 和 Reduce 3 个阶段, 如图 4.3 所示.

MapReduce 采用分而治之思想处理大数据, 将数据处理分成 Map、Shuffle 和 Reduce 3 个阶段, 与 HDFS 配合共同完成大数据处理. 从程序设计语言的角度来看, Map 和 Reduce 是两个抽象的编程接口, 由用户编程实现, 以完成自己的应用逻辑. Map 函数的输入是键值对 $<k_1, v_1>$, 输出是键值对列表 $<k2, \text{LIST}(v2)>$. Shuffle 对 Map 的输出结果按键进行合并、排序和分区, 处理后的结果作为 Reduce 函数的输入, Reduce 的输出是按某种策略处理的结果键值对 $<k3, v3>$. MapReduce 处理大数据的过程如图 4.4 所示.

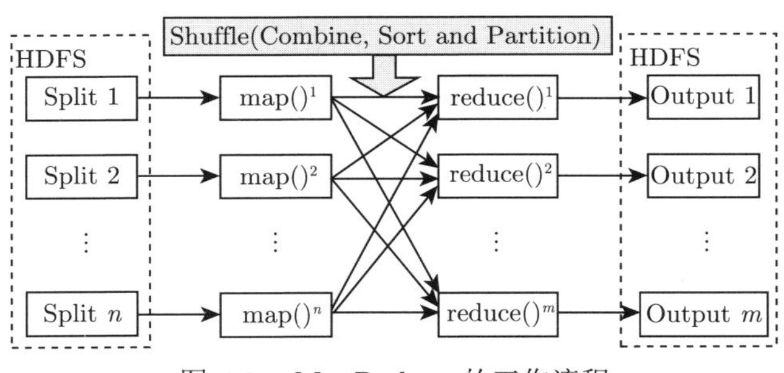

图 4.3　MapReduce 的工作流程

为了方便用户编写程序, MapReduce 封装了这 3 个阶段的几乎所有的底层细节, 这些细节不需要用户参与, MapReduce 自动完成, 这些细节包括:

(1) 计算任务的自动划分和自动部署;

(2) 自动分布式存储处理的数据;

(3) 处理数据和计算任务的同步;

(4) 对中间处理结果数据的自动聚集和重新划分;

(5) 计算节点之间的通信;

(6) 计算节点之间的负载均衡和性能优化;

(7) 计算节点的失效检查和恢复.

下面介绍 Map、Shuffle 和 Reduce 3 个阶段.

Map 阶段

Map 阶段对大数据的处理主要通过 Mapper 接口实现. Mapper 接口的定义是在 org.apache.hadoop.mapred 包中给出的, 该接口的说明如下:

```
@InterfaceAudience.Public //对所有工程和应用可用
@InterfaceStability.Stable //说明主版本是稳定的, 不同主版本之间可能不兼容
public interface Mapper<K1, V1, K2, V2>
extends JobConfigurable, Closeable
```

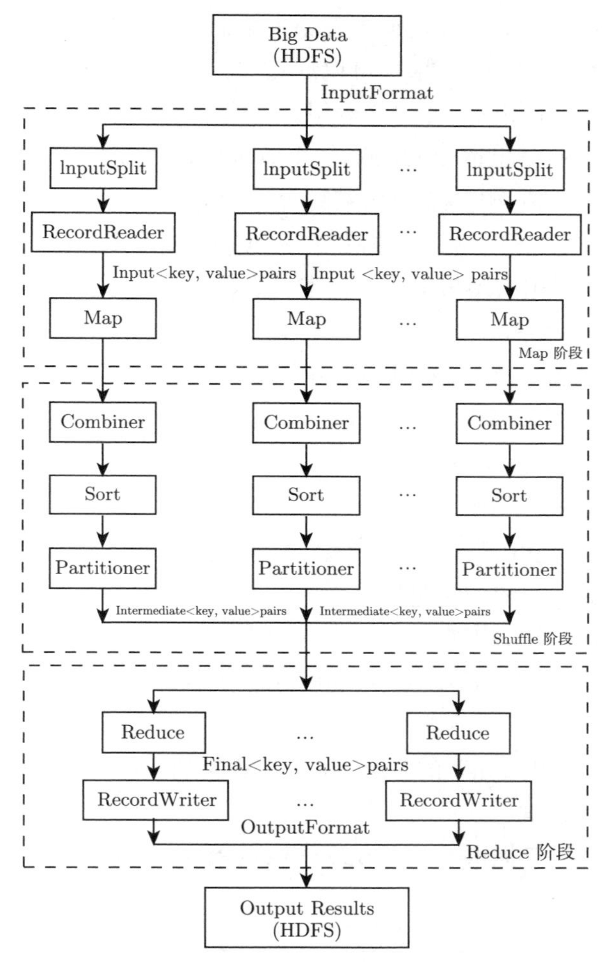

图 4.4 MapReduce 处理大数据的过程

Mapper 接口中定义了一个 Map 方法, 它将输入键值对映射为一系列中间结果键值对, 其原型为:

```
void map(K1 key, V1 value, OutputCollector<K2, V2> output, Reporter reporter);
```

图 4.4 中的逻辑分片 (InputSplit) 是由 InputFormat 接口产生的, 每一个 InputSplit 对应一个 Map 任务. Mapper 通过 JobConfiguration.configure(JobConf) 访问作业的 JobConf, 并对其进行初始化. 然后, MapReduce 框架为该任务的 InputSplit 中的每个键值对调用 Map(Object, Object, OutputCollector, Reporter).

随后 MapReduce 对与给定输出键相关联的所有中间值进行分组, 并传递给 Reduce 以确定最终的输出. 用户可以通过 JobConf.setOutputKeyComparatorClass(Class) 指定一个比较器来控制分组.

分组的 Mapper 输出按 Reducer 的个数进行分区, 用户可以通过实现自定义的 Partitioner, 来控制哪些键被分配到哪个 Reducer.

Combiner 是可选的, 用户可以通过 JobConf.setCombinerClass(Class) 指定一个 Combiner 来对中间结果键值对在本地进行聚合, 这有助于减少从 Mapper 到 Reducer 的数据传输.

InputFormat 接口描述 MapReduce 作业的输入规则, 该接口的说明如下:

```
@InterfaceAudience.Public
@InterfaceStability.Stable
public interface InputFormat<K, V>
```

InputFormat 接口的功能包括:

(1) 验证作业的输入规则;

(2) 将输入文件拆分为逻辑的 InputSplit, 然后将每个 InputSplit 分配给一个 Mapper;

(3) 提供 RecordReader 的实现, 用于从逻辑的 InputSplit 中收集输入记录, 以便 Mapper 进行处理.

InputFormat 接口提供了 getSplits 和 getRecordReader 两个方法. getSplits 的原型为:

```
InputSplit[ ] getSplits(JobConf job, int numSplits) throws IOException;
```

该方法的功能是从逻辑上对作业文件进行分片, 返回一个 InputSplit 数组, 每一个 InputSplit(对应 InputSplit 数组中每一个元素) 分配给一个单独的 Mapper 进行处理.

getRecordReader 方法的原型为:

```
RecordReader<K, V> getRecordReader(InputSplit split, JobConf job, Reporter reporter) throws IOException;
```

该方法的功能是获取给定 InputSplit 的 RecordReader, 返回一个 RecordReader 接口.

RecordReader 接口从 InputSplit 中读取 <key, value> 键值对, 该接口的说明为:

```
@InterfaceAudience.Public
@InterfaceStability.Stable
public interface RecordReader<K, V>
```

RecordReader 的主要功能是将逻辑分片转化为 <key, value> 键值对, 转化的 <key, value> 键值对作为 Map 函数输入. 该接口提供了 6 个方法: createKey、createValue、getPos、getProgress、next 和 close, 它们的原型声明列于表 4.1 中.

表 4.1 RecordReader 中定义的 6 个方法

No.	类型	方法
1	K	createKey( )
2	V	createValue( )
3	long	getPos( )
4	float	getProgress( )
5	boolean	next(K key, V value)
6	void	close( )

Shuffle 阶段

Shuffle 阶段主要对 Map 节点输出的中间结果进行组合、排序和分区, 为 Reduce 阶段的处理做好准备工作. 组合是可选的操作, 其作用是对中间结果键值对在本地进行聚合操作, 这种操作有助于减少从 Map 节点到 Reduce 节点的数据传输. 具体地, 如果在 Map 节点的输出键值对中, 有多个相同键 (key) 的键值对, 那么组合操作会将它们合并为一个键值对. 例如, 假设 Map 节点的输出有 5 个相同键 (key) 的键值对 <hadoop, 1>, 那么合并后的键值对为 <hadoop, 5>.

为了保证将所有键 (key) 相同的键值对传输给同一个 Reduce 节点, 以便 Reduce 节点能在不需要访问其他 Reduce 节点的情况下, 一次性完成归约, 这就需要对 Map 节点输出的中间结果键值对按键 (key) 进行分区处理. 然后, 对每个分区中的键值对, 还需要按键进行排序. Shuffle 阶段数据处理过程如图 4.5 所示.

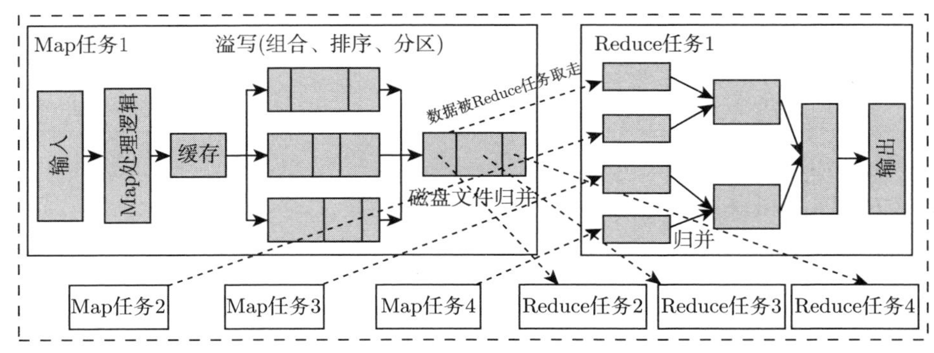

图 4.5 Shuffle 阶段数据处理过程

说明:

(1) 一般地, 一个 Map 节点可以运行多个 Map 任务. 但是, 一个 Map 任务只能运行在一个节点上.

(2) Map 任务数与逻辑分片 (split) 数是一一对应的. 即, 一个逻辑分片 (split) 对应一个 Map 任务.

(3) Split 是逻辑上的概念, 它只包含分片开始位置、结束位置、分片长度、数据所在节点等元数据信息. 数据块 (block) 是物理上的概念, 虽然 Hadoop 允许一个分片跨越不同的数据块, 但是如果不同的物理块存储在不同的节点上, 这样就会涉及数据在节点之间的传输. 如图 4.6 所示, 逻辑分片 split1 跨越 2 个数据块 block1 和 block2, 而这两个数据块一个存储在数据节点 1(DataNode1) 上, 另一个存储在数据节点 2(DataNode2) 上. 在执行逻辑分片 split1 对应的 Map 任务时, 需要在数据节点 1 和数据节点 2 之间传输数据, 这样势必会增加网络传输开销. 因此, 建议逻辑分片和物理块一一对应起来.

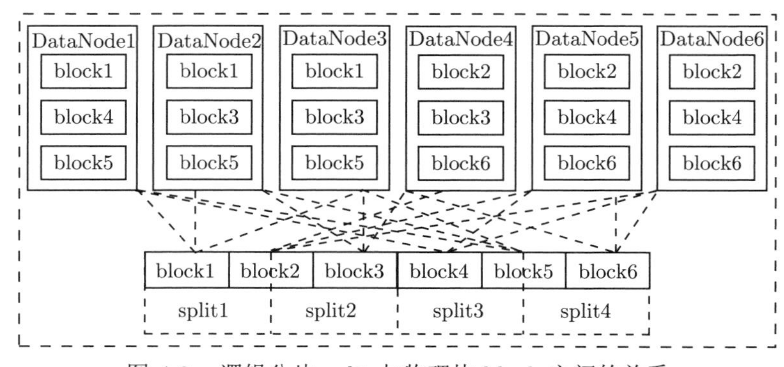

图 4.6 逻辑分片 split 与物理块 block 之间的关系

(4) 每个 Map 任务的输出结果并不是直接写入本地磁盘, 而是先缓存到一个缓冲区中, 如图 4.5 所示. 当缓冲区中缓存的数据达到缓存容量的一个阈值时 (默认是 80%), 会产生溢写, 溢写到本地磁盘文件中的数据是经过合并、分区和排序的. 随着溢写的进行, 溢写的磁盘文件越来越多, MapReduce 会对这些小的磁盘文件进行归并, 归并成一个大的外存文件.

(5) 当所有的 Map 任务完成, 已经生成一个大的磁盘文件, 文件中的数据都是分区排序的. 此时, 相应的 Reduce 任务把它要处理的数据取走, 如图 4.5 所示.

Reduce 阶段

Reducer 接口的定义也是在 org.apache.hadoop.mapred 包中给出的, 该接口的说明为:

```
@InterfaceAudience.Public
@InterfaceStability.Stable
public interface Reducer<K2, V2, K3, V3>
extends JobConfigurable, Closeable
```

Reducer 接口中定义了 Reduce 方法, 该方法对给定键 (key) 所对应的值 (value) 进行归约. 该方法的原型为:

```
void reduce(K2 key, Iterator<V2> values, OutputCollector<K3, V3> output, Reporter reporter)
```

Reduce 方法需要做的工作比较简单, 对于每一个 <key, list(values)> 对, MapReduce 框架调用 Reduce 方法, 计算归约值. Reduce 任务的输出一般通过 OutputCollector.collect(Object, Object) 写入 HDFS.

4.1.3 基于内存计算模式的开源大数据平台 Spark

Spark[①]是另一个非常流行的大数据处理系统, 与 Hadoop 不同, Spark 采用内存计算模式处理大数据. 从软件项目的角度看, Spark 是 Apache 软件基金会负责管理的一个大型顶级开源软件项目. 从软件系统的角度看, Spark 是 Apache 软件基金会负责管理维护的一个开源分布式大数据处理软件.

Spark 的首要设计目标是避免运算时出现过多的网络和磁盘 I/O 开销, 为此

① http://spark.apache.org/

它将核心数据结构设计为弹性分布式数据集 RDD(resident distributed dataset). Spark 使用 RDD 实现基于内存的计算框架, 在计算过程中它会优先考虑将数据缓存在内存中, 如果内存容量不足, Spark 才会考虑将数据缓存到磁盘上, 或者部分数据缓存到磁盘上. Spark 为 RDD 提供了一系列算子, 以对 RDD 进行有效的操作. Spark 利用这些算子操作 RDD, 以实现用户的大数据处理逻辑. Spark 处理大数据的流程图如图 4.7 所示.

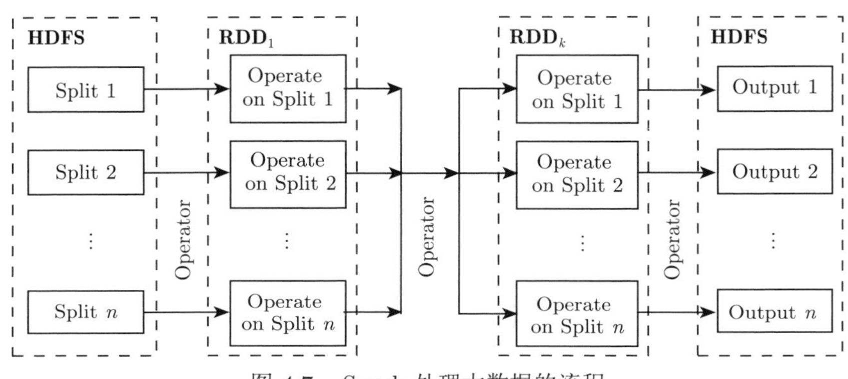

图 4.7 Spark 处理大数据的流程

4.1.3.1 Spark 的 4 个特性

(1) 运行速度, Spark 使用最先进的 DAG (directed acyclic graph) 调度程序、查询优化器和物理执行引擎, 能高效地对数据进行批处理和流处理.

(2) 易于使用, Spark 提供了 80 多个高级操作算子, 可以轻松地构建并行应用程序, 可以在 Scala、Python、R 和 SQL shell 等语言中交互式地使用.

(3) 通用性, Spark 是一个用于大规模数据处理的统一分析引擎, 支持交互式计算 (Spark SQL)、流计算 (Spark Streaming)、图计算 (Spark GraphX) 和机器学习 (Spark MLlib).

(4) 易于部署, Spark 可以运行在单节点集群上 (standalone), 也可以运行在 Hadoop YARN 上, 还可以运行在 EC2、Mesos 和 Kubernetes 上. 可以访问存储在 HDFS、HBase、Hive 上的数据源和上百种其他数据源.

4.1.3.2 Spark 的运行架构

Spark 采用主从架构, 如图 4.8 所示. 其中, 主节点 (Master) 就是架构中的集群管理者 (Cluster Manager), 从节点 (Slave) 是架构中的工作者 (Worker).

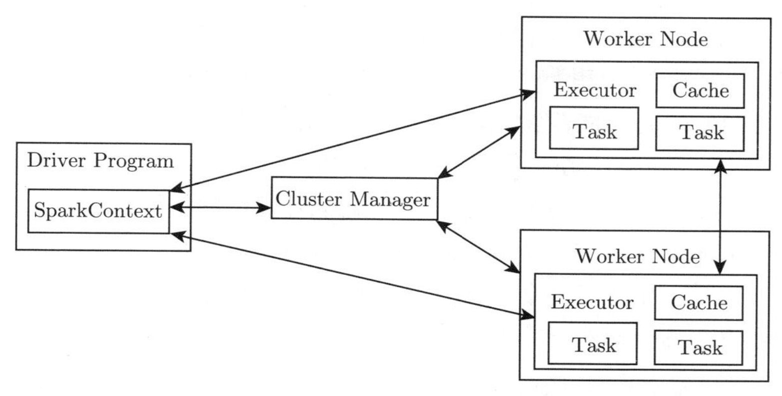

图 4.8 Spark 的运行架构

4.1.3.3 Spark 相关的基本概念

(1) Master(Cluster Manager): 是 Spark 集群的领导者, 负责管理集群资源, 接收 Client 提交的作业, 给 Worker 发送命令等.

(2) Worker: 执行 Master 发送的命令, 具体分配资源, 并用这些资源执行相应的任务.

(3) Driver: 一个 Spark 作业运行时会启动一个 Driver 进程, 它是作业的主进程, 负责作业的解析、生成 Stage, 并调度 Task 到 Executor 上运行.

(4) Executor: 作业的真正执行者, Executor 分布在集群的 Worker 上, 每个 Executor 接收 Driver 的命令, 加载并运行 Task, 一个 Executor 可以执行一个或多个 Task.

(5) SparkContext: 是程序运行调度的核心, 由高层调度器 DAGScheduler 划分程序的每个阶段, 由底层调度器 TaskScheduler 划分每个阶段的具体任务.

(6) DAGScheduler: 负责高层调度, 划分 stage, 并生成程序运行的有向无环图.

(7) TaskScheduler: 负责具体 stage 内部的底层调度, 包括 task 调度和容错等.

(8) RDD: 是分布式内存的一个抽象概念, 它可以将一个大数据集以分布式方式组织在集群服务器的内存中, RDD 是一种高度受限的共享内存模型, 是 Spark 的灵魂, 后面会详细介绍.

(9) DAG: 是反映 RDD 之间依赖关系的一种有向无环图.

(10) Job: 一个作业包含多个 RDD 及作用于相应 RDD 上的 action 算子, 每个 action 算子都会触发一个作业, 一个作业可能包含一个或多个 Stage, Stage 是作业调度的基本单位.

(11) Task: 是执行的工作单位. 每个 Task 会被发送到一个节点上, 每个 Task 对应 RDD 的一个 partition.

(12) Stage: 是 Job 的基本调度单位, 是用来计算中间结果的任务集 (Taskset), Taskset 中的 Task 对于同一个 RDD 内的不同 partition 都一样. Stage 是在 Shuffle 的地方产生的, 由于下一个 Stage 要用到上一个 Stage 的全部数据, 所以必须等到上一个 Stage 全部执行完才能开始.

4.1.3.4 Spark 对大数据的处理

Spark 对大数据的处理是通过 RDD 实现的, RDD 是 Spark 的灵魂, 是大数据存储的内存存储模型, 数据分布存储在多个节点上. 本质上, 一个 RDD 就是一个分布式对象集合, 是一个只读的分区记录集合. 每个 RDD 可有多个分区 (Partition), 每个分区就是一个数据集片段, 并且一个 RDD 的不同分区可以被保存到集群中不同的节点上, 从而可以在集群中的不同节点上进行并行计算. RDD 中的 Partition 是一个逻辑数据块, 一般与物理块 Block 相对应. 每个 Block 就是节点上对应的一个数据块, 它可以存储在内存中, 也可以存储在磁盘上, 但只有内存存储不下时, 才存储到磁盘上.

RDD 具有下列特性:

(1) 高效的容错性. RDD 用血缘关系实现容错, 当某个分区出现故障时, 重新计算丢失分区, 无须回滚系统, 重算过程在不同节点之间并行.

(2) 中间结果持久化到内存. 数据在内存中的多个 RDD 操作之间进行传递, 避免了不必要的读写磁盘开销.

(3) 存放的数据可以是 Java 对象. 避免了不必要的对象序列化和反序列化.

Spark 可以通过两种方式创建 RDD, 一种方式是通过读取外部数据创建 RDD, 另一种方式是通过其他的 RDD 执行转换 (Transformation) 而创建. 不同 RDD 之间的转换构成了一种血缘关系 (Lineage), 这种血缘关系为 Spark 提供了高效容错机制.

作为一种抽象的数据结构, RDD 支持两种操作算子: Transformation(变换) 和 Action(行动). 表 4.2 和表 4.3 分别列出了常用的 Transformation 算子和常用的 Action 算子以及它们的功能, 其他的算子可参考 Spark 的官网[①].

---

① http://spark.apache.org/docs/latest/rdd-programming-guide.html

表 4.2 常用的 Transformation 算子

Transformation 算子	算子的功能
map(func)	通过函数 func 作用于当前 RDD 的每一个元素, 形成一个新的 RDD.
filter(func)	通过函数 func 选择当前 RDD 中满足条件的元素, 形成一个新的 RDD.
flatMap(func)	与 map 类似, 但是每个输入项都可以映射到 0 或多个输出项 (因此 func 应该返回一个序列, 而不是单个项).
mapPartitions(func)	与 map 类似, 但是在 RDD 的每个分区 (块) 上单独运行, 所以当在 T 类型的 RDD 上运行时, func 必须是这样的类型: Iterator<T>=> Iterator<U>.
sample(withReplacement, fraction, seed)	使用给定的随机数生成器种子, 用有放回或无放回的方式对数据进行一部分采样.
union(otherRDD)	输入参数为另一个 RDD, 返回两个 RDD 中所有元素的并集, 但并不进行去重操作, 而是保留所有元素.
distinct(otherRDD)	输入参数为另一个 RDD, 返回两个 RDD 中所有元素的并集, 并进行去重操作.
intersection(otherRDD)	输入参数为另一个 RDD, 返回两个 RDD 中所有元素的交集.
groupByKey([numPartitions])	对 (key, value) 型 RDD 中的元素按 Key 进行分组, 键值相同的 Value 值合并在一个序列中, 所有 Key 值序列构成新的 RDD.
reduceByKey(func, [numPartitions])	对 (key, value) 型 RDD 中的元素按键进行 Reduce 操作, 键值相同的 Value 值按 func 的逻辑进行归并, 然后生成新的 RDD.
sortByKey([ascending], [numPartitions])	对原 RDD 中的元素按键值进行排序, ascending 表示升序, descending 表示降序, 排序后生成新的 RDD.
coalesce(numPartitions)	将当前 RDD 进行重新分区, 生成一个由 numPartitions 指定分区数的新 RDD.
join(otherRDD, [numPartitions])	输入参数为另一个 RDD, 如果和原来的 RDD 存在相同的键, 那么相同键值的 Value 连接构成一个序列, 然后与键值生成新的 RDD.

表 4.3 常用的 Action 算子

Action 算子	算子的功能
reduce(func)	对 RDD 中的每个元素, 依次使用指定的函数 func 进行运算, 并输出最终的计算结果.
collect()	以数组格式返回 RDD 内的所有元素.
count()	计算并返回 RDD 中元素的个数.
first()	返回 RDD 中的第一个元素.
take(n)	以数组的方式返回 RDD 中的前 n 个元素.
takeSample(withReplacement, num, [seed])	随机采集 RDD 中一定数量的元素, 并以数组的方式返回.
takeOrdered(n, [ordering])	以数组的方式返回 RDD 中经过排序后的前 n 个元素.
saveAsTextFile(path)	将 RDD 以文本文件格式保存到指定路径 path 里.
saveAsSequenceFile(path)	将 RDD 以 Hadoop 序列文件格式保存到指定路径 path 里.

续表

Action 算子	算子的功能
saveAsObjectFile(path)	使用 Java 序列化以简单格式将 RDD 保存到指定路径 path 里.
countByKey()	计算 (key, value) 型 RDD 中每个键值对应的元素个数, 并以 Map 数据类型返回统计结果.
foreach(func)	对 RDD 中的每个元素, 使用参数 func 指定的函数进行处理.

以简单的文本大数据词频统计为例, Spark 用 RDD 及变换算子和行动算子处理数据的流程可用图 4.9 刻画.

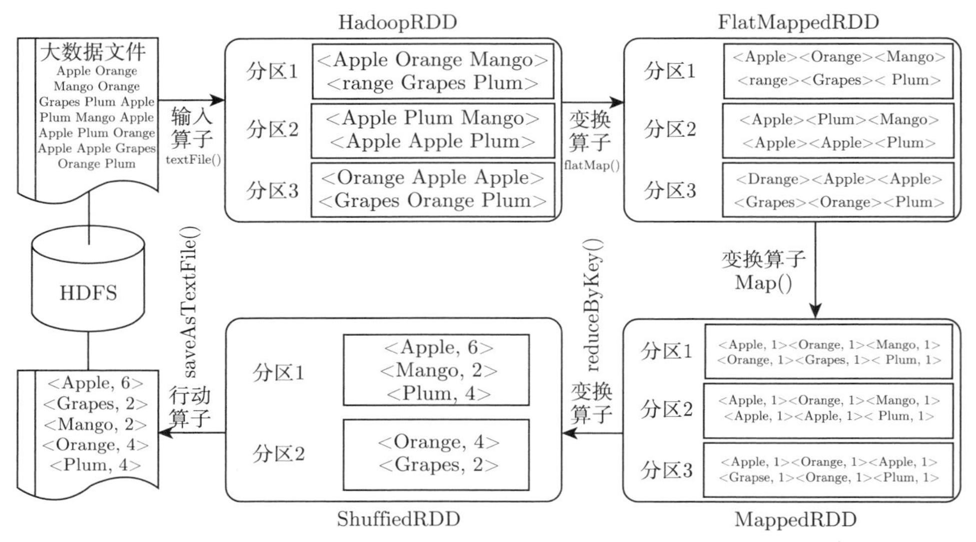

图 4.9　Spark 用 RDD 及变换算子和行动算子处理数据的流程

为了避免 Hadoop 启动和调度作业消耗过大的问题, Spark 采用基于有向无环图 DAG 的任务调度机制进行优化, 这样可以将多个阶段的任务并行或串行执行, 无须将每一个阶段的中间结果存储到 HDFS 上. 那么, 有向无环图 DAG 是如何生成的呢? 在 Spark 中, 用户的应用程序经初始化, 并通过 SparkContext 读取数据生成第一个 RDD, 之后通过 RDD 算子进行一次又一次的变换, 最终得到计算结果. 因此, Spark 对大数据的处理是一个由 "RDD 的创建" 到 " 一系列 RDD 的转换" 再到 "RDD 的存储" 的过程. 在这个过程中, 作为抽象数据结构的 RDD 自身是不可变的, 程序是通过将一个 RDD 转换为另一个新的 RDD, 经过像管道一样的流水线处理, 将初始 RDD 变换成中间 RDD, 最后生成最终 RDD 并输出. 在这个转换过程中, 很多时候计算过程是有先后顺序的, 有的任务必须在另一些任务完成之后才能进行. 在 Spark 中, RDD 的有向无环图用顶点表示 RDD 及产生该 RDD 的操作算子, 有向边代表 RDD 之间的转换.

在 RDD 的有向无环图中, 子 RDD 都是通过若干个父 RDD 转换产生的, 子 RDD 和父 RDD 之间的这种依赖关系称为 Lineage, 即血缘关系. Spark RDD 有向无环图的创建过程, 就是把 Spark 应用中一系列的 RDD 转换操作依据 RDD 之间的血缘关系记录下来. 需要注意的是, 在这个过程中, Spark 还不会真正执行这些操作, 而仅仅是记录下来, 直到出现行动算子, 才会触发实际的 RDD 操作序列的动作, 将行动算子之前的所有算子操作称为一个作业 (Job), 并将该作业提交给集群, 申请进行并行作业处理. 在 Spark 中, 这种延迟处理的方式称为惰性计算. 以图 4.9 所示的大数据词频统计为例, 在这个应用中, 只有到最后遇到行动算子 saveAsTextFile 时, Spark 才会真正执行各种转换操作, Spark 运行环境 (SparkContext) 会将之前的 textfile、flatMap、map、reduceByKey 和 saveAsTextFile 构成一个有向无环图, 如图 4.10 所示.

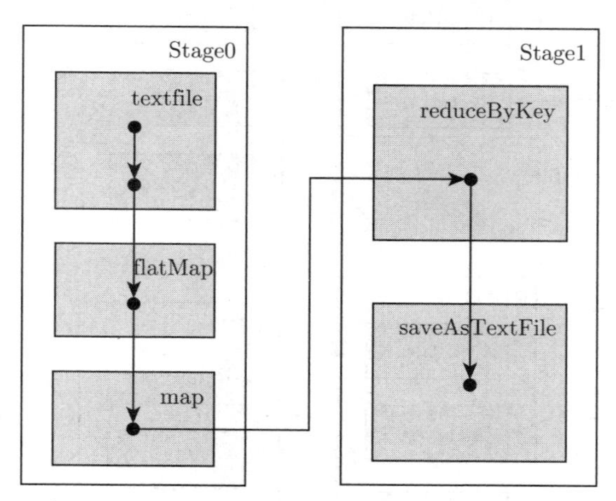

图 4.10 WordCount 应用的 RDD 有向无环图

从图 4.10 可以看出, WordCount 应用的 RDD 有向无环图被划分成了两个阶段: Stage0 和 Stage1. 这两个阶段是如何划分出来的呢? 下面做简要的介绍. 这个工作是由 SparkContext 创建的 DAGScheduler 实例进行的, 其输入是 RDD 的有向无环图 DAG, 输出为一系列任务, 有些任务被组织在一起, 称为一个阶段 Stage.

由 RDD 划分 Stage 时, 依据的是 RDD 之间的依赖关系. RDD 的依赖关系分为两种: 窄依赖 (narrow dependency) 和宽依赖 (shuffle dependency).

窄依赖是一种最常见的依赖关系, 表现为一个父 RDD 的分区 (Partition) 最多被子 RDD 的一个分区所使用. 图 4.11 刻画了 RDD 的窄依赖关系, 在子图 (a) 中, RDD2 是由 RDD1 经 map 和 filter 两个变换操作变换得到的, 因为父 RDD1 中的每一个分区只对应子 RDD2 中的一个分区, 所以 RDD1 和 RDD2 是窄依赖关系; 在子图 (b) 中, RDD3 是由 RDD1 和 RDD2 经 union 变换操作得到的, 因为父 RDD1 和 RDD2 中的每一个分区只对应子 RDD3 中的一个分区, 所以父 RDD1 和 RDD2 和它们的子 RDD3 是窄依赖关系; 在子图 (c) 中, RDD3 是由 RDD1 和 RDD2 经 join 变换操作得到的, 因为父 RDD1 和 RDD2 中的每一个分区只对应子 RDD3 中的一个分区, 所以父 RDD1 和 RDD2 和它们的子 RDD3 是窄依赖关系.

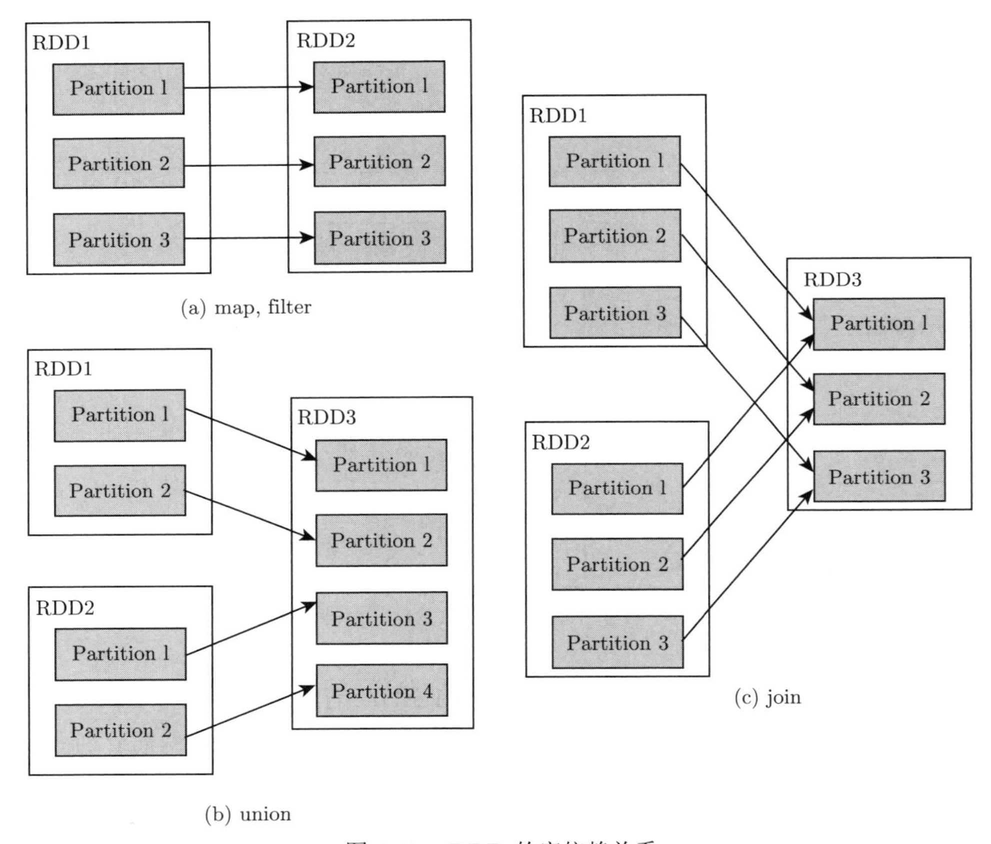

图 4.11 RDD 的窄依赖关系

RDD 的宽依赖关系是一种会导致计算时产生 Shuffle 操作的关系, 所以也称为 Shuffle 依赖关系, 表现为一个父 RDD 的分区被子 RDD 的多个分区所使用. 图 4.12 刻画了 RDD 的宽依赖关系. 在子图 (a) 中, RDD2 是由 RDD1 经 groupByKey 操作变换得到的, 因为父 RDD1 中的每一个分区对应子 RDD2 中的两个分区, 所以 RDD1 和 RDD2 是宽依赖关系; 在子图 (b) 中, RDD3 是由 RDD1 和 RDD2 经 join with inputs not co-partitioned 操作变换得到的, 因为父 RDD1 和父 RDD2 中的每一个分区对应子 RDD3 中的三个分区, 所以父 RDD1 和父 RDD2 和它们的子 RDD3 是宽依赖关系.

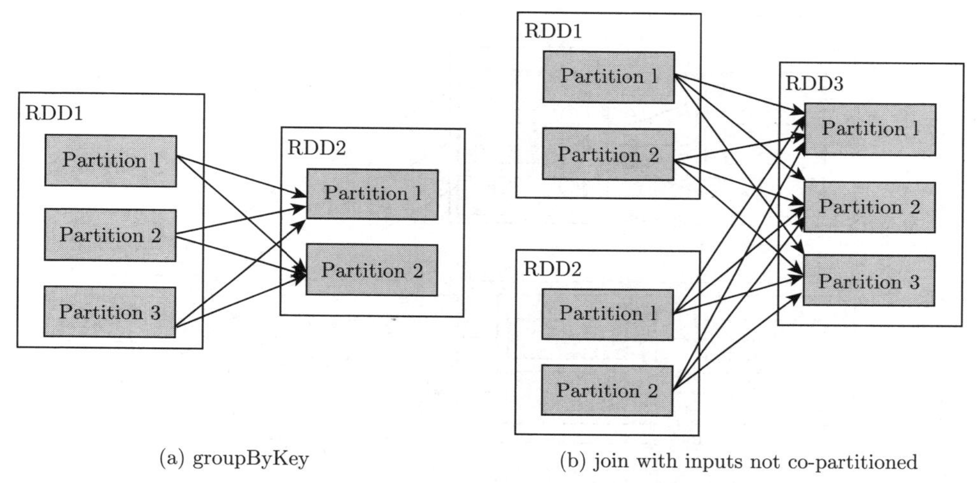

(a) groupByKey　　(b) join with inputs not co-partitioned

图 4.12　RDD 的宽依赖关系

从图 4.11 所示的窄依赖关系可以看出, 窄依赖分区之间的关系非常明确, 对于分区间转换关系是一对一的关系的, 如 map、filter 和 union, 可以在一个节点进行计算, 而且如果有多个这样的窄依赖关系, 那么可以在一个节点内组织成流水线执行. 对于分区间有多对一的窄依赖关系的, 如 join, 可以在多个节点之间并行执行, 彼此之间不相互影响. 在容错恢复时, 只需要重新获得或计算父 RDD 对应的分区, 即可恢复出错的子 RDD 分区. 对于宽依赖关系, 因为在计算子 RDD 时, 依赖父 RDD 的所有分区数据, 所以需要类似 Hadoop 中的数据 Shuffle 过程, 这就必然带来网络通信和中间结果缓存等一系列开销较大的问题. 同时, 在容错恢复时, 必须获得和计算全部父 RDD 的数据才能恢复, 其代价远远大于窄依赖的恢复.

由于窄依赖和宽依赖在计算和恢复时存在巨大的差异, 所以 Spark 对解析出来的任务进行了规划, 将适合放在一起执行的任务合并到一个阶段 (Stage), 这一过程由 DAGScheduler 实例完成. 划分的原则是如果子 RDD 和父 RDD 是窄依赖关系, 就将多个算子操作一起处理, 最后再进行一次统一的同步操作. 对于宽依赖关系, 则尽量划分到不同的阶段中, 以避免过大的网络开销和计算开销. 具体划分过程为: 当应用程序向 Spark 提交作业后, DAGScheduler 遍历 RDD 有向无环图 DAG, 对于遇到的连续窄依赖关系, 则尽量多地放在一个 Stage, 一旦遇到一个宽依赖关系, 则生成一个新的 Stage, 重复进行这一过程, 直到遍历完整个 RDD 有向无环图 DAG, 图 4.13 展示了这一 Stage 的划分过程.

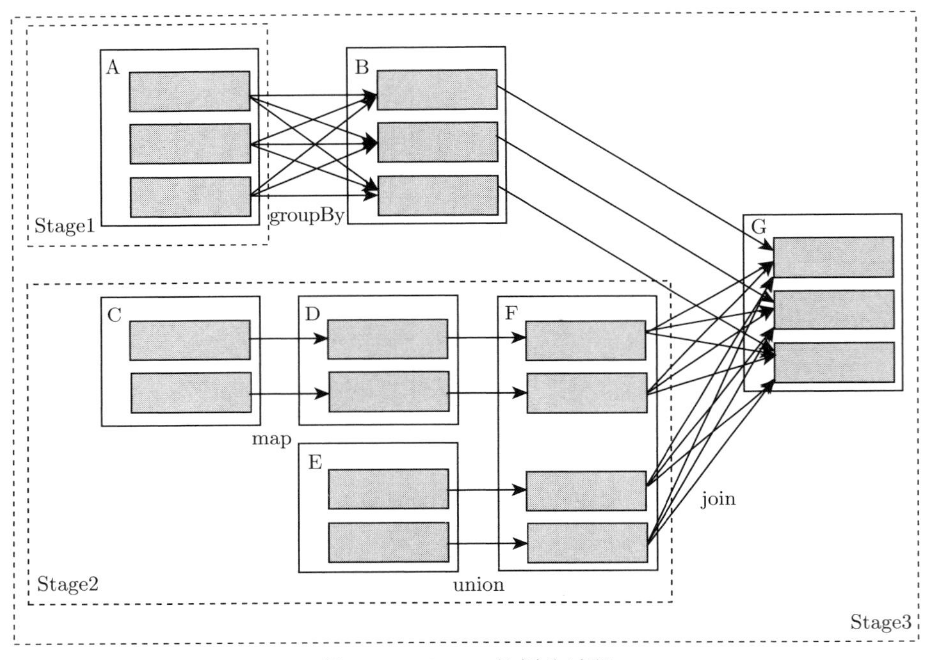

图 4.13 Stage 的划分过程

Spark 应用从客户端提交到集群后的执行过程包括 3 个主要步骤, 如图 4.14 所示.

用户从客户端提交的应用程序包含一个主函数, 在主函数内实现 RDD 的创建、转换及存储等操作, 以完成用户的实际需求. 用户将 Spark 应用程序提交到集群, 集群收到用户提交的 Spark 应用程序后, 将启动 Driver 进程, 它负责响应执行用户定义的主函数. Driver 进程创建一个 SparkContext, 并与资源管理器通信进行资源的申请、任务的分配和监控. 资源管理器为 Executor 分配资源, 并启动 Executor 进程. 同时, SparkContext 根据 RDD 的依赖关系构建有向无环图 DAG, DAG 提交给 DAGScheduler 解析成 Stage; 然后, 把 TaskSet 提交给底层调度器 TaskScheduler 处理; Executor 向 SparkContext 申请 Task, TaskScheduler 将 Task 发放给 Executor 执行. Task 在 Executor 上执行, 把计算结果反馈给 TaskScheduler, 然后反馈给 DAGScheduler, 执行完毕后写入数据并释放所有资源.

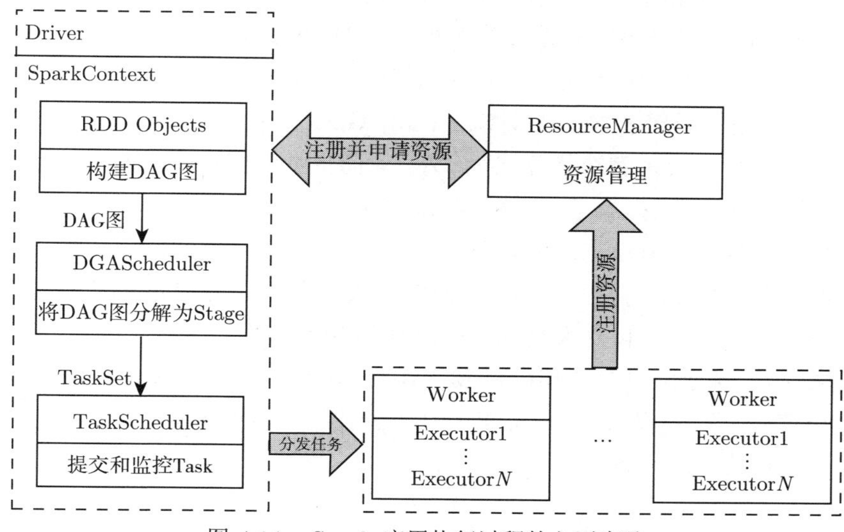

图 4.14 Spark 应用执行过程的主要步骤

在整个过程中, 有 3 个重要步骤:

(1) 生成 RDD 的过程;

(2) 生成 Stage 的过程;

(3) 生成 TaskSet 的过程.

这 3 个重要步骤之间是前后相继的, 如图 4.15 所示.

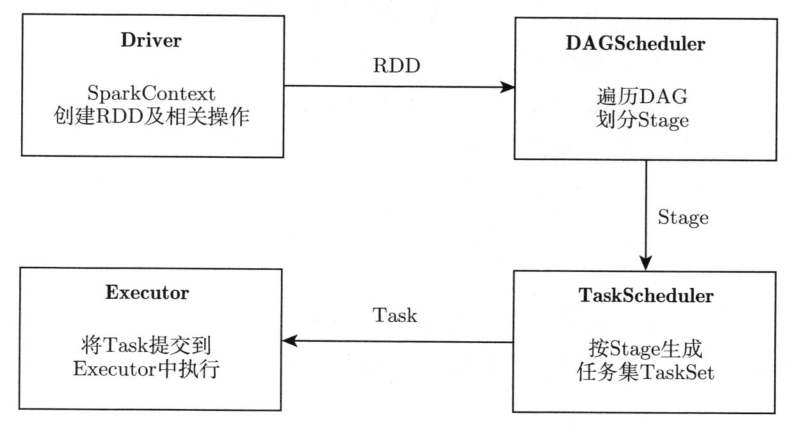

图 4.15 Spark 应用执行过程 3 个步骤的关系

4.1.4 大数据样例选择概述

前面两章介绍的样例选择算法只适用于中小数据集, 因为从数据集中选择样例时需要将整个数据集加载到内存中. 然而, 当训练集的大小远远超过计算机的内存容量时, 这些算法对大数据变得不可行, 这时就需要考虑这些算法在大数据环境中的扩展. 目前, 关于大数据样例选择的研究还不多, 只有少数研究人员探讨过该课题. 基于局部敏感哈希技术, Arnaiz-González 等人 [99] 提出了一种线性时间复杂度的大规模样例选择算法, 此外, 他们将基于民主距离的样例选择算法扩展到大数据环境中, 提出了一种基于 MapReduce 大数据样例选择算法 [100]; 在样例约简的框架下, Triguero 等人 [101] 提出了一种基于 MapReduce 的样例选择算法, 可以对大数据进行样例约简, 从而实现大数据的分类; Mall 等人 [102] 基于 K-最近邻图, 提出了一种从大数据集中选择具有代表性子集的方法, 以实现大数据的机器学习; 基于随机突变爬山和 MapReduce, Si 等人 [103] 提出了一种大数据样例选择算法; 作者研究团队也提出了几个大数据样例选择算法 [94–98]. 下面几节介绍这些算法.

4.2 大数据主动学习

4.2.1 算法基本思想

在第 2 章, 介绍了主动学习. 在主动学习场景中, 有类别标签的数据集 L 包含的样例很少, 而无类别标签的数据集 U 包含样例却很多. 主动学习是从无类别标签的数据集中选择重要样例, 交给领域专家标注类别, 以扩充有类别标签的数据集. 在大数据主动学习中, 大数据是指无类别标签的数据集 U, 而有类别标签的数据集 L 是中小数据集. 大数据主动学习的基本思想依然是分而治之. 具体地, 将大数据集 U 划分为若干个子集, 并部署到不同的大数据平台计算节点上, 这些节点并行地选择重要的样例交给专家 O 进行标注. 因为有类别标签的数据集 L 是中小数据集, 所以可以将 L 广播到每一个大数据平台计算节点, 并在本地训练分类器 C. 大数据主动学习的基本思想可以用图 4.16 直观地描述.

使用不同的大数据平台, 可以得到不同的大数据主动学习算法. 下面介绍基于 MapReduce 的大数据主动学习算法和基于 Spark 的大数据主动学习算法.

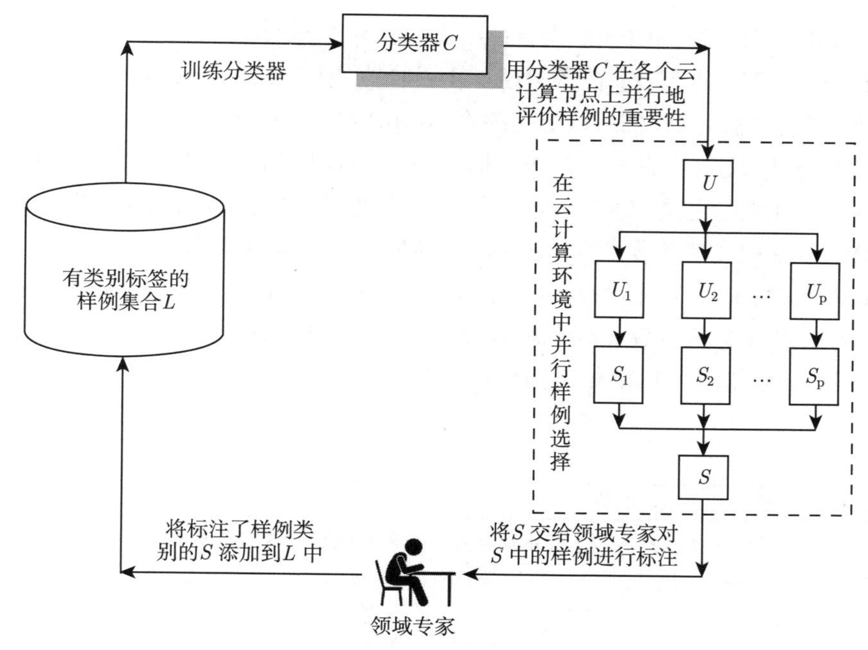

图 4.16 大数据主动学习算法思想

4.2.2 基于 MapReduce 的大数据主动学习算法

为描述方便, 基于 MapReduce 的大数据主动学习算法记为 MR-AL. 在 MR-AL 算法中, 使用 ELM 算法训练的 SLFN 作为分类器, 使用最大熵原则选择重要的样例. 为了计算无类别标签样例的信息熵, 需要对 SLFN 的输出使用下面的软最大化函数 (4.1) 变换为类别分布后验概率.

$$p(\omega_j|\boldsymbol{x}) = \frac{e^{y_j}}{\sum_{i=1}^{k} e^{y_i}} \tag{4.1}$$

在基于 MapReduce 的大数据主动学习算法中, 关键是 Map 函数和 Reduce 函数的设计. 在迭代学习的过程中, 每次都要执行 Map 和 Reduce 操作, 中间还有一个 Shuffle 操作, 主要负责在各自的节点上对中间结果进行合并、排序. Map 的输出是 Reduce 的输入, 而所有的输入和输出都是以键值对的形式传输的. 其中, 涉及 4 个键值对, 分别加以说明: $< k_1, v_1 >$ 代表 Map 的输入, 实际是从 HDFS 中获取数据, k_1 代表数据的偏移量, v_1 是数据; $< k_2, v_2 >$ 代表 Map 的输出. 在 MR-AL 中, 经过 Map 的处理, k_2 代表每个样例的信息熵的倒数, v_2 为样例; $< k_3, v_3 >$ 代表 Reduce 的输入, 即 Map 的输出, $k_2 = k_3$, 但 v_3 是经过 Shuffle 操作得到的一个集合；$< k_4, v_4 >$ 代表 Reduce 的输出，实际输出到 HDFS 中进行保存. k_4 在 MR-AL 中设计为空值 Nullwritable，它代表利用信息熵准则选择出来的样例. 以上是整个 MapReduce 的键值对设计. 在具体实现时，在 Map 阶段主要完成的功能包括：使用本地训练的 ELM 分类器 SLFN 对无类别标签的样例进行预测，将结果做软最大处理，之后计算信息熵，得到样例的信息熵后，就构成了需要的 $< k_2, v_2 >$ 键值对. Shuffle 阶段会对 k_2，也就是信息熵进行排序，Reduce 阶段功能相对简单，就是在排好序的数据中取出前 q 个样例，q 为用户指定的参数. 最终输出 $< k_4, v_4 >$，将选择的样例保存到 HDFS 中完成一次迭代，MR-AL Map 函数和 Reduce 函数的伪代码在算法 4.1 和 4.2 中给出.

算法 4.1: MR-AL Map 函数

1 **输入**: 训练集 $< k_1, v_1 >$, k_1 表示偏移量, v_1 表示未标记类别的样例.
2 **输出**: $< k_2, v_2 >$, k_2 表示样例信息熵的倒数, v_2 表示标记类别的样例.
3 对数据进行预处理, 包括数据分片, 将分片数据变换为矩阵 pre_matrix;
4 $ELM.test(pre\_matrix)$, 对数据进行预测, 得到 $predict\_matrix$;
5 **for** $(i = 0; i < predict\_matrix.numColumns(); i = i + 1)$ **do**
6 　对 $predict\_matrix$ 进行软最大化处理;
7 **end**
8 **for** $(i = 0; i < predict\_matrix.numColumns(); i = i + 1)$ **do**
9 　计算样例的信息熵, 得到 $entropy$;
10 **end**
11 $context.write(newDoubleWritable(1/entropy), newText(value))$;
12 输出 $< k_2, v_2 >$.

算法 4.2: MR-AL Reduce 函数

1 **输入**: 训练集 $< k_2, v_2 >$, k_2 表示熵倒数, v_2 表示已标记样例.
2 **输出**: $< k_3, v_3 >$, k_3 是 $Null$ 值, v_3 表示选择的样例.
3 **if** $(q > 0)$ **then**
4 　**for** $(test : v_2)$ **do**
5 　　`// text` 为每个已标记样例;
6 　　$context.write(Null, text)$;
7 　**end**
8 **end**
9 输出 $< k_3, v_3 >$.

4.2.3 基于 Spark 的大数据主动学习算法

基于 Spark 的大数据主动学习和基于 Hadoop 的大数据主动学习的基本思想是一样的, 只是 Spark 处理大数据的逻辑是通过 RDD 实现的, 基于 Spark 的大数据主动学习的流程如下:

(1) 初始化 RDD, 将有类别信息的数据转化为 labeledRDD, 无类别信息的数据转化为 unlabeledRDD.

(2) 将有类别信息的数据 (labeledRDD) 广播至各个计算节点.

(3) 对无类别信息的数据 (unlabeledRDD) 执行 mapPartation 操作, 在每个分区中执行如下操作: ① 用有类别的数据集训练一个分类器, 用 ELM 训练的 SLFN 作为分类器; ② 使用训练好的分类器 SLFN 计算无类别数据的信息熵.

(4) 根据信息熵值对无类别的数据按由大到小排序, 选择 q 个熵值最大的样例作为本次迭代选择的样例, 输出到 HDFS.

(5) 对流程 (4) 中选择的样例, 交给领域专家进行标注, 并转化为 RDD.

(6) 将有类别信息的数据与流程 (5) 得到的 RDD 进行合并 (union 操作), 将合并后的 RDD 作为更新后有类别信息的数据;

(7) 迭代执行流程 (1)~(6), 输出最后一次迭代得到的有类别信息的数据 (labeledRDD) 至 HDFS.

4.2.4 基于 MapReduce 和 Spark 的大数据主动学习算法的比较

对基于 MapReduce 和 Spark 的两种大数据主动学习算法从运行时间、文件数目、同步数目和耗费内存 4 个方面进行了实验比较. 实验集群环境由 5 台计算机组成, 其中 1 台为主节点, 另外 4 台为从节点. 操作系统是 RedHat Linux 9.0, 表 4.4 列出了 5 台计算机的主机名、机器型号、IP 地址、CPU 和内存信息. 5 台计算机都在同一局域网内, 并通过端口速率为 100Mbps 的 H3C S5100 交换机连接. 实验使用的 Hadoop 和 Spark 版本分别是 2.7.1 和 2.1.1.

表 4.4 实验所用大数据平台环境的基本信息

计算节点	PC 机型号	IP 地址	CPU 型号	内存容量
主节点	Dell PowerEdge R820	10.187.86.241	Intel E5 2.20GHz	2G
从节点	Dell PowerEdge R820	10.187.86.242 至 10.187.86.245	Intel E5 2.20GHz	2G

实验比较所用的数据集包括 3 个人工数据集和 4 个 UCI 数据集, 数据集的基本信息列于表 4.5 中. 选择的数据集都是有类别信息的, 为了模拟主动学习算

法, 选择一部分数据作为有类别信息的数据, 剩余部分作为无类别信息的数据, 也就是将类别信息隐藏. 在 Poker 和 Covtype 中, 有些类别的样例数很少, 为了消除类别不平衡对训练 SLFN 分类器的影响, 删除了这些样例. 另外, 因为训练 SLFN 分类器的需要, 对数据进行了标准化处理.

表 4.5 实验所用数据集的基本信息

数据集	样例数	属性数	类别数
Artificial1	1 000 000	2	2
Artificial2	1 200 000	2	3
Artificial3	1 000 000	3	4
HT-Sensor	928 991	11	3
Covtype	495 141	54	2
Poker	923 707	10	2
Susy	5 000 000	18	2

第 1 个人工数据集 (Artificial1) 是一个二类包含 100 万个点的数据集, 每类 50 万个点, 两类都服从高斯分布, 高斯分布的参数列于表 4.6 中.

表 4.6 人工数据集 Artificial1 的均值向量和协方差矩阵

i	$\boldsymbol{\mu}_i$	$\boldsymbol{\Sigma}_i$
1	$(1.0, 1.0)^{\mathrm{T}}$	$\begin{bmatrix} 0.6 & -0.2 \\ -0.2 & 0.6 \end{bmatrix}$
2	$(2.5, 2.5)^{\mathrm{T}}$	$\begin{bmatrix} 0.2 & -0.1 \\ -0.1 & 0.2 \end{bmatrix}$

第 2 个人工数据集 (Artificial2) 是一个三类包含 120 万个点的二维数据集, 每类 40 万个点, 三类数据点服从的概率分布在公式 (4.2) 中给出.

$$\begin{aligned} &p(\boldsymbol{x}|\omega_1) \sim N((0,0)^{\mathrm{T}}, \boldsymbol{I}) \\ &p(\boldsymbol{x}|\omega_2) \sim N((1,1)^{\mathrm{T}}, \boldsymbol{I}) \\ &p(\boldsymbol{x}|\omega_3) \sim \frac{1}{2}N((0.5,0.5)^{\mathrm{T}}, \boldsymbol{E}) + \frac{1}{2}N((-0.5,0.5)^{\mathrm{T}}, \boldsymbol{I}) \end{aligned} \tag{4.2}$$

其中, $\boldsymbol{I}$ 表示 2 阶单位矩阵.

第 3 个人工数据集 (Artificial3) 是一个四类包含 100 万个点的三维数据集, 每类 25 万个点, 每类都服从高斯分布, 高斯分布的参数列于表 4.7 中.

表 4.7 人工数据集 Artificial3 的均值向量和协方差矩阵

i	$\boldsymbol{\mu}_i$	$\boldsymbol{\Sigma}_i$
1	$(0.0, 0.0, 0.0)^{\mathrm{T}}$	$\begin{bmatrix} 1.0 & 0.0 & 0.0 \\ 0.0 & 1.0 & 0.0 \\ 0.0 & 0.0 & 1.0 \end{bmatrix}$
2	$(0.0, 1.0, 0.0)^{\mathrm{T}}$	$\begin{bmatrix} 1.0 & 0.0 & 1.0 \\ 0.0 & 2.0 & 2.0 \\ 1.0 & 2.0 & 5.0 \end{bmatrix}$
3	$(-1.0, 0.0, 1.0)^{\mathrm{T}}$	$\begin{bmatrix} 2.0 & 0.0 & 0.0 \\ 0.0 & 6.0 & 1.0 \\ 0.0 & 0.0 & 1.0 \end{bmatrix}$
4	$(0.0, 0.5, 1.0)^{\mathrm{T}}$	$\begin{bmatrix} 2.0 & 0.0 & 0.0 \\ 0.0 & 1.0 & 0.0 \\ 0.0 & 0.0 & 3.0 \end{bmatrix}$

主动学习中的分类器采用 ELM 训练的 SLFN, 对于输入权重和偏置的初始化, 选择标准正态分布进行随机初始化; 对于隐含层结点数的设置, 设置为输入层结点个数的 2~15 倍. 此外, 实验中还需设置初始训练分类器样本数量, 对每类样本选择 250 个, 考虑到每一个数据集的样例数和属性数不同, 迭代次数和每次选择样例数设置也不同, 超参数设置列于表 4.8 中.

表 4.8 ELM 分类器中超参数设置

数据集	隐含层结点数	初始训练集	迭代次数	每次选择样例数
Artificial1	20	500	10	200
Artificial2	25	500	10	200
Artificial3	25	1000	10	200
HT-Sensor	25	750	15	150
Covtype	110	500	20	100
Poker	20	500	20	100
Susy	40	500	20	100

因为基于两种开源大数据处理平台的主动学习算法思路一样, 所以选择的样例数和选择的样例分布情况基本相同, 实验结果也证明了这一点, 用基于 Hadoop 和 Spark 的主动学习算法从数据集 Artificial1 中一次迭代选择的部分样例的分布如图 4.17 和图 4.18 所示.

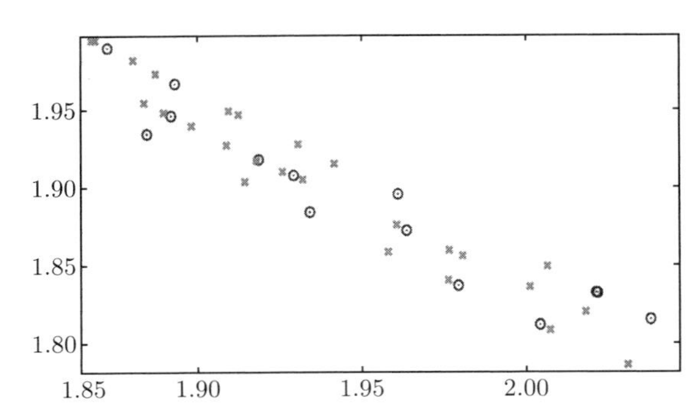

图 4.17　基于 Hadoop 的主动学习从 Artificial1 中一次迭代选择样例的分布

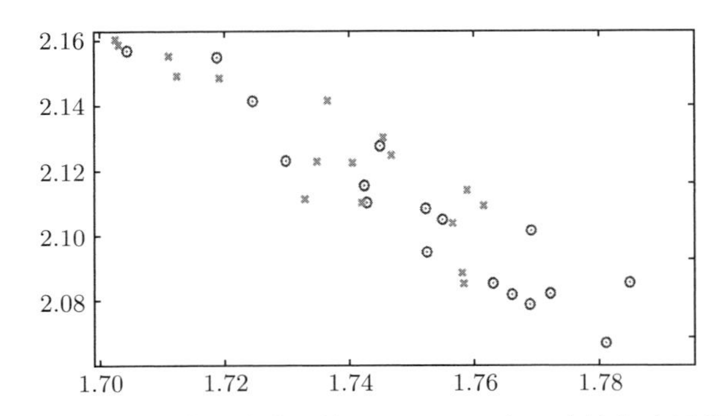

图 4.18　基于 Spark 的主动学习从 Artificial1 中一次迭代选择样例的分布

图 4.19 和图 4.20 显示的是基于两种开源平台的大数据主动学习算法在人工

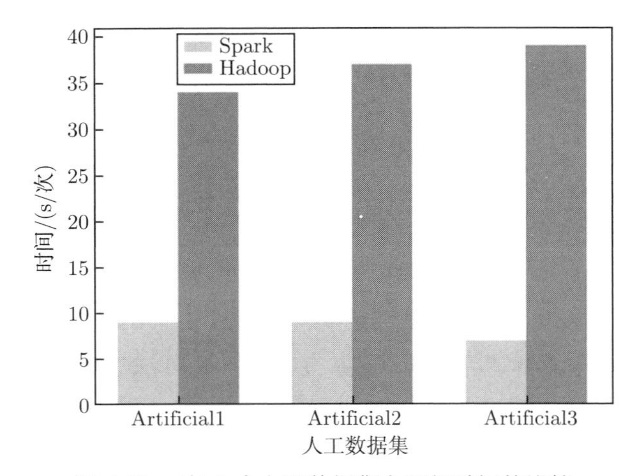

图 4.19　在 3 个人工数据集上运行时间的比较

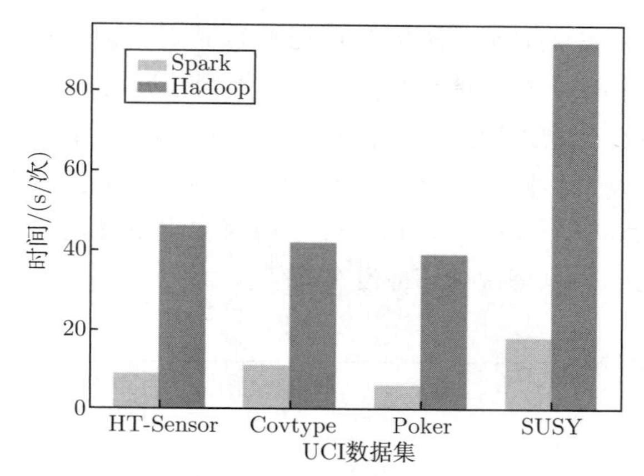

图 4.20 在 4 个 CUI 数据集上运行时间的比较

数据集和 UCI 数据集上运行时间的比较, 纵坐标代表主动学习算法中一次迭代过程的平均时间. 图 4.21 和图 4.22 显示的是基于两种开源平台的大数据主动学习算法在人工数据集和 UCI 数据集上内存占用的比较, 纵坐标代表主动学习算法中一次迭代过程的内存平均占用.

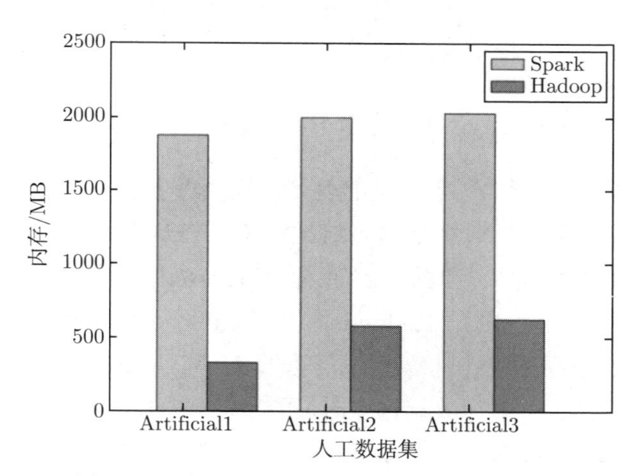

图 4.21 在 3 个人工数据集上内存占用的比较

从实验结果可以看出, 在运行时间上, 基于 Spark 的大数据主动学习算法比基于 Hadoop 的大数据主动学习算法快 3~7 倍. 对于人工数据集, 数据规模大小相近, 基于 Spark 的大数据主动学习算法一般比基于 Hadoop 的大数据主动学习算法快 4 倍左右; 对于 UCI 数据集, 数据规模大小相差较大, 所以在运行时间上相差较大. 在内存占用上, 基于 Hadoop 的大数据主动学习算法的内存使用量由数据集规模决定, 数据集规模越大, 内存占用越多, 例如, 数据集 HT-Senor 仅使用

340 MB 内存, 而数据集 Susy 占用了 1332 MB 内存; 基于 Spark 的大数据主动学习算法内存占用情况与之不同, 虽然相对于不同数据集, 内存占用情况不同, 却相差不大, 把内存充分利用起来 (即达到集群中每个从节点的内存限制). 同时, 我们在记录内存占用情况时, 发现 Hadoop 平台内存占用量会随着迭代次数的增加而周期性地增加和减少; 对于 Spark 平台, 内存占用量仅随着迭代次数的增加呈现周期性逐渐增加, 但是每次循环都没有峰值.

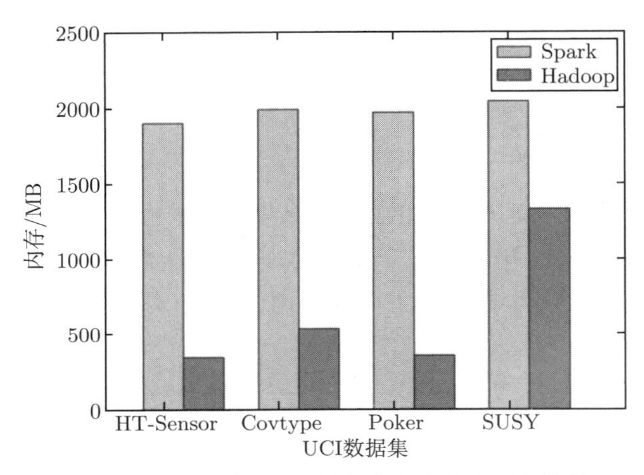

图 4.22　在 4 个 UCI 数据集上内存占用的比较

我们还通过一个包含 6 个样例的例子, 从原理上对基于 MapReduce 和基于 Spark 的大数据主动学习算法进行对比分析. 在这个例子中, MapReduce 和 Spark 的处理过程如图 4.23 和图 4.24 所示. MapReduce 作业的执行过程主要分为 Map 阶段、Shuffle 阶段和 Reduce 阶段, Shuffle 阶段主要对中间结果进行排序, 并对排序后的中间结果在计算节点之间传递. MapReduce 作业执行过程受读取输入文件时间 T_{read}、中间数据排序时间 T_{sort}、中间数据传递时间 T_{trans} 和写输出文件到 HDFS 时间 T_{write} 影响. 因为两种算法的输入/输出数据是相同的, 且主要比较的是 MapReduce 与 Spark 运行机制以及调度策略不同所导致的运行时间的差异, 所以不考虑网络传输速度以及文件读写速度的因素. 分析过程中, 默认 T_{read} 和 T_{write} 在两种平台的值相同, 主要关注 T_{sort} 和 T_{trans} 的比较.

关于两种算法的中间数据排序时间 T_{sort} 与中间数据传输时间 T_{trans}, MapReduce 规定每次 Shuffle 必须对中间结果进行排序, 主要是为了将中间结果进行初步的归并操作, 使得需要传输的数据减少, 降低网络传输压力; 而且可以保证每个 Map 任务只输出一个有序的中间数据文件, 减少文件数目. 在 MapReduce 中,在 Map 阶段对每一分区的数据进行排序 (图 4.23); 在 Reduce 阶段对不同 Map 任务的输出结果进行归并. 假设共有 n 个 Map 任务, 平均每个 Map 任务有 N 条数据, 平均每个 Reduce 任务有 R 条数据. 可以得到 $T_{\text{sort-MR}}=N\log_2 N+R=O(N\log N)$. 在 Spark 中, 主要是对每一个分区的数据进行排序 (见图 4.24), 如果把一个分区看作 MapReduce 中的一个 Map, 并且假设条件相同, 可以得到 $T_{\text{sort-Spark}}=O(N\log N)$.

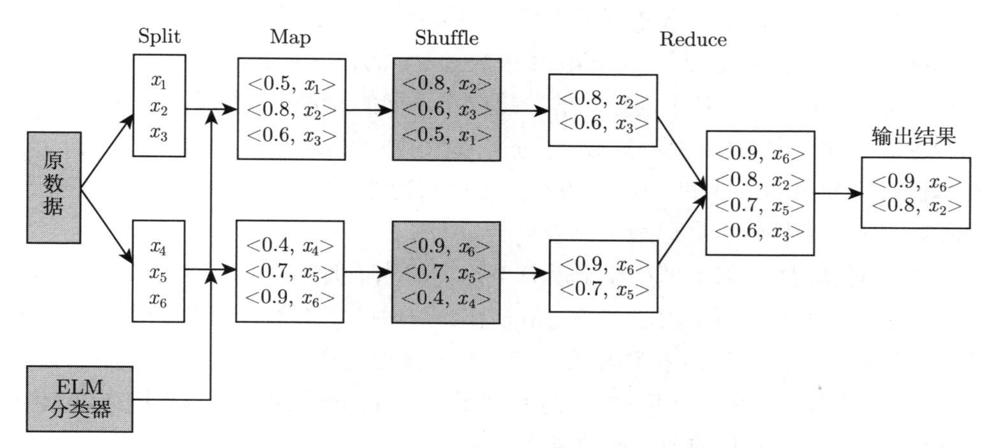

图 4.23 基于 MapReduce 的大数据主动学习示意

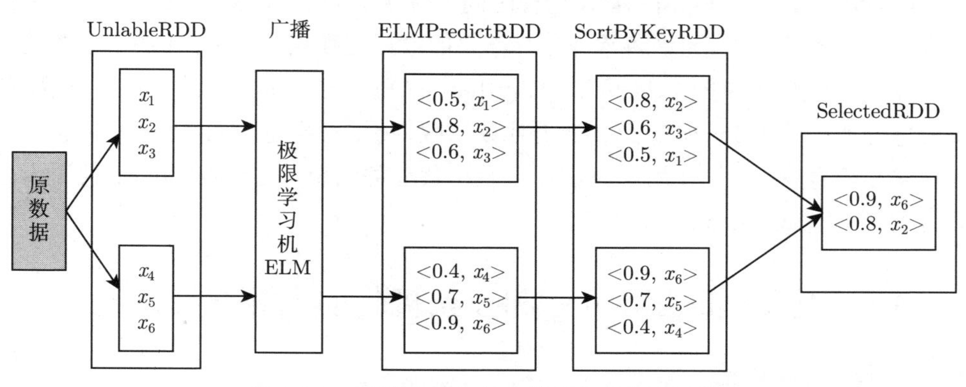

图 4.24 基于 Spark 的大数据主动学习示意

中间数据的传输是指由 Map 任务的执行节点发送到 Reduce 任务的执行节点的数据, 所以 T_{trans} 由 Map 任务输出的中间数据的大小 $|D|$ 和网络传输速度 C_t 决定. 在不考虑网络传输速度带来的性能差异情况下, 默认在 MapReduce 和 Spark 中 C_t 大小相等, 则 T_{sort} 与 $|D|$ 成正比. 在该例子中, MapReduce 和 Spark 的中间数据都有 6 条, 所以两者中间数据传输时间也相同, 但这是在计算熵值没

有相同情况下, 如果熵值有相同的, MapReduce 的中间数据会小于 Spark, 则相应 Spark 的 T_{trans} 大于 MapReduce.

对于中间结果需要缓存的文件数目, 在分布式系统中, 中间数据是以文件的形式进行存储的. 文件数目过多, 会严重占用内存并影响磁盘的 I/O 性能. 对于 MapReduce, 每一个 Map 只会产生一个中间数据文件, 不同分区的数据都会存在一个文件中, 之所以可以做到这样, 是因为 MapReduce 的排序操作使得分区内数据有序, 不同的分区数据只需要通过增加一个偏移量便可以区分. 所以在 MapReduce 中, 文件数目等于 Map 任务数量 m; 而在 Spark 中, 因为没有对数据进行预排序, 所以只能将不同分区的数据放在不同的文件中, 则每一个 Map 任务都会生成 r 个文件, 若 m 为 Reduce 任务数量, 则 Spark 总文件数目等于 $m \times r$. 在本例中, MapReduce 和 Spark 的文件数目都为 3. 如果增加 Reduce 任务数量, Spark 的中间文件数目会远远大于 MapReduce.

关于同步次数, 同步模型要求所有节点完成当前阶段工作后才可以进入下一阶段, 这严重限制了计算性能. 在 MapReduce 中, 所有的步骤都严格遵守同步模型. 换句话说, Reduce 操作要在所有 Map 操作结束后进行. 在算法执行过程中, 同步次数越小、所占比例越小, 越有利于算法的局部性能. 在每次迭代过程中, MapReduce 与 Spark 的同步次数皆为 1.

综合以上分析可知, Spark 在运行时间上优于 MapReduce, 主要是因为 Spark 在内存足够的情况下, 允许将常用运算需要的数据缓存到内存中, 加快了系统的运行速度. 由图 4.23 和图 4.24 可知, MapReduce 每次迭代将中间结果写入磁盘, 如阴影部分所示, 而 Spark 在第一次迭代读取数据后, 不再将中间结果写入磁盘, 而是存储在内存中, 内存使用一直增加直至迭代任务结束. 这也是 Spark 使用内存远远大于 MapReduce 的原因.

4.3　基于 MapReduce 和投票机制的大数据样例选择

4.3.1　算法基本思想

基于 MapReduce 和投票机制的大数据样例选择算法的基本思想是分而治之. 首先, 利用 MapReduce 的 Map 机制, 将大数据集划分为 m 个子集, 并部署到 m 个计算节点上. 然后, 在 m 个计算节点上, 用一种样例选择算法从本地子集上选择样例. 接下来, 利用 MapReduce 的 Reduce 机制, 合并 m 个计算节点选择的样例子集, 得到一次选择的样例子集. 重复上述过程 p 次, 得到 p 个选出的样例子集. 最后投票选出最重要的样例子集, 算法的基本思想可用图 4.25 表示.

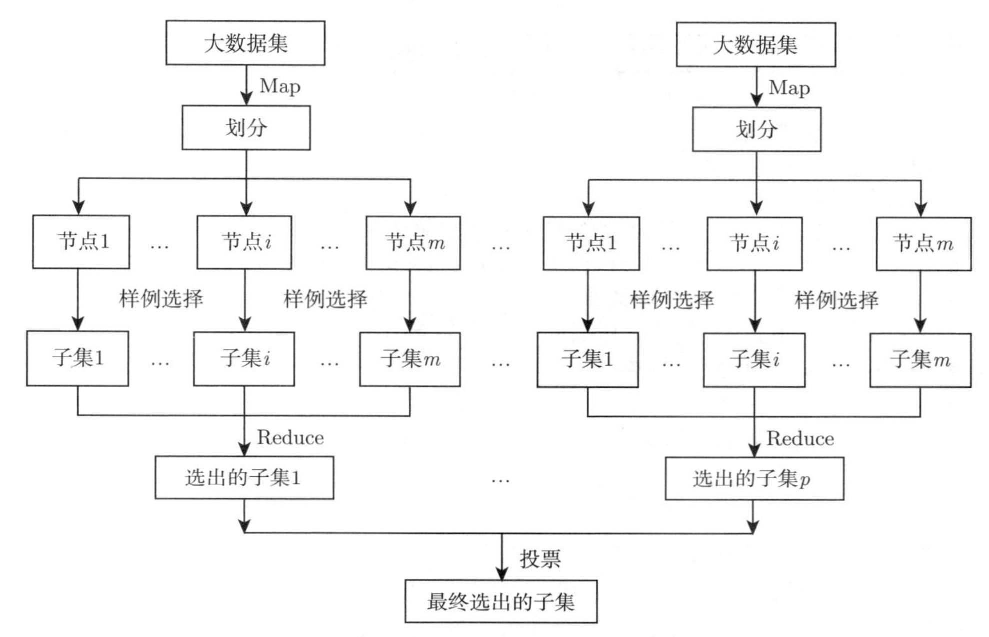

图 4.25 基于 MapReduce 和投票机制的大数据样例选择的基本思想

算法中涉及 3 个参数: 划分子集数 m, 迭代次数 p, 投票阈值 λ. 当一个样例的得票数超过 λ 时, 才被最终选择. 用选择的样例子集代替原来的大数据集解决分类问题时, 实验研究了这些参数对测试精度的影响, 这里不再列出. 有兴趣的读者可参考文献 [96]. 基于 MapReduce 和投票策略的大数据样例选择算法的伪代码在算法 4.3 中给出.

下面分析算法 4.3 的计算时间复杂度, 算法 4.3 包括 16 步. 显然, 算法的第 3 步、第 8~12 步 (for 循环)、第 13~15 步 (if 语句) 的计算时间复杂度均为 $O(1)$. 因为训练集包含 n 个样例, 所以第 4 步的计算时间复杂度为 $O(n)$. 假如算法 4.3 中使用的样例选择算法是 CNN, 因为 CNN 算法的计算时间复杂度为 $O(ksn^2)$(k 为近邻数, s 为选择的样例数), 那么算法 4.3 的第 5 步和第 6 步的计算时间复杂度分别为 $O(\frac{1}{m}ksn^2)$ 和 $O(ms)$. 因此, 算法 4.3 的计算时间复杂度为 $3\times O(1)+O(n)+O(\frac{1}{m}ksn^2)+O(ms)$. 容易得到算法 4.3 的最坏计算时间复杂度为 $O(\frac{1}{m}ksn^2)$.

用 CNN 作为选择样例算法, 相应的 Map 函数和 Reduce 函数的伪代码在算法 4.4 和 4.5 中给出, 这里不再赘述.

算法 4.3: 基于 MapReduce 和投票策略的大数据样例选择算法

1 **输入**: 训练集 $S=\{(\boldsymbol{x}_i,\boldsymbol{y}_i)|\boldsymbol{x}_i\in R^d,\boldsymbol{y}_i\in R^k,i=1,2,\cdots,n\}$, 划分子集数 m, 迭代次数 p, 投票阈值 λ.
2 **输出**: 选出的样例子集 S'.
3 初始化 $S'=\phi$;
4 将大数据集划分为 m 个子集, 并部署到 m 个计算节点上;
5 在 m 个计算节点上, 用一种样例选择算法从对应的子集上选择样例;
6 合并 m 个计算节点选择的样例子集, 得到一次选择的样例子集;
7 重复步骤 $4\sim6$ p 次, 得到 p 个选择的样例子集 $S_1,S_2,\cdots,S_p$;
8 **for** $(i=1;i\leqslant p;i=i+1)$ **do**
9 　　**if** $(\boldsymbol{x}\in S_i)$ **then**
10 　　　　$vote(\boldsymbol{x})=vote(\boldsymbol{x})+1$;
11 　　**end**
12 **end**
13 **if** $(vote(\boldsymbol{x})\geqslant\lambda)$ **then**
14 　　$S'=S'\cup\{\boldsymbol{x}\}$;
15 **end**
16 Return S'.

算法 4.4: 用 CNN 选择样例的 Map 函数

1 **输入**: *key*, *value*.
2 **输出**: 选择的样例子集 S'.
3 用 Map 函数接收的数据初始化样例集 S;
4 从 S 中随机选择一个样例 $\boldsymbol{x}_i$;
5 $S'=\{\boldsymbol{x}_i\}$;
6 $S=S-\{\boldsymbol{x}_i\}$;
7 **repeat**
8 　　$append=FALSE$;
9 　　**for** $(each\ \boldsymbol{x}\in S)$ **do**
10 　　　　在 S' 中寻找一个样例 $\boldsymbol{s}$, 使得 $d(\boldsymbol{x},\boldsymbol{s})=\min\limits_{\boldsymbol{s}_j\in S'}d(\boldsymbol{x},\boldsymbol{s}_j)$;
11 　　　　**if** $(Class(\boldsymbol{x})\neq Class(\boldsymbol{s}))$ **then**
12 　　　　　　$S'=S'\cup\{\boldsymbol{x}\}$;
13 　　　　　　$S=S-\{\boldsymbol{x}\}$;
14 　　　　　　$append=\text{TRUE}$;
15 　　　　**end**
16 　　**end**
17 **until** $append{=}FALSE$;
18 return S'.

算法 4.5: 用 CNN 选择样例的 Reducer 函数

1 **输入**: *key*, *value*.
2 **输出**: *key*, *value*.
3 **for** (从每一个 *mapper* 接收的所有样例) **do**
4 　排序键值对;
5 　将结果输出到 HDFS;
6 **end**

下面通过一个示意性的例子, 说明基于 MapReduce 和投票策略的大数据样例选择算法的执行过程. 在这个例子中, $m = 5$, $p = 3$, $\lambda = 3$. 具体地, 把大数据集分成 5 个子集, 部署到 5 个计算节点上进行样例选择. 重复执行了 3 次, 得到 3 个样例子集. 得票数超过 3 的样例, 被最终选出. 算法的执行过程如图 4.26 所示.

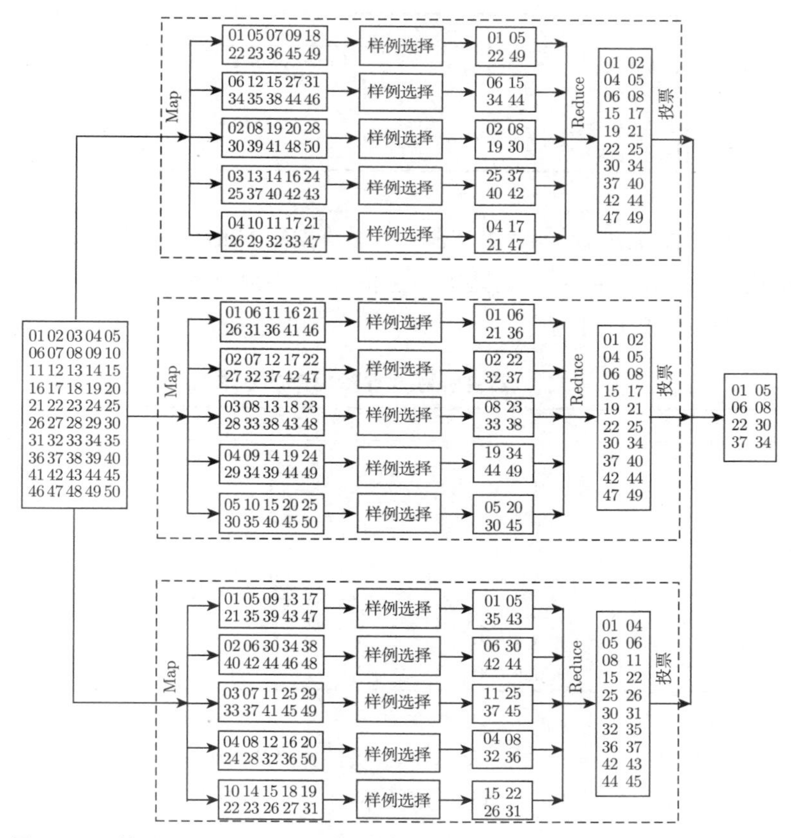

图 4.26　基于 MapReduce 和投票策略的大数据样例选择算法的执行过程

4.3.2 算法实现及与其他算法的比较

在含有 6 个节点的大数据平台上编程实现了本节算法, 为描述方便简记本节算法为 MRVIS. 大数据平台的配置如表 4.9 所示, 大数据平台计算节点的配置如表 4.10 所示.

表 4.9　大数据平台的配置

配置项	具体配置
Operating System	Ubuntu 13.04
Hadoop	Hadoop 0.20.2
JDK	JDK-7u71-linux-i586
Eclipse	Eclipse-java-luna-SR1-linux

表 4.10　大数据平台计算节点的配置

配置项	具体配置
CPU	Inter Xeon E5-4603 with two cores, 2.0GZ
Memory	8G
Network Card	Broadcom 5720 QP 1Gb
Hard Disk	1TB

在 8 个数据集上进行了 2 个实验, 8 个数据集包括 2 个人工数据集和 6 个 UCI 数据集, 实验所用的 8 个数据集中包括 4 个小数据集和 4 个大数据集, 数据集的基本信息列于表 4.11 中.

表 4.11　实验所用 8 个数据集的基本信息

数据集	样例数	属性数	类别数
Banana	5300	2	2
Cloud	10 000	2	2
Gaussian	20 000	2	2
Shuttle	58 000	9	7
Artificial	250 000	10	2
Cod_rn	487 565	8	2
Poker	1 025 010	10	10
Susy	5 000 000	17	2

第 1 个人工数据集是一个两类二维云数据集 Cloud, 两类包含相同的样例数. 第 1 类 ω_1 的数据是 3 种不同高斯分布的混合:

$$p(\boldsymbol{x}|\omega_1) = \frac{1}{2}\left(\frac{p_1(\boldsymbol{x})}{2} + \frac{p_2(\boldsymbol{x})}{2} + p_3(\boldsymbol{x})\right) \tag{4.3}$$

其中, $\boldsymbol{x}=(x_1,x_2)$, 而且

$$p_i(\boldsymbol{x})=\frac{1}{2\pi\sigma_{ix_1}\sigma_{ix_2}}\times\exp\left(-\frac{(x_1-\mu_{ix_1})^2}{2\sigma_{ix_1}^2}-\frac{(x_2-\mu_{ix_2})^2}{2\sigma_{ix_2}^2}\right) \tag{4.4}$$

其中, μ_{ix_1} 和 μ_{ix_2} 是两个服从高斯分布的随机变量 x_1 和 x_2 的均值, σ_{ix_1} 和 σ_{ix_2} 是相应的方差.

第 2 类 ω_2 是一个单高斯分布:

$$p(\boldsymbol{x}|\omega_2)=\frac{1}{2\pi}\exp\left(-\frac{x_1^2+x_2^2}{2}\right). \tag{4.5}$$

第 2 个人工数据集是一个两类二维高斯数据集 Gaussian, 两类包含相同的样例数. 类别 $\omega_i(i=1,2)$ 服从的高斯分布为:

$$p(\boldsymbol{x}|\omega_i)\sim N(\boldsymbol{\mu}_i,\boldsymbol{\Sigma}_i), \tag{4.6}$$

其中,

$$\boldsymbol{\mu}_1=(0.1597,1.3541)^{\mathrm{T}},\boldsymbol{\mu}_2=(1.1597,1.4541)^{\mathrm{T}}$$

$$\sum_1=\begin{bmatrix}0.1726 & 0.0912\\0.0912 & 0.1020\end{bmatrix},\sum_2=\begin{bmatrix}0.1726 & 0.0912\\0.0912 & 0.1020\end{bmatrix}$$

在实验中, 用 ELM 算法训练的 SLFN 作为分类器. 第 1 个实验用于确定合适的随机权取值范围以及参数 p 和 λ 合适的值, 第 2 个实验是将本节算法 MRVIS 与 3 种经典算法 CNN、ENN 和 RNN 从选择的样例数、压缩比和测试精度 3 个方面进行比较. 对于每个数据集, 用 10 次交叉验证方法运行 10 次, 实验结果是 10 次的平均值.

实验 1: 确定合适的随机权取值范围以及参数 p 和 λ 合适的取值

对于用 ELM 算法训练的 SLFN 分类器, 在适当的范围内生成均匀分布的随机权值是很重要的, 这个范围通常设置为区间 $[-1,+1]$. 然而, 文献中并没有对这一设置的合理性进行理论和实验分析. 在这个实验中, 在 8 个数据集进行了实验分析, 得出了对于不同数据集的合适的随机权经验取值范围. 在实验 2 中, 随机权就是在这样的取值范围内产生的. 具体地, 对于每个数据集, 生成在区间 $[-w,+w]$ 内均匀分布的随机权重, 其中 w 是一个正实数. 参数 w 被初始化为 0.25, 并每次递增 0.25, 直到 2.0. 将 w 设置为不同的值, 记录固定结构 SLFN 分类器的测试精

度. 在 4 个小数据集和 4 个大数据集上测试精度与参数 w 的关系分别如图 4.27 和图 4.28 所示.

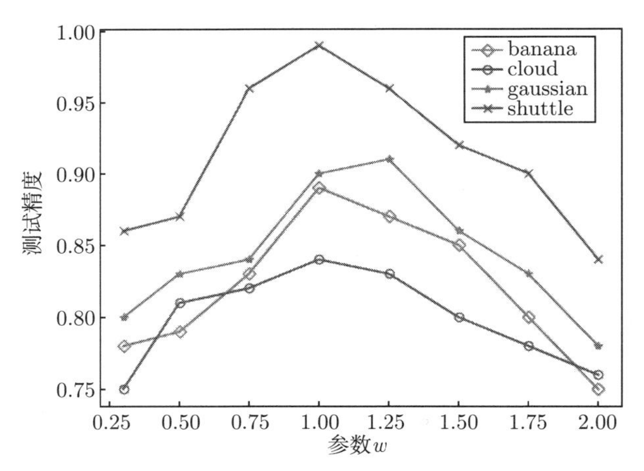

图 4.27　在 4 个小数据集上测试精度与参数 w 的关系

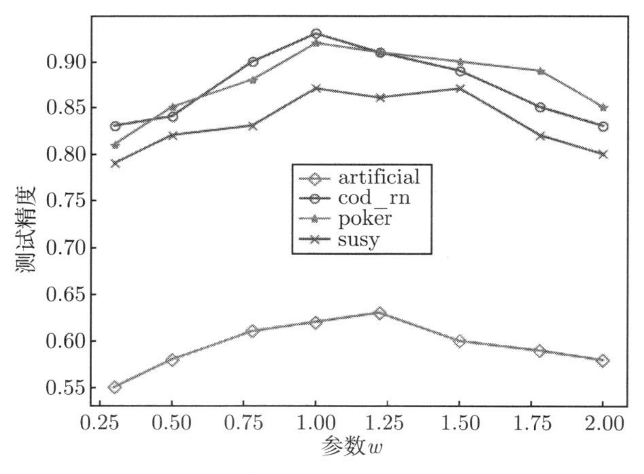

图 4.28　在 4 个大数据集上测试精度与参数 w 的关系

从图 4.27 和图 4.28 可以看出, w 确实会影响 SLFN 分类器的性能. 当 w 太小或太大时, 例如, $w = 0.25$ 或 $w = 2.00$ 时, SLFN 分类器的性能较差. 对于所有数据集, 当 $w = 1$ 时, 性能最优. 因此, 通过实验得出合适的随机权重范围是 $[-1, +1]$.

在 MRVIS 算法中, 有两个用户自定义参数 p 和 λ. 通常, 参数 λ 应该满足 $\lambda > 0.5$, 这意味着被选中的样例应该收到超过一半的投票. 关于参数 p, 实验结果表明, 当 p 等于 5 或 6 时, 大多数数据集上的测试精度达到最大, 如表 4.12 所示. 在实验 2 中, 设置 $p=6$, $\lambda=4$. 参数 p 和 λ 对 MRVIS 算法性能的影响如表 4.12 所示.

表 4.12 参数 p 和 λ 对 MRVIS 算法性能的影响

Artificial			Cod_rn			Poker			Susy		
p	λ	测试精度	p	λ	测试精度	p	λ	测试精度	p	λ	测试精度
1	1	0.5521	1	1	0.8923	1	1	0.8209	1	1	0.8012
3	2	0.6019	3	2	0.9228	3	2	0.8927	3	2	0.8609
5	3	0.6266	5	3	0.9409	5	3	0.9205	3	2	0.8851
6	4	0.6272	6	4	0.9409	7	4	0.9205	3	2	0.8927

实验 2: 与 CNN、ENN 和 RNN 3 种算法的比较

在这个实验中, 将 MRVIS 与 CNN、ENN 和 RNN 3 种算法进行了比较. 在 4 个小数据集上, 将 MRVIS 与 CNN、ENN 和 RNN 算法在 3 个方面进行比较: 选择样例数、压缩比和测试精度. 比较的结果列于表 4.13~ 表 4.16. 在 4 个大数据集上, 除了上述 3 个方面, 还比较了 CPU 时间. 实验结果如表 4.17~ 表 4.20 所示.

表 4.13 在数据集 Banana 上的比较结果

算法	选择样例数	压缩比	测试精度
CNN	752	4.6542	0.8854
ENN	2893	1.2098	0.8945
RNN	739	4.7361	0.8791
MRVIS	**433**	**8.0831**	**0.8796**

表 4.14 在数据集 Cloud 上的比较结果

算法	选择样例数	压缩比	测试精度
CNN	1675	3.9797	0.8403
ENN	5492	1.2138	**0.8942**
RNN	1599	4.1689	0.8399
MRVIS	**785**	**8.4917**	0.8418

表 4.15 在数据集 Gaussian 上的比较结果

算法	选择样例数	压缩比	测试精度
CNN	2585	5.1579	0.9172
ENN	11 843	1.1258	**0.9418**
RNN	2540	5.2492	0.9171
MRVIS	**1647**	**8.0953**	0.9129

表 4.16 在数据集 Shuttle 上的比较结果

算法	选择样例数	压缩比	测试精度
CNN	564	68.5567	0.9978
ENN	37 845	1.0270	0.9952
RNN	541	71.4713	**0.9974**
MRVIS	**397**	**97.3955**	0.9854

表 4.17 在数据集 Artificial 上的比较结果

算法	选择样例数	压缩比	测试精度	CPU 时间/s
CNN	91 754	1.8164	0.6048	18 415
ENN	–	–	–	–
RNN	–	–	–	–
MRVIS	**41 786**	**3.9886**	**0.6272**	**451**

表 4.18 在数据集 Cod_rn 上的比较结果

算法	选择样例数	压缩比	测试精度	CPU 时间/s
CNN	39 813	8.1810	0.9389	24967
ENN	–	–	–	–
RNN	–	–	–	–
MRVIS	**21 867**	**14.8950**	**0.9409**	**768**

表 4.19 在数据集 Poker 上的比较结果

算法	选择样例数	压缩比	测试精度	CPU 时间/s
CNN	–	–	–	–
ENN	–	–	–	–
RNN	–	–	–	–
MRVIS	**61 242**	**11.1580**	**0.9205**	**4621**

表 4.20 在数据集 Susy 上的比较结果

算法	选择样例数	压缩比	测试精度	CPU 时间/s
CNN	–	–	–	–
ENN	–	–	–	–
RNN	–	–	–	–
MRVIS	**268 415**	**12.4186**	**0.8827**	**15 682**

在表 4.17~ 表 4.20 中, 符号 “-” 表示不能获得结果. 从表 4.13~ 表 4.16 可以看出, 与 CNN、ENN 和 RNN 3 种算法相比, MRVIS 算法在能力保持的前提下, 选择的样例更少, 压缩比更高. 更重要的是, CNN 算法在两个最大的数据集

Poker 和 Susy 上都没能得到结果, ENN 和 RNN 算法在 4 个大数据集上也没能得到结果, 而算法 MRVIS 在 4 个大数据集上都表现出了良好的性能. 本节介绍的 MRVIS 算法有 3 个优点: ① 学习速度快, ② 压缩比高, ③ 对使用的基本样例选择算法没有限制. 学习速度快是由于选择重要样例的并行化, 通过投票机制实现了较高的压缩比.

4.4 基于局部敏感哈希和双投票机制的大数据样例选择

4.4.1 算法基本思想

哈希技术由于在高维数据检索, 特别是在效率和准确性方面的良好表现, 产生了巨大影响. 哈希方法可以分为两类: 数据独立的哈希方法和数据依赖的哈希方法. 关于哈希方法全面而深入的综述, 有兴趣的读者可参考文献 [104-107]. 在数据独立的哈希方法中, 局部敏感哈希 (locality sensitive hash, LSH)[108] 是影响最大的哈希方法, 其基本思想是使用一组哈希函数, 将相似的对象映射到相同的哈希桶中. 受 LSH 思想和分治策略的启发, 提出基于局部敏感哈希和双投票机制的大数据样例选择算法 (简记为 LSHDV). 局部敏感哈希是一种随机哈希方法, 其随机性是由哈希函数 $h_{\boldsymbol{a},b}(\boldsymbol{x})$ 中的两个参数 $\boldsymbol{a}$ 和 b 引入的、由于这两个参数是随机变量. 在使用局部敏感哈希方法时, 会不可避免地会引入随机性. 此外, 分治策略也具有随机性. 随机性对选择样例的质量有负面影响, 而之前的工作没有考虑随机性对选择样例质量的影响. 本节介绍的方法利用双重投票机制来解决这一问题.

给定数据集 $D=\{\boldsymbol{x}_i|\boldsymbol{x}_i\in R^d\}$, $1\leqslant i\leqslant n$. $\|\cdot\|_2$ 表示 L_2 范数, $\mathcal{H}=\{\boldsymbol{h}:R^d\to Z^k\}$ 是一组哈希函数. 形式上, $\boldsymbol{h}$ 可表示为公式 (4.7) 的形式:

$$\boldsymbol{h}(\cdot)=(h_1(\cdot),h_2(\cdot),\cdots,h_k(\cdot)) \tag{4.7}$$

其中, $h_i(\cdot)(1\leqslant i\leqslant k)$ 是局部敏感哈希函数集 $H=\{h:R^d\to Z\}$ 中的元素. 局部敏感哈希函数集 $H=\{h:R^d\to Z\}$ 称为 $(T,cT;P_1,P_2)$ 敏感的, 如果对于任意的 $\boldsymbol{p},\boldsymbol{q}\in R^d$, 下面两个条件成立:

$$P\left(h(\boldsymbol{p})=h(\boldsymbol{q})\right)\geqslant P_1, \text{如果} \parallel \boldsymbol{p}-\boldsymbol{q}\parallel_2\leqslant T \tag{4.8}$$

$$P\left(h(\boldsymbol{p})=h(\boldsymbol{q})\right)\leqslant P_2, \text{如果} \parallel \boldsymbol{p}-\boldsymbol{q}\parallel_2\geqslant cT \tag{4.9}$$

其中, T 是距离阈值, c 是近似比, 且 $c>1$, $P_1>P_2$. 直观上, 公式 (4.8) 和 (4.9) 表示距离 T 范围内的邻近对象比距离大于 cT 的对象更有可能映射到相同的值, 即映射到相同的哈希桶中.

通常，函数 $h \in H$ 定义为:

$$h_{\boldsymbol{a},b}(\boldsymbol{x}) = \left\lfloor \frac{\boldsymbol{a} \cdot \boldsymbol{x} + b}{w} \right\rfloor \tag{4.10}$$

其中，$\boldsymbol{a} \in R^d$ 是一个随机向量，其元素是服从高斯分布的随机变量；b 是从闭区间 $[0, w]$ 均匀选取的实数，w 是用户定义的参数，控制两个数据点碰撞的可能性.

令 $u = \| \boldsymbol{p} - \boldsymbol{q} \|_2$，对于给定的哈希函数 $h_{\boldsymbol{a},b}(\cdot)$，设 $p(u)$ 表示两个数据点 $\boldsymbol{p}$ 和 $\boldsymbol{q}$ 冲突的概率，$f(t)$ 表示高斯分布的概率密度函数的绝对值. $p(u)$ 的计算由公式 (4.11) 给出.

$$p(u) = P\left(h_{\boldsymbol{a},b}(\boldsymbol{p}) = h_{\boldsymbol{a},b}(\boldsymbol{q})\right) = \int_0^w \frac{1}{u} f\left(\frac{t}{u}\right)\left(1 - \frac{t}{w}\right) dt \tag{4.11}$$

显然，对于固定的参数 w，两个数据点 $\boldsymbol{p}$ 和 $\boldsymbol{q}$ 碰撞的概率随 $u = \| \boldsymbol{p} - \boldsymbol{q} \|_2$ 单调递减.

一张哈希表由若干哈希桶构成，每个哈希桶对应一个哈希码. 传统的哈希算法试图避免将两个数据点映射到同一个哈希桶中，与传统的哈希算法不同，LSHDV 算法的目标是最大化相似样例的冲突 (或碰撞) 概率，同时最小化不相似样例的冲突概率. 换句话说，我们试图将相似的样例映射到相同的哈希桶中，将不相似的样例映射到不同的哈希桶中. 因为同一个哈希桶中的样例是相似的，所以可以从每个哈希桶中随机选择一定比例的样例，这就是本节介绍的算法的基本思想. 显然，由于哈希函数的随机性和随机选择机制，这种算法会引入不必要的偏差. 为此，我们采用多哈希表投票机制来减少偏差. 对于大数据集，样例选择过程在多个计算节点上并行执行. 因此，在每个计算节点上选择的样例子集是局部最优的，即对应于局部样例子集是局部最优的. 为了获得全局最优或次优的样例子集，采用二次投票机制. LSHDV 算法的技术路线如图 4.29 所示.

由图 4.29 可以看出，LSHDV 算法包括 6 个步骤:

(1) 划分大数据集. 划分大数据集 D 为 m 个子集 $D_1, D_2, \cdots, D_m$，并把这 m 个子集分发到 m 个计算节点上.

(2) 构造哈希函数并进行哈希变换. 在每一个计算节点，用公式 (4.10) 构造 l 个哈希函数，进而得到 l 个哈希表. 对局部子集中的样例进行哈希变换，根据哈希码将样例放到对应的哈希桶中.

(3) 按一定比例选择样例. 从 l 个哈希表的每个哈希桶中按一定比例选择样例，得到 l 个样例子集 $D'_1, D'_2, \cdots, D'_l$.

(4) 局部投票选择样例. 在每个节点 i 上, 用 l 个子集 $D_i^{(1)}, D_i^{(2)}, \cdots, D_i^{(l)}$ 投票选出相对于局部子集 D_i 的局部最优样例子集 $S_i(1 \leqslant i \leqslant m)$.

(5) 合并 m 子集. 在 Reduce 节点, 对在 m 个 Map 节点选择的 m 个局部最优样例子集 $S_1, S_2, \cdots, S_m$ 进行合并, 得到相对于大数据集 D 的样例子集 $S^{(i)}$.

(6) 全局投票得到最终结果. 重复上述过程 p 次, 得到 p 个子集 $S^{(1)}, S^{(2)}, \cdots, S^{(p)}$, 并用这 p 个子集进行第二次投票, 得到大数据 D 的一个最优或次优子集 S.

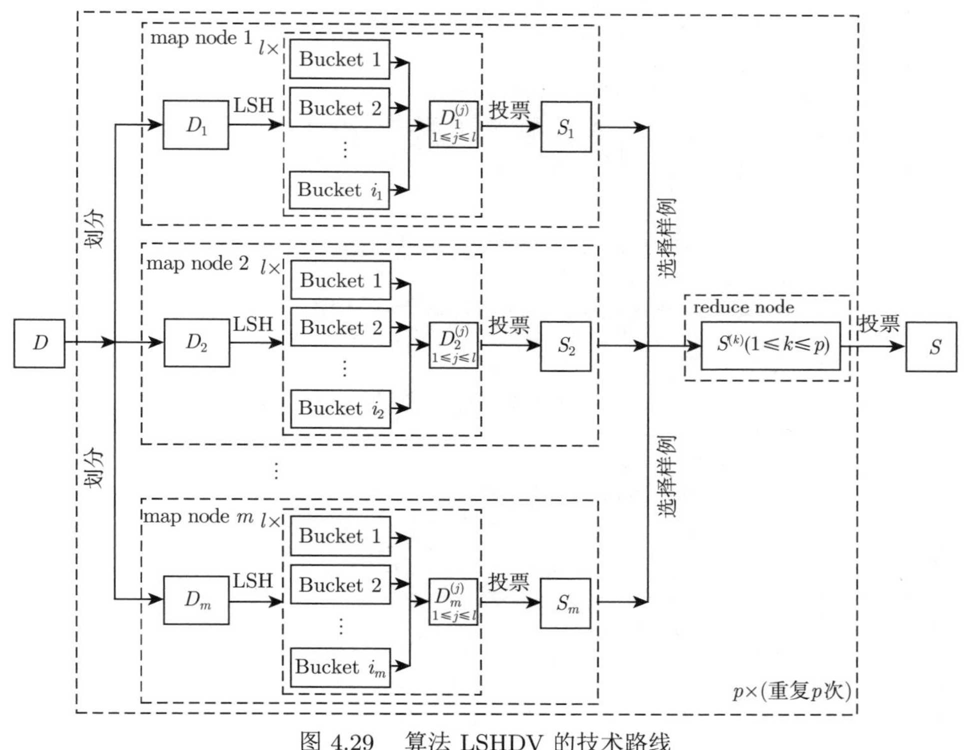

图 4.29 算法 LSHDV 的技术路线

在每一个 Map 节点, LSH 变换过程包括如下 3 步:

(1) 构造哈希函数. 独立随机地构造 l 个 d-维的哈希函数 $\boldsymbol{h}_1, \boldsymbol{h}_2, \cdots, \boldsymbol{h}_l$. 具体地, 对于每一个 $\boldsymbol{h}_i(1 \leqslant i \leqslant l)$, 构造它的 q 个元素 $h_{ij}(1 \leqslant j \leqslant q)$, 它们是 q 个 1-维哈希函数, q 是哈希码的长度. 构造过程包括 3 个步骤: 首先, 确定哈希桶的宽度 w; 其次, 生成一个高斯分布的 d-维随机向量 $\boldsymbol{a}_i$, 并生成一个在区间 $[0, w]$ 内服从均匀分布的随机变量 b_i; 最后, 得到一个 1-维哈希函数 $h_{ij}(\boldsymbol{x}) = \left\lfloor \frac{\boldsymbol{a}_i \cdot \boldsymbol{x} + b_i}{w} \right\rfloor$.

(2) 构造哈希表. 用每个哈希函数构造一个哈希表, 结果得到 l 个哈希表.

(3) 进行哈希变换. 将 D 中的所有样例 $\boldsymbol{x}$ 变换到海明空间, 并根据哈希码将

所有数据点分配到 l 个哈希表对应的哈希桶中.

算法 LSHDV 的伪代码如算法 4.6 所示.

算法 4.6: 算法 LSHDV

```
1  输入: 数据集 D, 参数 l, p, w, λ1, λ2.
2  输出: 样例子集 S.
3  for (k = 1; k ⩽ p; k = k + 1) do
4      划分数据集 D 为 m 个子集 D1, D2, ··· , Dm, 并部署到 m 个计算节点;
5      for (i = 1; i ⩽ m; i = i + 1) do
6          for (j = 1; j ⩽ l; j = j + 1) do
7              for (s = 1; s ⩽ q; s = s + 1) do
8                  生成一个服从高斯分布的随机向量 a_j^(s);
9                  生成一个在区间 [0, w] 服从均匀分布的随机变量 b_j^(s);
10                 令 h_js(x) = ⌊(a_j^(s) · x + b_j^(s)) / w⌋;
11             end
12             生成一个哈希函数 h_j(x) = (h_j1(x), ··· , h_jq(x));
13             for (∀x ∈ D_i) do
14                 进行哈希变换 h_j(x), 根据哈希码将样例 x 放到对应的哈希桶中;
15             end
16             for (t = 1; t ⩽ l_j; t = t + 1) do
17                 按一定比例从第 t 个哈希桶中随机选择样例, 得到子集 D_i^(j);
18             end
19             令 S_i = ∅; vote(x) = 0;
20             if (x ∈ D_i^(j)) then
21                 vote(x) = vote(x) + 1;
22             end
23             if (vote(x) ⩾ λ1) then
24                 S_j = S_j ∪ {x};
25             end
26         end
27     end
28     S^(k) = ⋃_{i=1}^{m} S_i;
29     for (k = 1; k ⩽ p; k = k + 1) do
30         令 S = ∅; vote(x) = 0;
31         if (x ∈ S^(k)) then
32             vote(x) = vote(x) + 1;
33         end
34         if (vote(x) ⩾ λ2) then
35             S = S ∪ {x};
36         end
37     end
38 end
39 输出选择的样例子集 S.
```

4.4.2 算法实现及与其他算法的比较

我们在两个大数据平台 Hadoop 和 Spark 上编程实现了 LSHDV 算法, 并与 3 种算法 (LSH[99], CNN[64] 和投票熵方法 [109]) 在 6 个大数据集上进行了实验比较. 实验采用训练集/测试集机制, 将每个数据集随机划分为训练集和测试集, 70%的样例用于训练, 30%的样例用于测试. LSHDV 算法和 3 种比较算法用 MapReduce 和 Spark 实现，分别用 LSHDV-MR、LSHDV-SP、LSH-MR、CNN-MR 和 VE-MR 表示. 实验所用的 6 个数据集包括 2 个人工数据集和 4 个 UCI 数据集, 两个人工数据集均为高斯分布, 参数分别列于表 4.21 和表 4.22 中, 6 个数据集的基本信息列于表 4.23 中.

表 4.21 人工数据集 Gaussian1 的均值向量和协方差矩阵

i	μ_i	$\boldsymbol{\Sigma}_i$
1	$(1.0, 1.0)^{\mathrm{T}}$	$\begin{bmatrix} 0.6 & -0.2 \\ -0.2 & 0.6 \end{bmatrix}$
2	$(2.5, 2.5)^{\mathrm{T}}$	$\begin{bmatrix} 0.2 & -0.1 \\ -0.1 & 0.2 \end{bmatrix}$

表 4.22 人工数据集 Gaussian2 的均值向量和协方差矩阵

i	μ_i	$\boldsymbol{\Sigma}_i$
1	$(0.0, 0.0, 0.0)^{\mathrm{T}}$	$\begin{bmatrix} 1.0 & 0.0 & 0.0 \\ 0.0 & 1.0 & 0.0 \\ 0.0 & 0.0 & 1.0 \end{bmatrix}$
2	$(0.0, 1.0, 0.0)^{\mathrm{T}}$	$\begin{bmatrix} 1.0 & 0.0 & 1.0 \\ 0.0 & 2.0 & 2.0 \\ 1.0 & 2.0 & 5.0 \end{bmatrix}$
3	$(-1.0, 0.0, 1.0)^{\mathrm{T}}$	$\begin{bmatrix} 2.0 & 0.0 & 0.0 \\ 0.0 & 6.0 & 0.0 \\ 0.0 & 0.0 & 1.0 \end{bmatrix}$
3	$(0.0, 0.5, 1.0)^{\mathrm{T}}$	$\begin{bmatrix} 2.0 & 0.0 & 0.0 \\ 0.0 & 1.0 & 0.0 \\ 0.0 & 0.0 & 3.0 \end{bmatrix}$

表 4.23　实验所用 6 个数据集的基本信息

数据集	样例数	属性数	类别数
Gaussian1	1 000 000	2	2
Gaussian2	1 000 000	3	4
Shuttle	58 000	9	7
Poker	1 000 000	10	10
CovType	581 012	54	7
Skin	245 057	3	2

4.4.2.1　确定超参数

LSHDV 算法包含 7 个参数: LSH 的 3 个参数和算法的 4 个参数. LSH 中的 3 个参数分别是量化宽度 w、哈希表个数 l 和哈希码长度 k, 使用参考文献 [10] 中的方法确定这 3 个参数, 关于这 3 个参数的优化有兴趣的读者可参考文献 [110]. LSHDV 算法中的 4 个参数分别是: 参数 δ, 它决定了从每个哈希桶中选择样例的比例; 本地投票阈值 λ_1; 全局投票阈值 λ_2; 算法重复次数 p. 这 4 个参数的值容易确定, 在此不再赘述.

4.4.2.2　与 3 种算法的比较

在两个开源大数据平台 MapReduce 和 Spark 上, 从测试精度、压缩比和运行时间 3 个方面对 LSHDV 算法和基于 LSH、CNN 和 VE 的算法进行了实验比较. 在实验中, 使用的分类器是用 ELM 训练的 SLFN 分类器, 与大数据平台 MapReduce 相关的 3 种算法的实验结果如表 4.24~ 表 4.26 所示, 与大数据平台 Spark 相关的 3 种算法的实验结果分别如表 4.27~ 表 4.29 所示.

表 4.24　与 3 种算法在 MapReduce 上关于测试精度的实验比较

数据集	LSH-MR	CNN-MR	VE-MR	LSHDV-MR
Gaussian1	0.979	0.971	0.980	**0.993**
Gaussian2	0.499	0.450	0.515	**0.538**
CovType	0.920	0.913	**0.933**	0.930
Poker	0.853	0.878	0.904	**0.911**
Shuttle	0.987	0.983	0.981	**0.989**
Skin	0.962	0.906	0.970	**0.983**

表 4.25 与 3 种算法在 MapReduce 上关于压缩比的实验比较

数据集	LSH-MR	CNN-MR	VE-MR	LSHDV-MR
Gaussian1	9.33	3.53	11.25	**12.44**
Gaussian2	5.52	2.77	11.55	**12.31**
CovType	2.23	1.05	**7.24**	6.98
Poker	8.64	6.53	10.64	**11.54**
Shuttle	1.53	1.05	2.87	**3.19**
Skin	3.88	1.00	5.21	**5.49**

表 4.26 与 3 种算法在 MapReduce 上关于运行时间的实验比较 单位: s

数据集	LSH-MR	CNN-MR	VE-MR	LSHDV-MR
Gaussian1	66 045	73 709	723 662	**60114**
Gaussian2	136 023	87 112	1 302 360	**51771**
CovType	**62 336**	579 003	936 665	65531
Poker	421 098	632 171	3 884 616	**300114**
Shuttle	213 094	342 111	367 825	**96771**
Skin	239 113	591 030	660 351	**208514**

表 4.27 与 3 种算法在 Spark 上关于测试精度的实验比较

数据集	LSH-SP	CNN-SP	VE-SP	LSHDV-SP
Gaussian1	0.980	0.973	0.987	**0.994**
Gaussian2	0.499	0.459	0.511	**0.548**
CovType	0.923	0.915	**0.930**	0.928
Poker	0.851	0.874	0.902	**0.909**
Shuttle	0.988	0.985	0.990	**0.993**
Skin	0.960	0.905	0.974	**0.979**

从表 4.24～ 表 4.26 和表 4.27～ 表 4.29 的实验结果可以看出, 除了 CovType 数据集外, LSHDV 算法在测试精度和压缩比上均优于其他 3 种算法. 在测试精度上优于其他 3 种算法的原因在于它采用了两次投票机制, 一次是局部投票, 另一次是全局投票. 将局部投票和全局投票相结合, 可以显著提高所选样例的质量, 提高分类器的测试精度. 在压缩比上优于其他 3 种算法的原因在于其方便的参数控制机制. LSHDV 算法的压缩比受 3 个参数的影响: ① δ, 从每个哈希桶中选择样

例的比例; ② 本地投票阈值参数 λ_1; ③ 全局投票阈值参数 λ_2. 利用丰富的先验知识, 可以很容易地选取 3 个参数的合适值. 此外, 局部敏感哈希的高计算效率也为该算法的良好性能提供了支持. 在 CovType 数据集上, LSHDV 算法的性能不如其他算法, 我们认为这是因为数据集的规模较小, 难以充分发挥大数据平台和 LSHDV 算法的优势.

表 4.28 与 3 种算法在 Spark 上关于压缩比的实验比较

数据集	LSH-SP	CNN-SP	VE-SP	LSHDV-SP
Gaussian1	9.30	3.55	11.19	**12.21**
Gaussian2	5.49	2.73	11.74	**12.00**
CovType	2.28	1.04	**6.77**	6.69
Poker	8.68	6.49	11.44	**11.50**
Shuttle	1.57	1.03	2.80	**3.33**
Skin	3.90	1.07	5.24	**5.50**

表 4.29 与 3 种算法在 Spark 上关于运行时间的实验比较 单位: s

数据集	LSH-SP	CNN-SP	VE-SP	LSHDV-SP
Gaussian1	34 121	41 280	67 288	**32 528**
Gaussian2	97 563	30 114	147 015	**24 889**
CovType	**50 109**	157 426	184 774	53 159
Poker	269 344	357 483	422 381	**211 602**
Shuttle	100 494	110 610	231 865	**47 355**
Skin	108 442	317 734	431 078	**135 145**

从表 4.24~ 表 4.26 和表 4.27~ 表 4.29 的实验结果还可以看出, 在 MapReduce 和 Spark 这两种大数据开源平台上, 两种实验在测试精度和压缩比上没有显著差异. 原因容易理解, 因为算法选择样例的机制是相同的, 只是实现机制不同. 然而, LSHDV 算法在两种大数据平台上的运行时间上存在显著差异. 图 4.30 显示了 LSHDV 算法在两个数据平台 MapReduce 和 Spark 上的运行时间上的显著差异.

为什么在运行时间有这么大的差异呢? 我们认为原因有如下两点:

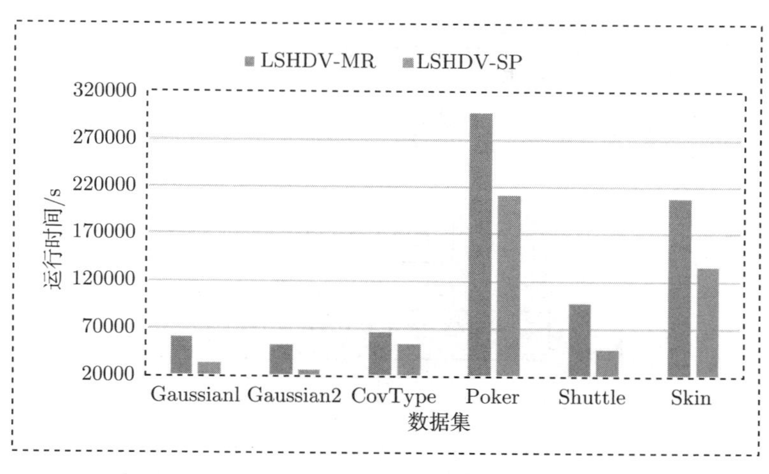

图 4.30 LSHDV-MR 和 LSHDV-SP 在运行时间上的比较

(1) 算法本身的原因. 与其他 3 种算法相比, LSHDV 算法没有启发式计算, 而是从相似的样例中选取重要的样例, 数据分布的漂移可以忽略不计. 经过哈希变换后, 数据点从原始空间变换到海明空间. 在海明空间中, 不需要额外计算成本来判断两个数据点是否相似. 这也是 LSHDV 算法效率高的主要原因.

(2) 大数据平台的原因. 因为 Spark 是一个基于内存计算的平台, 计算的中间结果在内存中缓存, 只有当缓存容量达到一定阈值 (如 0.8) 时, 中间结果才缓存到外部内存中, 从而产生 I/O 操作. 而 MapReduce 是一个批处理平台, 中间结果缓存到外部内存中, 会产生大量的 I/O 操作.

综上所述, 可以看出 LSHDV 算法有 3 个优点: ① 算法思想简单, 且高效; ② 所选样例不仅质量高, 且压缩比高; ③ 对于不同的数据集, 算法易于选择合适的超参数, 且具有较强的自主可控性.

4.5 基于遗传算法和开源框架的大数据样例选择

4.5.1 遗传算法简介

遗传算法是一种群智能优化算法, 它模拟达尔文进化论, 用编码位串表示问题的解, 用适应度函数刻画个体 (问题的解) 的优劣, 以模拟个体适应环境的能力. 遗传算法从一个初始种群开始, 通过选择、交叉和变异 3 种遗传操作使种群不断进化, 靠群体智能求得问题的最优解. 用遗传算法求解问题时, 首先要对问题的解进行编码, 编码后的解称作个体. 然后随机选取 N 个个体构成初始种群, 再根据适应度函数对每个个体计算其适应环境的能力, 使得性能较好的个体具有较高的适应能力. 接下来选择适应值高的个体进行复制, 通过遗传操作: 选择、交叉、变异, 产生新的更适应环境的种群. 这样一代一代不断繁殖、进化, 最后收敛到一个最适应环境的个体上, 即求得问题的最优解. 遗传算法求解问题的过程如图 4.31 所示.

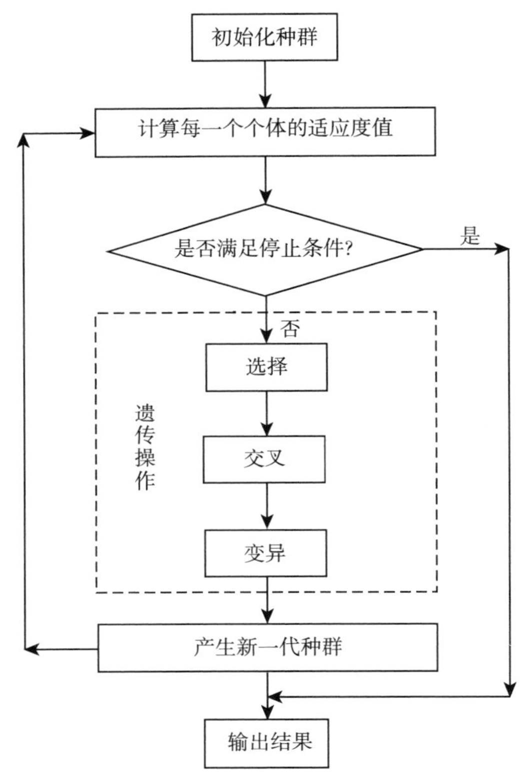

图 4.31 用遗传算法求解问题的流程

4.5.2 遗传算法的五个要素

遗传算法有 5 个基本要素: 问题解的编码、初始群体的设定、适应度函数的设计、遗传操作的设计、控制参数的设置, 这 5 个要素构成了遗传算法的核心内容, 掌握了这 5 个要素, 就掌握了遗传算法的本质. 其中, 问题解的编码和适应度函数的设计是最重要的两个要素, 下面分别介绍.

4.5.2.1 问题解的编码

二进制编码和实数编码是常用的两种编码形式, 二进制编码是用一个二进制 0-1 串表示问题的解, 是最常用的编码形式. 下面通过一个例子介绍二进制编码.

0-1 背包问题: 有 n 件物品和一个容量为 C 的背包, n 件物品的质重量和价值分别为 $w_i(1 \leqslant i \leqslant n)$ 和 $v_i(1 \leqslant i \leqslant n)$. 0-1 背包问题是如何选择物品装入背包, 使得装入背包中的物品可以获得最大的价值.

在 0-1 背包问题中, 每一件物品只有装和不装两种选择. 实际上, 0-1 背包问题是一个子集选择问题, 是从 n 件物品的集合中, 选出满足条件的一个子集, 使得装入背包中的物品可以获得最大的价值. 0-1 背包问题可用下面的数学模型刻画:

$$
\begin{aligned}
& max \ \sum_{i=1}^{n} v_i x_i, \\
& s.t. \ \sum_{i=1}^{n} w_i x_i \leqslant C, \\
& x_i \in \{0,1\}, w_i > 0, v_i > 0.
\end{aligned}
\tag{4.12}
$$

显然, 0-1 背包问题的解可以表示为一个 n 元组 $(x_1, x_2, \cdots, x_n)$, 其中的元素 $x_i(1 \leqslant i \leqslant n)$ 只能取值 0 或 1. 换句话说, 0-1 背包问题的解可用一个 n 元 0-1 串编码, 如果 $x_i = 0$, 那么表示第 i 件物品不装入背包; 如果 $x_i = 1$, 那么表示第 i 件物品装入背包.

本节将要介绍的样例选择算法也是一个子集选择问题, 就是从包含 n 个样例的数据集中选择一个最优子集. 自然地, 其问题的解也可以用二进制进行编码.

如果问题的解是 n 维欧式空间 R^n 或 R^n 中一个区域中的元素, 那么问题的解可用实数编码. 下面也通过一个例子介绍问题解的实数编码, 这个例子是上面介绍的 0-1 背包问题的扩展.

背包问题: 在 0-1 背包问题中, 对问题解中的元素 x_i 的约束是 $x_i \in \{0,1\}$, 将这个条件改为 $x_i \in [0,1]$, 就是背包问题.

类似地, 背包问题的解也可以表示为一个 n 元组 $(x_1, x_2, \cdots, x_n)$, 只是其中的元素 $x_i(1 \leqslant i \leqslant n)$ 不仅仅取 0 和 1 两个值, 还可以取 [0, 1] 区间中的任何实数. 换句话说, 背包问题的解可以看作一个 n 元实数位串.

4.5.2.2 初始种群的设定

初始种群的设定主要涉及: ① 群体的规模, ② 初始化种群.

种群的规模越大, 种群的多样性越好, 遗传算法陷入局部极小的可能性也越小. 但种群规模太大, 计算量会很大, 收敛速度也会很慢. 种群规模太小, 遗传算法搜索的空间被限制在一个较小的范围内, 可能找不到问题的最优解, 导致所谓的早熟现象. 一般地, 应根据问题的维数和复杂程度来设定种群的规模. 维数和问题的复杂度越高, 种群的规模应越大. 建议种群的规模一般取在几十到几百之间.

一般用随机化的方法产生初始种群. 例如, 对于 $n=3$ 的背包问题, 可用服从 [0, 1] 区间均匀分布的随机数, 初始化一个解的 3 个分量. 然后用选择的编码方法对 3 个分量分别进行编码, 如果种群的规模为 30, 那么重复 30 次即可.

4.5.2.3 适应度函数的设计

适应度函数的设计是遗传算法的关键. 一般地, 适应度函数与待求解的优化问题有关. 若求解的优化问题为 $\max\limits_{x\in D} f(x)$, 则适应度函数可设计为 $fit(x)=f(x)-f_{\min}$. 其中, D 为 x 的取值范围, $f_{\min}$ 为 $f(x)$ 的下界. 若求解的优化问题为 $\min\limits_{x\in D} f(x)$, 则适应度函数可设计为 $fit(x)=f_{\max}-f(x)$. 其中, $f_{\max}$ 为 $f(x)$ 的上界. 当然, 如果优化问题的目标函数为非负函数, 也可以直接用目标函数作为适应度函数.

4.5.2.4 遗传操作的设计

遗传操作也称为遗传算子, 包括选择、交叉和变异.

(1) 选择.

选择操作是指选择适应度高的个体, 用它们作为父本, 经过交叉产生下一代种群. 选择操作是建立在群体中个体的适应度基础上的, 个体的适应度越大, 被选中的概率就越大, 其子孙在下一代产生的个体数就越多. 目前常用的选择方法有赌轮选择方法、精英选择方法、期望值选择方法等. 下面重点介绍赌轮选择方法, 简要介绍精英选择法和期望值选择方法.

- 赌轮选择方法:

顾名思义, 赌轮选择模拟赌博中赌轮. 赌轮选择方法大致分为两步: 首先计算选择概率和累积概率, 然后根据计算的结果进行选择.

个体 x_i 被选择的概率是根据其适应度计算得到的, 计算公式如 (4.13).

$$p_i=\frac{fit(x_i)}{\sum_{j=1}^{N} fit(x_j)}. \tag{4.13}$$

累积概率按公式 (4.14) 计算.

$$q_i=\sum_{j=1}^{i} p_j(i=1,2,\cdots,N). \tag{4.14}$$

赌轮选择的过程可描述如下:

根据选择概率, 将圆盘形的赌轮分成 N 个扇形, 第 i 个扇形的中心角为 $2\pi p_i$. 在进行选择时, 可以假想随机转一下赌轮, 若参照点落入第 m 个扇形内, 则选择 x_m, 这样重复选择 N 次即可.

上述方法可用如下计算机算法模拟. 将 [0, 1] 区间分成长度为 $p_1, p_2, \cdots, p_N$ 的小区间. 按均匀分布在 [0, 1] 中产生一个随机数, 这个数属于哪个小区间, 就选出对应的个体. 如此重复 N 次即可.

赌轮选择算法的伪代码如算法 4.7 所示.

算法 4.7: 赌轮选择算法

```
1  根据公式 (4.14) 计算累加概率;
2  for (i = 1; i ⩽ N; i = i + 1) do
3  |   产生 [0, 1] 中的一个随机数 r;
4  |   if (r ⩽ q_1) then
5  |   |   选择 x_1;
6  |   end
7  |   if (q_{i-1} ⩽ r ⩽ q_i) then
8  |   |   选择 x_i;
9  |   end
10 end
```

• 精英选择方法:

精英指的是适应度高于某个阈值的个体, 根据自然进化原则, 认为它们产生的后代适应环境的能力也强. 假设每次选择 M 个精英, 那么精英选择方法很简单, 就是将得到的 M 个最佳个体, 直接保留到下一代种群中, 其余 $N \sim M$ 个个体用其他方法 (如赌轮选择方法) 选择产生.

• 期望值选择方法:

在赌轮选择方法中, 当种群规模不大时, 产生的随机数可能并不能代表其随机变量的真实分布. 这样, 在选择时, 可能适应度值大的个体被淘汰, 而适应度值小的个体反而被选上. 期望值选择方法可以克服这种缺点. 期望值选择算法的伪代码如算法 4.8 所示.

(2) 交叉.

交叉操作用于模拟生物进化过程中的有性繁殖, 是产生下一代个体的主要操作. 交叉操作以一定的概率 (称为交叉概率)p_c 相互交换两个个体之间的部分染色体, 以便产生新的个体. 一般地, 在具体应用中, 随机生成一个 [0, 1] 区间的随机数 r, 如果 r 小于 p_c, 则进行交叉; 否则, 则不交叉. 交叉概率一般取 [0.5, 1] 区间的值. 交叉概率 p_c 的大小直接影响算法的收敛性, 交叉概率越大, 新个体产生的速度越快. 然而, 交叉概率过大, 遗传模式被破坏的可能性也越大, 使得具有高适应度的个体结构很快会被破坏. 但是, 如果交叉概率过小, 会使搜索的过程缓慢, 甚至停滞不前. 为了解决这种两难问题, 可以采用自适应的交叉概率, 不同的个体采用不同的交叉概率. 对高于群体平均适应度的个体, 给予较低的交叉概率, 使它得以保护进入下一代; 而对低于平均适应度的个体, 给予较高的交叉概率, 使之被淘汰.

算法 4.8: 期望值选择算法

1 // 计算每个个体在下一代生存的期望次数;
2 **for** $(i=1; i \leqslant N; i=i+1)$ **do**
3
$$M_i = \frac{fit(x_i)}{\frac{1}{N}\sum_{j=1}^{N} fit(x_j)}.$$
4 **end**
5 **for** $(i=1; i \leqslant N; i=i+1)$ **do**
6 　**if** (x_i被选择) **then**
7 　　$M_i = M_i - 0.5$;
8 　**else**
9 　　$M_i = M_i - 1.0$;
10 　**end**
11 **end**
12 **for** $(i=1; i \leqslant N; i=i+1)$ **do**
13 　将个体 x_i 复制 $\lfloor M_i \rfloor$ 份, 小数部分作为选择的概率, 再参加选择, 看个体 x_i 是否能再次被选中;
14 　**if** (个体 x_i 的生存期望次数降低到小于或等于 0) **then**
15 　　淘汰个体 x_i;
16 　**end**
17 **end**

常用的交叉方式有单点交叉、两点交叉和多点交叉. 对于给定的两个个体 (染色体), 选择一个交叉位置, 交换对应的基因串 (位段), 得到两个新的个体, 这种交叉方式称为单点交叉. 两点 (多点) 交叉是选择两个 (多个) 交叉位置, 并进行位段的交换.

(3) 变异.

变异操作模拟生物进化过程中的基因突变. 众所周知, 在生物进化过程中, 基因突变是很少发生的, 但却是客观存在的. 所以在遗传算法中, 变异以很小的概率 p_m 随机地改变基因位串中某个位置上的值, 把这一位置中的内容进行变异. 例如, 在二进制编码中, 把 0 变成 1, 1 变成 0. 变异增加了遗传算法找到最优解的能力. 突变基因位置的选择和是否突变都是随机确定的. 一般地, 在具体应用中, 选择基因位置后, 随机产生一个在 [0, 1] 区间的随机数 r, 如果 r 小于变异概率 p_m, 则进行变异. 反之, 则不变异.

4.5.2.5 控制参数的设置

控制参数的设置对遗传算法的性能影响很大, 需要根据具体问题进行具体设置. 遗传算法中的控制参数包括个体编码长度 m、群体大小 N、选择概率 p_s、交叉概率 p_c、变异概率 p_m、终止代数 T, 这些参数的设置在前面已经进行了介绍, 这里不再赘述.

4.5.3 算法基本思想

基于遗传算法和开源框架的大数据样例选择算法的基本思想可用图 4.32 直观地刻画. 首先, 将大数据集划分为 k 个子集, 使用 k-1 个本地子集并行地用 ELM 算法训练 SLFN 分类器. 然后, 使用训练好的分类器对另一个子集中的样例进行分类. 最后, 利用遗传算法从这个子集中选择重要的样例, 即更容易被这些分类器错误分类的样例. 下面详细介绍算法的主要步骤.

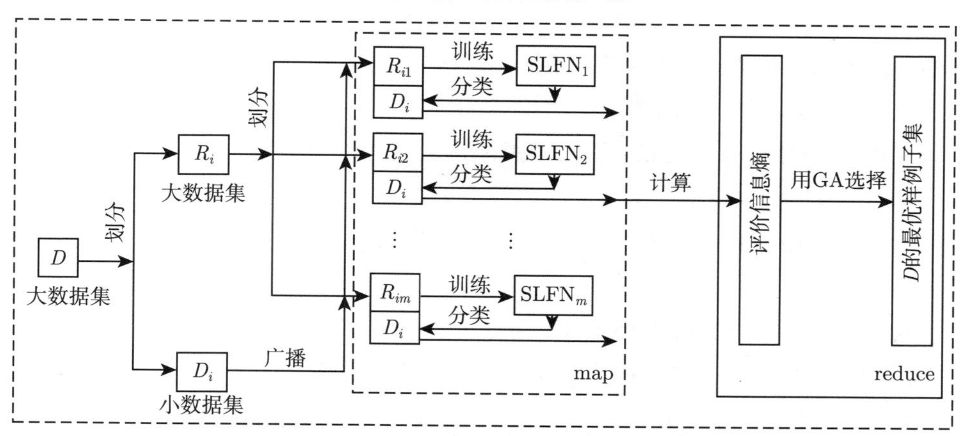

图 4.32 基于遗传算法和开源框架的大数据样例选择算法的基本思想

4.5.3.1 训练分类器与计算信息熵

为了便于描述, 在 MapReduce 框架下描述算法的细节. 由于该算法是受 K 折交叉验证思想的启发提出的, 所以它是一个 K 轮迭代算法. 与 K 折交叉验证方法类似, 首先将一个大数据集 D 划分为 k 个子集 $D_1, D_2, \cdots, D_k$, 然后使用遗传算法从子集 $D_i(1 \leqslant i \leqslant k)$ 中选择重要的样例.

下面给出用遗传算法从 D_i 中进行第 i 轮样例选择的详细过程. 令 $R_i = D - D_i$, 显然, R_i 是一个大数据集. 在第 i 轮样例选择中, 通过 MapReduce 的 Map 机制将 R_i 自动划分为 m 个分片 (split), 并将 m 个分片部署到 m 个 Map 计算节点上, 其中 m 为一个大数据计算平台中 Map 节点的个数. 此外, 将子集 D_i 广播到 m 个 Map 节点.

在每一个 Map 节点, 并行地完成如下工作:

(1) 用 ELM 算法训练 SLFN 分类器.

在 m 个 Map 节点, 用 ELM 算法在本地数据分片 $R_{ij}(1 \leqslant j \leqslant m)$ 上并行地训练 m 个 SLFN 分类器. 之所以选择 ELM 算法来训练 SLFN 分类器, 是因为它具有非常快的学习速度和很好的泛化能力. 训练的 m 个 SLFN 分类器记为 $\mathrm{SLFN}_1, \cdots, \mathrm{SLFN}_m$, 它们构成一个委员会.

(2) 用委员会中的 SLFN 分类器分类 D_i 中样例.

给定一个样例 $\boldsymbol{x} \in D_i$, 在 Map 节点上用 SLFN 分类器对 $\boldsymbol{x}$ 的分类结果可以通过式 (4.15) 转化为后验概率分布.

$$p(\omega_l|\boldsymbol{x}; \mathrm{SLFN}_j) = \frac{e^{y_i}}{\sum_{l=1}^{L} e^{y_l}} \tag{4.15}$$

其中, ω_l 表示第 l 类, L 表示类别数.

(3) 计算 D_i 中样例的信息熵.

样例 $\boldsymbol{x}$ 关于分类器 SLFN_j 的信息熵由公式 (4.16) 定义.

$$E(\boldsymbol{x}; \mathrm{SLFN}_j) = -\sum_{l=1}^{L} p(\omega_l|\boldsymbol{x}; \mathrm{SLFN}_j) \log_2 p(\omega_l|\boldsymbol{x}; \mathrm{SLFN}_j) \tag{4.16}$$

在 Reduce 节点完成下列工作:

(1) 计算 D_i 中的样例 $\boldsymbol{x}$ 关于委员会的平均信息熵.

用公式 (4.17) 计算 D_i 中样例关于委员会的平均信息熵.

$$\begin{aligned}\mathrm{AVE}(\boldsymbol{x}) &= \frac{1}{m}\sum_{j=1}^{m} \mathrm{E}(\boldsymbol{x}; \mathrm{SLFN}_j) \\ &= -\frac{1}{m}\sum_{j=1}^{m}\sum_{l=1}^{L} p(\omega_l|\boldsymbol{x}; \mathrm{SLFN}_j) \log_2 p(\omega_l|\boldsymbol{x}; \mathrm{SLFN}_j)\end{aligned} \tag{4.17}$$

(2) 计算 D_i 的子集的信息熵.

给定 D_i 的一个子集 $Q \subseteq D_i$, 用公式 (4.18) 计算 Q 的信息熵.

$$\begin{aligned} E(Q) &= \frac{1}{|Q|}\sum_{\boldsymbol{x}\in Q}\mathrm{AVE}(\boldsymbol{x}) \\ &= -\frac{1}{m|Q|}\sum_{\boldsymbol{x}\in Q}\sum_{j=1}^{m}\sum_{l=1}^{L}p(\omega_l|\boldsymbol{x};\mathrm{SLFN}_j)\log_2 p(\omega_l|\boldsymbol{x};\mathrm{SLFN}_j) \end{aligned} \tag{4.18}$$

(3) 用遗传算法选择 D_i 的最优子集.

下面详细介绍如何根据公式 (4.18) 利用遗传算法选择最优样例子集.

最优样例子集由许多重要的样例组成. 一般认为, 更容易被分类器错误分类的边界样例更重要. 原因是对于分类器来说, 能被分类器正确分类的简单样例, 不会对分类器的损失造成太大的影响, 因此对分类器的训练没有太大的帮助. 而错误分类的样例信息量更大, 对分类器的损失贡献也更大.

遗传算法采用群体搜索策略寻找问题的最优解. 群体 (也称为种群) 由一些个体组成, 个体是一个候选解, 通常被编码为字符串. 利用遗传算法进行样例选择的关键问题有 3 个: ① 问题候选解的编码; ② 适应度函数的设计; ③ 遗传操作.

对于问题①, 给定一个个体 $Q \in P$, 即 D_i 的一个子集, P 表示一个种群. 显然, 用 0-1 二进制编码 Q 比较合适. 如果 $|D_i| = n_i(1 \leqslant i \leqslant k)$, 那么很明显, 用于表示 Q 的二进制字符串的长度是 n_i.

对于问题②, 给定一个个体 $Q \in P$, 使用公式 (4.18) 作为适应度函数来评估 Q 的优劣. 如前所述, 目标是选择更容易被分类器错误分类的样例. 而公式 (4.18) 可以很自然地衡量分类器分类样例的置信度, 或样例被分类器错误分类的可能性. 较大的熵值表示更小的置信度和更多的误差. 综上所述, $E(Q)$ 越大, Q 中的样例越难分, 因此 Q 越重要.

在遗传算法中, 遗传操作包括选择、交叉和变异. 我们采用赌轮选择法, 根据双亲个体的适应度从种群中选择双亲个体. 赌轮选择法包括以下 4 个步骤:

(1) 计算选择概率. 假设 $|P| = N$, 即种群的规模为 N. 对于种群 P 中的每一个个体 Q, Q 的选择概率为 $p_i = \frac{E(Q_i)}{\sum_{j=1}^{N}E(Q_j)}$. 显然, $\sum_{i=1}^{N}p_i = 1$.

(2) 计算累积概率. 对于每一个个体 $Q_i \in P$, Q_i 的累积概率为 $q_i = \sum_{j=1}^{i}p_j$.

(3) 划分区间 $[0,1]N$ 个为子区间, 使得第 i 个子区间的长度为 $p_i(1 \leqslant i \leqslant N)$.

(4) 选择 N 个个体. 重复下面的操作 N 次: 生成一个随机数 $r \in [0,1]$, 如果 $r \leqslant q_1$, 那么选择个体 Q_1; 否则, 如果 $q_{i-1} \leqslant r \leqslant q_i$, 那么选择个体 Q_i.

使用交叉概率为 p_c 的单点交叉, 在父本上交叉形成新的后代, 并在个体中用突变概率 p_m 随机选择一个位置进行变异, 形成新的个体. 算法 4.9 给出了用遗传算法进行样例选择的算法的伪代码.

算法 4.9: 用遗传算法进行样例选择的算法

```
1  输入: 数据集 D 的一个子集 D_i, 种群的规模 N, 选择概率 p_s, 交叉概率 p_c, 变异概
     率 p_m.
2  输出: S_i ⊆ D_i.
3  随机初始化规模为 N 的一个种群;
4  repeat
5      for (i = 1; i ⩽ N; i = i + 1) do
6          用公式 (4.18) 计算 Q_i 的适应度值;
7      end
8      for (i = 1; i ⩽ N; i = i + 1) do
9          生成一个随机数 r ∈ [0, 1];
10         if (r ⩽ q_1) then
11             选择 Q_1;
12         end
13         else
14             if (q_{i-1} ⩽ r ⩽ q_i) then
15                 选择 Q_i;
16             end
17         end
18     end
19     按 p_c 选择个体, 进行交叉;
20     按 p_m 选择个体, 进行突变;
21 until ( 满足算法终止条件 );
22 输出 S_i.
```

下面分析基于遗传算法和开源框架的大数据样例选择算法的计算时间复杂度.

在每一个 Map 节点, 算法的主要操作包括: ① 用 ELM 算法训练 SLFN 分类器; ② 用训练的 SLFN 分类器分类子集 D_i 中样例; ③ 用公式 (4.16) 计算 D_i 样例的信息熵. 操作①的计算时间复杂度为 $O(m^2n)$, 其中, m 是 SLFN 分类器的隐含层结点数, n 是训练集中的样例数. 操作②的计算时间复杂度为 $O(n_i)$, 其中, n_i 是子集 D_i 中的样例数. 操作③的计算时间复杂度为 $O(L\times n_i)$, 其中, L 是类别数. 因此, 在一个 Map 节点, 操作的计算时间复杂度为 $O(m^2n)+O(n_i)+O(Ln_i)$. 因为 $L\ll n_i$, 而且 $n_i\simeq\frac{1}{k}n$, 所以有 $O(m^2n)+O(n_i)+O(Ln_i)=O(m^2n)$. 总体

上, k 个 Map 节点上操作的计算时间复杂度为 $O(km^2n)$.

在 Reduce 节点, 主要操作包括: ① 用公式 (4.17) 计算子集 D_i 中的样例关于委员会的平均信息熵; ② 用公式 (4.18) 计算 D_i 子集的信息熵; ③ 用遗传算法选择 D_i 的最优子集. 从公式 (4.17) 和 (4.18) 可以看出, 操作①和②的计算时间复杂度分别为 $O(Lm)$ 和 $O(Lmn_i)$. 根据算法 4.9, 可以发现操作③的计算时间复杂度为 $O(NLmn_i)$. 因此, Reduce 节点操作的计算时间复杂度为 $O(Lm)+O(Lmn_i)+O(NLmn_i)$. 显然, $O(Lm)+O(Lmn_i)+O(NLmn_i)=O(mn)$. 因此, $O(km^2n)+O(mn)=O(km^2n)$. 基于遗传算法和开源框架的大数据样例选择算法的计算时间复杂度为 $O(km^2n)+O(mn)=O(km^2n)$.

4.5.4 算法实现及与其他算法的比较

我们在 Hadoop 和 Spark 两个大数据平台上编程实现了基于遗传算法和开源框架的大数据样例选择算法, 并设计了两个实验以验证算法的可行性和有效性.

实验 1: 算法可行性实验

在 4 个人工数据集上进行实验, 并对选择样例进行可视化, 以验证算法的可行性. 第 1 个和第 2 个人工数据集在不同类别之间有清晰的分类边界, 而第 3 和第 4 个人工数据集在不同类别之间没有清晰的分类边界, 即属于不同类别的样例之间存在重叠.

第 1 个人工数据集 Circle 是一个二维数据集, 由属于两个类的 1000 个数据点组成, 每类 500 个数据点. 第 1 类的点以 (0.5,0.5) 为圆心, 均匀分布在半径为 0.3 的圆内. 第 2 类点均匀分布成以 (0.5,0.5) 为中心的圆环, 内外半径分别为 0.3 和 0.5. 人工数据集 Circle 中样例的分布, 以及利用本节算法从数据集 Circle 中选择样例的分布, 分别显示在图 4.33 的左侧和右侧.

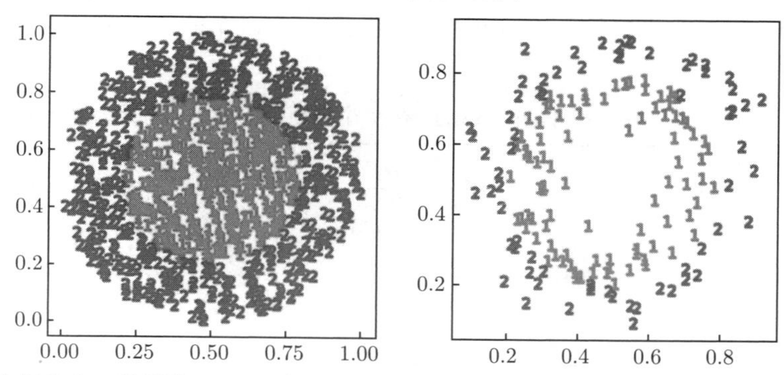

图 4.33 左图为人工数据集 Circle 中样例的分布, 右图为从人工数据集 Circle 中选择样例的分布

第 2 个人工数据集 Square 由 2000 个数据点组成, 分别属于 4 类. 第 1 类的点均匀分布在一个以 $(0.5, 0.5)$ 为中心, 长度为 1.0 的正方形中; 第 2 类的点均匀分布在一个以 $(-0.5, 0.5)$ 为中心, 长度为 1.0 的正方形中; 第 3 类的点均匀分布在一个以 $(-0.5, -0.5)$ 为中心, 长度为 1.0 的正方形中; 第 4 类的点均匀分布在一个以 $(0.5, -0.5)$ 为中心, 长度为 1.0 的正方形中. 数据集 Square 中样例的分布以及利用本节算法从 Square 中选择样例的分布, 分别显示在图 4.34 的 (a) 和 (b).

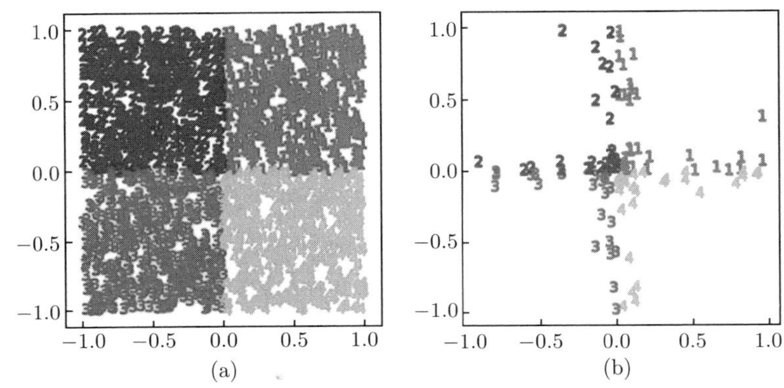

图 4.34 (a) 为人工数据集 Square 中样例的分布, (b) 为从人工数据集 Square 中选择样例的分布

第 3 个人工数据集 Gaussian1 是一个二维数据集, 它有 3 类, 服从 3 个高斯分布, 包含 1500 个数据点, 每类 500 个数据点. 3 个高斯分布的均值向量和协方差矩阵在表 4.30 中给出. 人工数据集 Gaussian1 中样例的分布, 以及利用本节算法从数据集 Gaussian1 中选择样例的分布, 分别显示在图 4.35 的 (a) 和 (b).

表 4.30 人工数据集 Gaussian1 中 3 个高斯分布的均值向量和协方差矩阵

i	$\boldsymbol{\mu}_i$	$\boldsymbol{\Sigma}_i$
1	$(0.0, 0.0)^{\mathrm{T}}$	$\begin{bmatrix} 0.7 & 0.0 \\ 0.0 & 0.7 \end{bmatrix}$
2	$(1.0, 1.0)^{\mathrm{T}}$	$\begin{bmatrix} 0.8 & 0.2 \\ 0.2 & 0.8 \end{bmatrix}$
3	$(-1.0, 1.0)^{\mathrm{T}}$	$\begin{bmatrix} 0.8 & 0.2 \\ 0.2 & 0.8 \end{bmatrix}$

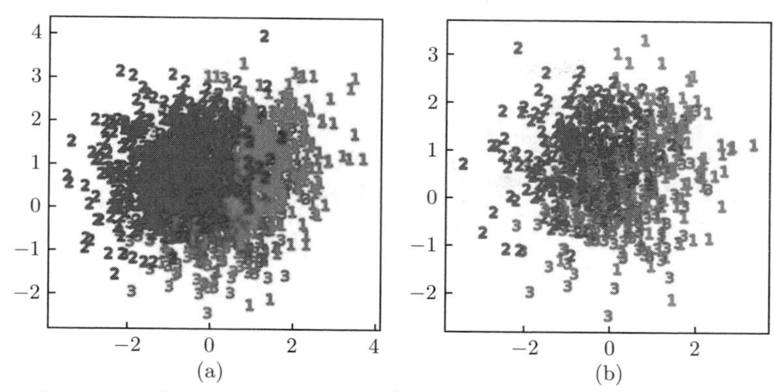

图 4.35 (a) 为人工数据集 Gaussian1 中样例的分布, (b) 为从人工数据集 Gaussian1 中选择样例的分布

第 4 个人工数据集 Gaussian2 是一个三维数据集, 它有 3 个类别, 服从 3 个高斯分布, 包含 1500 个数据点, 每个类别 500 个数据点. 3 个高斯分布的均值向量和协方差矩阵在表 4.31 中给出. 人工数据集 Gaussian2 中样例的分布, 以及利用本节算法从人工数据集 Gaussian2 中选择样例的分布, 分别显示在图 4.36 的 (a) 和 (b).

表 4.31 人工数据集 Gaussian2 中 3 个高斯分布的均值向量和协方差矩阵

i	$\boldsymbol{\mu}_i$	$\boldsymbol{\Sigma}_i$
1	$(0.0, 0.0, 0.0)^{\mathrm{T}}$	$\begin{bmatrix} 3.0 & 0.0 & 0.0 \\ 0.0 & 5.0 & 0.0 \\ 0.0 & 0.0 & 2.0 \end{bmatrix}$
2	$(1.0, 5.0, -3.0)^{\mathrm{T}}$	$\begin{bmatrix} 1.0 & 0.0 & 0.0 \\ 0.0 & 4.0 & 1.0 \\ 0.0 & 1.0 & 6.0 \end{bmatrix}$
3	$(0.0, 0.0, 0.0)^{\mathrm{T}}$	$\begin{bmatrix} 10.0 & 0.0 & 0.0 \\ 0.0 & 10.0 & 0.0 \\ 0.0 & 0.0 & 10.0 \end{bmatrix}$

从图 4.33~4.36 所示的可视化结果中可以发现, 本节算法从人工数据集 Circle 和 Square 中选取的数据分布在分类边界附近. 而从人工数据集 Gaussian1 和 Gaussian2 中选取的数据分布在不同类别的重叠区域. 实验结果与公式 (4.18) 中给出的样例选择准则或启发式一致.

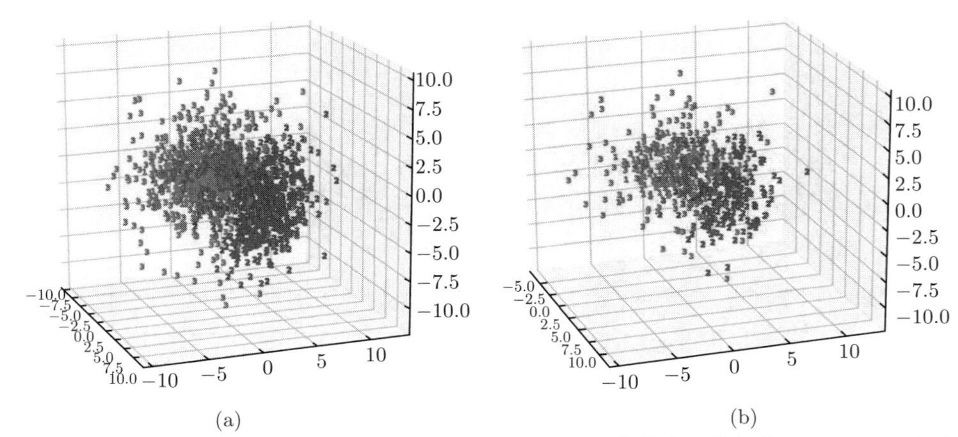

图 4.36 (a) 为人工数据集 Gaussian2 中样例的分布, (b) 为从人工数据集 Gaussian2 中选择样例的分布

此外, 我们还比较了在 4 个原始人工数据集上训练的分类器的测试精度 1 和在选择的样例子集上训练的分类器的测试精度 2, 分类器是由极限学习机训练的 SLFN, 实验对比结果列于表 4.32 中.

表 4.32 在 4 个原始人工数据集上训练的分类器与在选择的样例子集上训练的分类器的测试精度的实验比较

数据集	测试精度 1	测试精度 2
Circle	**0.972**	0.960
Square	**0.986**	0.973
Gaussian1	0.701	**0.733**
Gaussian2	0.733	**0.793**

从表 4.32 所列的实验结果可以发现, 在人工数据集 Circle 和 Square 中, 选择的样例子集上训练的分类器的测试精度略低于在原始数据集上训练的分类器的测试精度. 而在人工数据集 Gaussian1 和 Gaussian2 中, 选择的样例子集上训练的分类器的测试精度要高于在原始数据集上训练的分类器的测试精度. 实验结果验证了本节算法的可行性.

实验 2: 算法有效性实验

我们通过与 3 种相关算法在测试精度和压缩比方法进行比较, 证明本节方法的有效性. 比较的 3 种算法分别是基于 MapReduce 的压缩最近邻法 (记为 MR-CNN)、基于 Spark 的压缩最近邻法 (记为 S-CNN) 和基于局部敏感哈希的样例选择法 (记为 LCS-IS). 下面首先介绍实验 2 所用的实验环境和数据集, 然后介绍所使用的参数设置, 最后与 3 种相关算法进行比较. 此外, 还对本节算法在大数据平台 MapReduce 和 Spark 上实现的测试精度、压缩比和运行时间进行了比较, 并将实验结果可视化.

实验 2 在有 8 个计算节点的大数据平台上进行, 大数据平台计算节点配置如表 4.33 所示. 需要注意的是, 在大数据平台中, 主节点和从节点的配置是相同的.

表 4.33 大数据平台计算节点配置

配置项	配置信息
CPU	Inter Xeon E5-4603 with two cores, 2.0GZ
Memory	16GB
Network Card	Broadcom 5720 QP 1Gb
Hard Disk	1TB
Operating System	Ubuntu 13.04
Hadoop	Hadoop 2.7.3
Spark	Spark 2.3.1
JDK	JDK 1.8

实验 2 使用的数据集包括 4 个 UCI 数据集, 所使用的 4 个数据集的基本信息如表 4.34 所示.

表 4.34 实验所用 4 个 UCI 数据集的基本信息

数据集	样例数	属性数	类别数
Shuttle	58 000	9	7
Poker	1 000 000	10	10
CovType	581 012	54	7
Skin	245 057	3	2

参数设置包括 SLFN 分类器中隐含层节点数的设置和遗传算法中参数的设置. 首先, 对 SLFN 分类器中隐含层结点数进行消融研究. 具体地, 我们在大数据集中随机选取的一个子集上训练 SLFN 分类器, 这个子集的大小大致等于 $\frac{n}{m}$, 其中 n 是大数据集的大小, m 是大数据平台的结点数. 我们训练不同隐含层结点数的 SLFN 分类器, 并记录相应 SLFN 分类器的测试精度. 不同数据集的消融研究结果如图 4.37 所示. 表 4.35 第 5 列列出了 SLFN 分类器中隐含层结点数的设置. 根据对遗传算法参数的先验知识 [111], 遗传算法参数的设置如表 4.35 中第 2~4 列

所示. 遗传算法不设置迭代次数作为参数, 终止条件针对不同的数据集是自适应的. 具体来说, 当适应度函数的值不增加时, 算法将终止.

表 4.35　遗传算法以及 SLFN 分类器中的参数设置

数据集	遗传算法			SLFN 分类器
	N	p_c	p_m	隐含层结点数
Shuttle	70	0.70	0.05	50
Poker	130	0.85	0.08	40
CovType	110	0.80	0.06	190
Skin	90	0.75	0.05	25

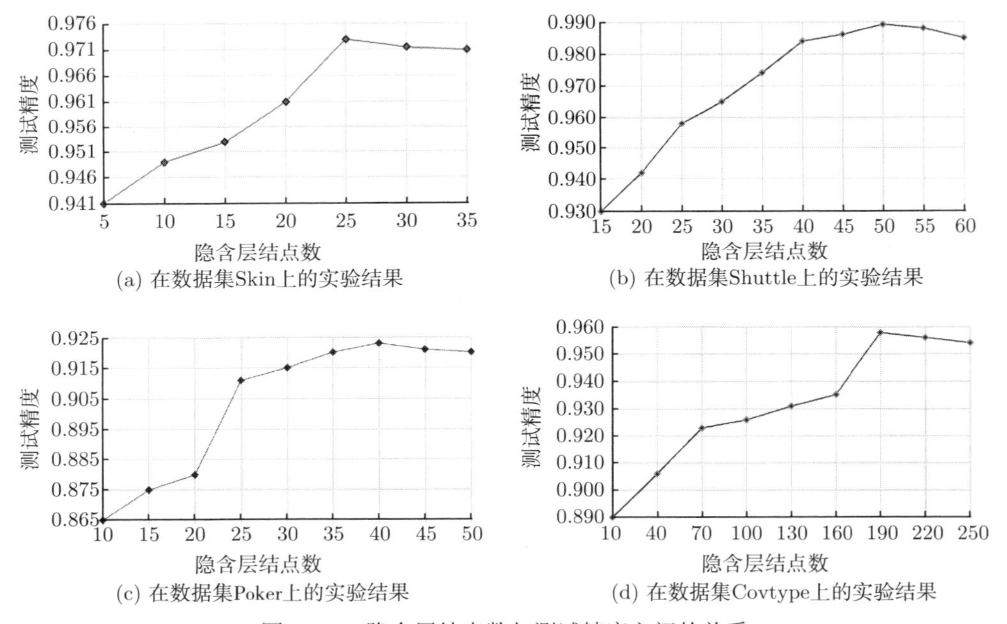

(a) 在数据集Skin上的实验结果　(b) 在数据集Shuttle上的实验结果

(c) 在数据集Poker上的实验结果　(d) 在数据集Covtype上的实验结果

图 4.37　隐含层结点数与测试精度之间的关系

在开源大数据平台 MapReduce 和 Spark 上实现的基于遗传算法和开源框架的大数据样例选择算法分别用 GA-MR-IS 和 GA-S-IS 表示, GA-MR-IS 和 GA-S-IS 与 3 种相关算法在测试精度和压缩比上进行了实验比较, 比较结果分别如表 4.36 和表 4.37 所示.

从表 4.36 和表 4.37 所列的实验结果可以看出, 本节算法在测试精度和压缩比上均优于 3 种对比算法, 我们认为原因包括以下 3 个方面:

表 4.36 与 3 种相关算法在测试精度上的实验比较

数据集	MR-CNN	S-CNN	LCS-IS	GA-MR-IS	GA-S-IS
CovType	0.918	0.917	0.920	0.935	**0.941**
Poker	0.877	0.808	0.853	**0.923**	0.919
Shuttle	0.983	0.985	0.987	0.987	**0.989**
Skin	0.906	0.907	0.962	**0.973**	0.969

表 4.37 与 3 种相关算法在压缩比上的实验比较

数据集	MR-CNN	S-CNN	LCS-IS	GA-MR-IS	GA-S-IS
CovType	1.05	1.08	2.23	**5.07**	4.77
Poker	6.53	6.47	6.64	**8.77**	7.53
Shuttle	1.05	1.06	1.43	**1.83**	1.47
Skin	1.00	1.03	3.88	**5.77**	5.60

(1) 本节算法选择最优样例子集, 样例子集的最优性是由一个专家委员会评判的, 而专家委员会的成员与候选样例子集是独立的.

(2) 本节算法可以克服 CNN 的以下 3 个缺点, 而 MR-CNN 和 S-CNN 不能.

- CNN 对噪声特别敏感, 因为有噪声样例通常会被 K-近邻算法错误分类, 从而被保留下来.
- CNN 对呈现给算法的样例的顺序也很敏感, 样例呈现的顺序不同, 可能会得到不同的结果.
- 用 CNN 算法选择的样例子集依然会有冗余.

(3) 在本节算法中, 定义了一种新的度量样例子集重要性的准则, 该度量集成了分类器委员会中所有成员的智慧, 而 LCS-IS 使用生成的哈希函数来度量样例的重要性, 但这种度量具有较高的不确定性.

还对 GA-MR-IS 和 GA-S-IS 两种算法在测试精度、压缩比和运行时间上进行了实验比较, 并将实验结果可视化, 如图 4.38~ 图 4.40 所示. 从图 4.38 和 4.39 的结果可以直观地看出两种算法在测试精度和压缩比上差异不大. 出现这种结果的原因很容易理解, 因为 GA-MR-IS 和 GA-S-IS 算法在选择最优样例子集时, 具有相同的选择机制. 但从图 4.40 中可以看出 GA-MR-IS 和 GA-S-IS 算法的运行时间存在显著差异, 这是因为 MapReduce 和 Spark 处理大数据的机制不同. MapReduce 使用批处理机制, Spark 使用内存计算机制. 在前一节, 详细分析了两种算法的计算时间复杂度, 这可以从理论上解释产生显著差异的原因.

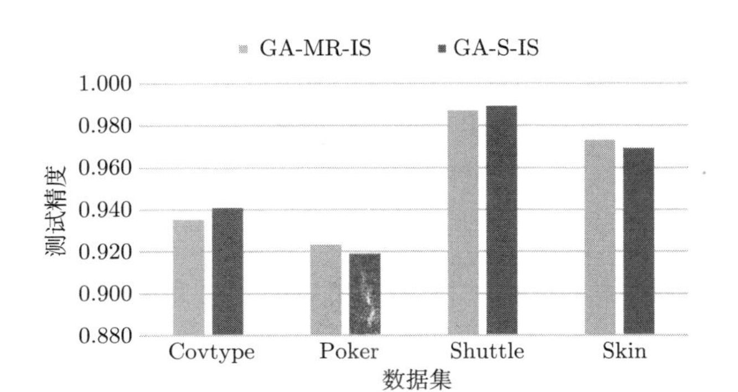

图 4.38 两种算法在测试精度上的比较

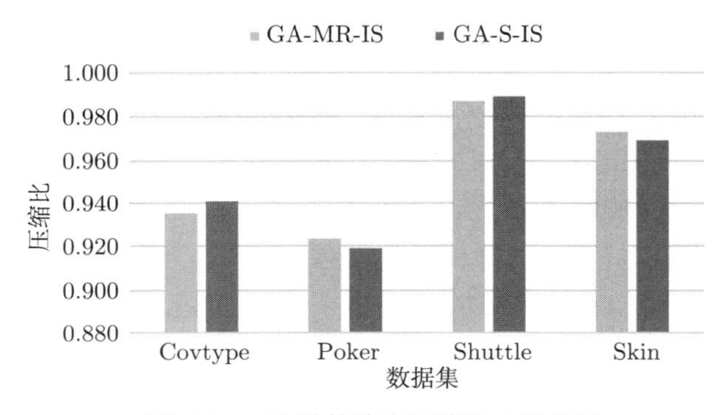

图 4.39 两种算法在压缩比上的比较

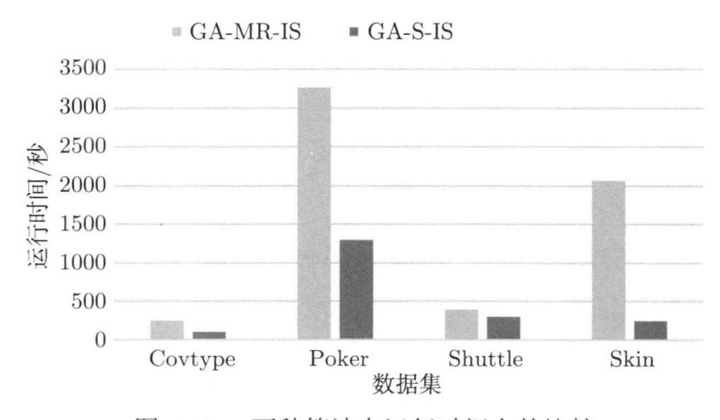

图 4.40 两种算法在运行时间上的比较

从上面的分析可以发现本节算法具有 3 个优点: ① 采用交叉验证的思想来选择最优样例子集, 可以有效地减少所选样例子集的归纳偏差; ② 与相关算法相比, 具有较高的压缩比; ③ 在选择的样例子集上训练的分类器具有好的泛化性能.

第 5 章　模糊样例选择

前两章介绍了针对确定场景的监督样例选择，本章主要介绍针对不确定场景的样例选择——模糊样例选择. 具体地，第 1 节介绍压缩模糊 K-近邻样例选择算法 [112]，第 2 节介绍基于 MapReduce 和 Spark 的大数据压缩模糊 K-近邻 (condense fuzzy K-NN, CFKNN) 样例选择算法 [113]，第 3 节介绍基于模糊粗糙集技术的样例选择算法 [114].

5.1　压缩模糊 K-近邻样例选择算法

在第 3.2 节，介绍了压缩近邻 (CNN) 算法，它是针对 1-近邻 (1-NN) 提出的样例选择算法；用 K-NN 算法对测试样例进行分类时，测试样例的 K 个近邻对其分类的贡献视为同等重要. 显然，这不太合理. 针对这一不足，模糊 K-NN(Fazzy K-NN) 算法 [14] 对 K-NN 算法进行了改进. 改进的方法是通过距离加权，距离测试样例近的近邻贡献大，距离远的贡献小. 本节介绍的 CFKNN 的样例选择算法 (以下简称 CFKNN 算法) 是针对模糊 K-NN 算法的，也可以看作是 CNN 算法在模糊环境中的推广，如图 5.1 所示.

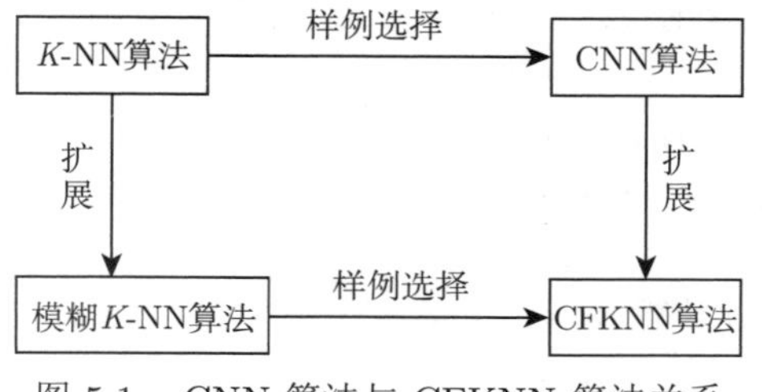

图 5.1　CNN 算法与 CFKNN 算法关系

5.1.1　模糊 K-NN 算法

给定一个测试样例 $\boldsymbol{x}$，$\boldsymbol{x}$ 属于第 j 类的模糊隶属度由公式 (5.1) 确定.

$$\mu_j(\boldsymbol{x}) = \frac{\sum_{i=1}^{K} \mu_{ij} \left(\frac{1}{\|\boldsymbol{x}-\boldsymbol{x}_i\|^{\frac{2}{m-1}}} \right)}{\sum_{i=1}^{K} \left(\frac{1}{\|\boldsymbol{x}-\boldsymbol{x}_i\|^{\frac{2}{m-1}}} \right)} \tag{5.1}$$

其中, $1 \leqslant j \leqslant l$, μ_{ij} 由公式 (5.2) 确定.

$$\mu_{ij} = \mu_j(\boldsymbol{x}_i) = \frac{\frac{1}{\|\boldsymbol{x}_i - \mathbf{c}_j\|^{\frac{2}{m-1}}}}{\sum_{j=1}^{l}\left(\frac{1}{\|\boldsymbol{x}_i - \mathbf{c}_j\|^{\frac{2}{m-1}}}\right)} \tag{5.2}$$

其中, $\boldsymbol{x}_i$ 是第 i 个训练样例, $\boldsymbol{c}_j$ 是第 j 类的中心. 在公式 (5.1) 和公式 (5.2) 中, m 是一个超参数, 它在计算每个近邻对隶属度值的贡献时决定距离的权重. 在实验中, 我们设置 $m = 2$, 这意味着每个近邻点的贡献由其与待分类点的距离的倒数来加权.

在模糊 K-NN 算法中, 模糊性对提高 K-NN 算法的分类性能起着 3 种作用:

(1) 对于给定的测试样例 $\boldsymbol{x}$, 模糊性可以很好地模拟 $\boldsymbol{x}$ 的 K 个近邻的重要性;

(2) 对于给定的测试样例 $\boldsymbol{x}$, 模糊性可以很好地通过隶属度来建模 $\boldsymbol{x}$ 属于不同类的可能性;

(3) 模糊性可以增强分类算法对噪声的鲁棒性.

算法 5.1 给出了模糊 K-NN 算法的伪代码.

算法 5.1: 模糊 K-NN 算法

```
1  输入: 训练集 T = {(x_i, y_i)|x_i ∈ R^d, y_i ∈ Y}, 1 ⩽ i ⩽ n, Y 是类别标签的集合, 测试
   样例 x, 参数 K.
2  输出: μ_j(x), 1 ⩽ j ⩽ l.
3  for (i = 1; i ⩽ n; i = i + 1) do
4  |   计算 x 和 x_i 之间的距离;
5  end
6  在训练集 T 中寻找 x 的 K 个最近邻 x_i(1 ⩽ i ⩽ K);
7  for (i = 1; i ⩽ K; i = i + 1) do
8  |   for (j = 1; j ⩽ l; j = j + 1) do
9  |   |   用公式 (5.2) 计算 μ_ij;
10 |   end
11 end
12 for (j = 1; j ⩽ l; j = j + 1) do
13 |   用公式 (5.1) 计算 μ_j(x);
14 end
15 输出 μ_j(x).
```

5.1.2 CFKNN 算法

CFKNN 算法与 CNN 算法的区别体现在以下 3 个方面:

(1) CFKNN 算法是针对模糊 K-NN 算法的样例选择算法, 而 CNN 算法是针对 1-NN 算法的样例选择算法. CFKNN 算法使用从每个类中随机选择的 K 个样例初始化候选样例集合 S, 而 CNN 算法是从训练集中随机选择 1 个样例初始化候选样例集合 S;

(2) 给定一个测试样例 $\boldsymbol{x}$, CFKNN 算法使用 S 而不是原始训练集 T 计算 $\boldsymbol{x}$ 的 K 个最近邻的模糊隶属度, 在不影响 CFKNN 算法性能的前提下显著降低了计算时间复杂度;

(3) CFKNN 算法使用一个动态熵阈值选择重要的样例.

众所周知, 熵是样例类别不确定性的度量. 样例的熵越大, 就越难确定它的类别. 一般地, 人们认为具有较大熵的样例含有较大的信息量, 从而更重要. 令 p_i 为类别 $class$ 的先验概率, 熵的定义为 $E(class) = -\sum_{i=1}^{l} p_i \log_2 p_i$. 其中, l 是样例的类别数. 根据最大熵原则, 当 $p_i = \frac{1}{l}, 1 \leqslant i \leqslant l$, $E(class)$ 取得最大值. 类别数和最大熵之间的关系如图 5.2 所示. 从图 5.2 可以看出, 具有不同类别数的数据集, 使用动态熵阈值来选择重要的样例是合理的. 算法 5.2 给出了 CFKNN 算法的伪代码. 下面分析 CFKNN 算法的计算时间复杂度.

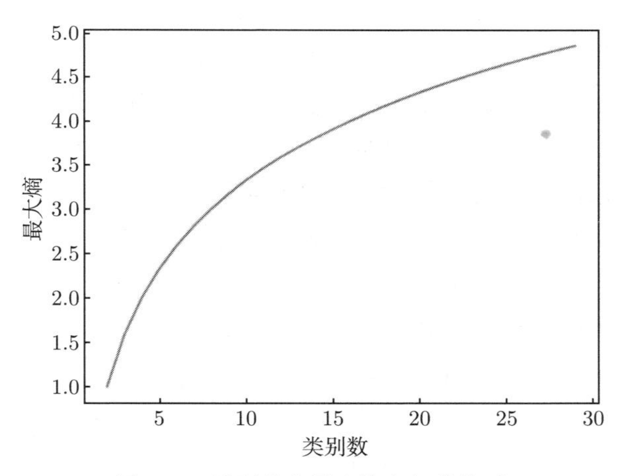

图 5.2 类别数和最大熵之间的关系

从算法 5.2 的伪代码不难发现, 算法 5.2 的计算复杂度主要由步骤 4 到步骤 9 组成的“for 循环”决定. 步骤 5 的计算复杂度为 $O(n \times s)$, s 为 S 中的样例数. 在最坏情况下, 步骤 5 的计算复杂度为 $O(n \times n)$. 第 6 步和第 7 步的计算复杂度都是 $O(K \times l)$, 其中 l 是类别数. 因为 K 和 l 都是较小的数, 所以第 6 步和第 7 步的计算复杂度可以看作 $O(1)$. 第 8 步的计算复杂度为 $O(1)$. 因此, 在最坏情况下, 算法 5.2 的计算复杂度为 $O(n \times n) + O(1) + O(1) + O(1) = O(n^2)$.

算法 5.2: CFKNN 算法

1 **输入**: 训练集 $T=\{(\boldsymbol{x}_i,y_i)|\boldsymbol{x}_i\in R^d,y_i\in Y\}$, $1\leqslant i\leqslant n$, Y 是类别标签的集合, 阈值参数 λ.
2 **输出**: $S\subset T$.
3 初始化: 从 T 中随机选择 K 个样例初始化集合 S, 并将 K 个样例从 T 移动到 S;
4 **for** $(\forall\boldsymbol{x}\in T)$ **do**
5 　在 S 中寻找 $\boldsymbol{x}$ 的 K 个最近邻;
6 　用公式 (5.2) 计算 $\boldsymbol{x}$ 的 K 个最近邻的模糊隶属度;
7 　用公式 (5.1) 计算 $\boldsymbol{x}$ 的模糊隶属度;
8 　计算 $\boldsymbol{x}$ 的熵 $E(\boldsymbol{x})=-\sum_{i=1}^{l}\mu_i(\boldsymbol{x})\log_2\mu_i(\boldsymbol{x})$;
9 **end**
10 **if** $(E(\boldsymbol{x})>\lambda)$ **then**
11 　$S=S\cup\{\boldsymbol{x}\}$;
12 **end**
13 输出 S.

5.1.3 实验结果与分析

为了验证 CFKNN 算法的有效性, 我们在 11 个数据集上进行了大量的实验. 实验包括两个部分: (1) 研究阈值 λ 对 CFKNN 性能的影响; (2) 与 CNN[64]、ENN[66]、Tomeklinks[115] 和 OneSidedSelection[116] 4 种代表性算法进行实验比较. 11 个数据集包括 1 个人工数据集, 2 个真实世界数据集 [7], 8 个 UCI 数据集 [89].

人工数据集是 1 个二维二类数据集, 二类均服从高斯分布 $p(\boldsymbol{x}|\omega_i)\sim N(\mu_i,\Sigma_i)$ $(i=1,2)$, 其均值向量和协方差矩阵在表 5.1 中给出. 2 个真实图像数据集分别是 RenRu 数据集和 CT 图像数据集, 在第 2.5 节, 介绍了这两个数据集. 8 个 UCI 数据集分别是 WDBC, Parkinsons, Pima, Skin, Iris, Glass, Fertility 和 Survival, 11 个数据集的基本信息列于表 5.2 中. 实验环境是 Intel(R) Core(TM) i3-3120M CPU @ 2.50GHz, 8GB 内存, Windows 10 操作系统和 Python3.6.3.

表 5.1　人工数据集两个高斯分布的均值向量和协方差矩阵

i	μ_i	$\boldsymbol{\Sigma}_i$
1	$(0.1597, 1.3541)^{\mathrm{T}}$	$\begin{bmatrix}0.1726 & 0.0912\\0.0912 & 0.1020\end{bmatrix}$
2	$(1.1597, 1.4541)^{\mathrm{T}}$	$\begin{bmatrix}0.1726 & 0.0912\\0.0912 & 0.1020\end{bmatrix}$

表 5.2 实验所用数据集的基本信息

数据集	训练样例数	测试样例数	类别数
Gaussian	13333	6667	2
CT	154	48	2
RenRu	103	45	2
WDBC	388	167	2
Parkinsons	136	59	2
Pima	537	231	2
Skin	171539	73518	2
Fertility	70	30	2
Survival	245	61	2
Iris	105	45	3
Glass	112	48	6

在人工数据集上的实验有 3 个目的: ① 验证 CFKNN 算法的可行性; ② 研究阈值 λ 对样例选择结果的影响; ③ 通过可视化原始样例和用不同阈值选择的样例分布, 直观地阐明 λ 的影响. 人工数据集原始样例分布如图 5.3 所示, 当 $\lambda = 0.5$ 和 $\lambda = 0.6$ 时, 用 CFKNN 算法 ($K = 5$) 从人工数据集中选择样例的分布如图 5.4 和图 5.5 所示. 从图 5.4 和图 5.5 可以看出, 与大多数样例选择算法一样, CFKNN 算法选择的样例也大都分布在分类边界附近. 在人工数据集上的实验结果证实了: ① CFKNN 算法是可行的; ② 阈值 λ 对实验结果有显著影响. 接下来, 将展示阈值 λ 对 CFKNN 算法性能的影响.

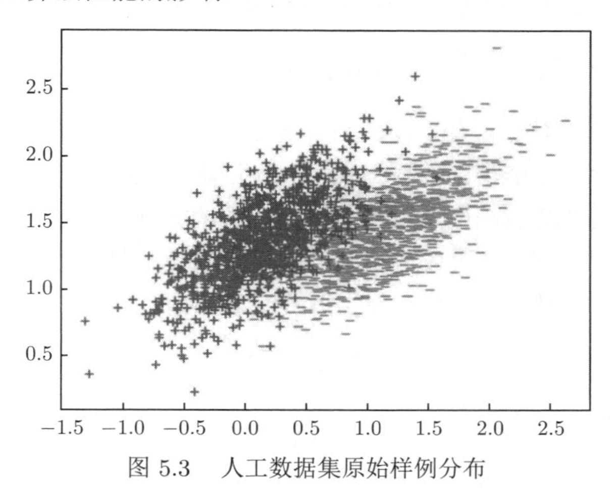

图 5.3 人工数据集原始样例分布

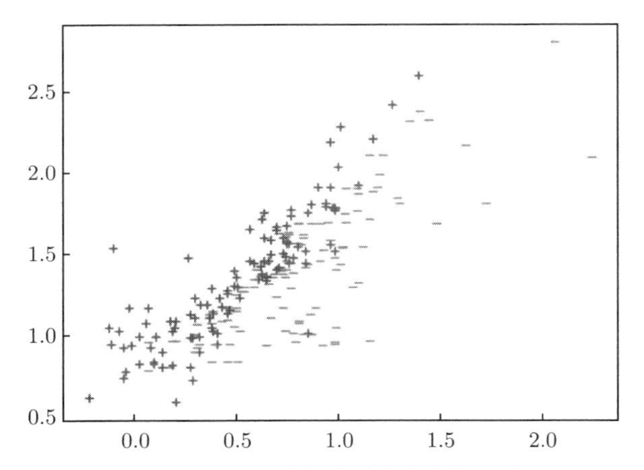

图 5.4　用 CFKNN 算法从人工数据集选择样例的分布 ($K = 5, \lambda = 0.5$)

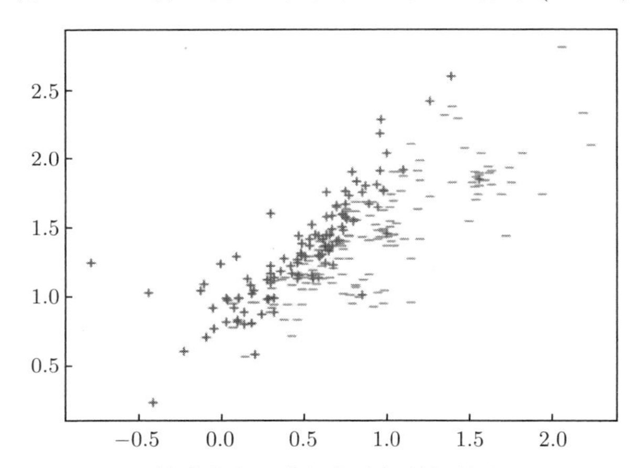

图 5.5　用 CFKNN 算法从人工数据集选择样例的分布 ($K = 5, \lambda = 0.6$)

5.1.3.1　阈值 λ 对 CFKNN 算法性能的影响

如图 5.2 所示, 对于具有不同类别数的数据集, 最大熵是不同的. 例如, 对于具有 2、5、10 和 15 个类别的数据集, 其最大熵分别是 1.0, 2.32, 3.32 和 3.91. 因此, 用一个相同的静态阈值从具有不同类别数的数据集中选择样例是不合理的. 基于我们之前提出的方法 [7], 实验研究了阈值 λ 对算法性能的影响. 在实验中, 对于具有 2 个类别的数据集, 阈值 λ 从 0.5 逐渐增加到 0.95, 步长为 0.05. 当 $K = 3$ 和 $K = 5$ 时, 记录 CFKNN 算法选择的样例数和测试精度, 实验结果分别列于表 5.3 ~ 表 5.11 中.

对于具有 3 个类别的数据集 Iris, 阈值 λ 从 0.7 逐渐增加到 1.0, 步长为 0.05. 当 $K = 3$ 和 $K = 5$ 时, 记录 CFKNN 算法选择的样例数和测试精度, 实验结果列于表 5.12 中.

对于具有 6 个类别的数据集 Glass, 阈值 λ 从 1.0 增加到 1.6, 步长为 0.1. 当 $K=3$ 和 $K=5$ 时, 记录 CFKNN 算法选择的样例数和测试精度, 实验结果列于表 5.13 中.

在这些表中, TA 表示测试精度, #SI 表示选择样例的数量.

表 5.3 在人工数据集 Gaussian 上的实验结果

λ	TA($K=3$)	TA($K=5$)	#SI($K=3$)	#SI($K=5$)
0.00(基线)	0.9238	0.9385	13333	13333
0.50	0.9270	0.9274	7296	2100
0.55	0.9202	0.9282	6625	2118
0.60	0.9211	0.9276	6000	2051
0.65	0.9201	0.9273	5412	2094
0.70	**0.9319**(↑)	0.9264	4802	1966
0.75	0.9115	0.9274	4190	1970
0.80	0.9168	0.9285	3559	1924
0.85	0.8910	0.9292	2979	1670
0.90	0.9090	0.9292	2395	1510
0.95	0.9196	**0.9301**(↓)	1744	1254

表 5.4 在数据集 CT 上的实验结果

λ	TA($K=3$)	TA($K=5$)	#SI($K=3$)	#SI($K=5$)
0.00(基线)	0.9403	0.9403	154	154
0.50	0.9254	**0.9254**(↓)	151	98
0.55	0.9403	**0.9254**(↓)	149	82
0.60	0.9403	**0.9254**(↓)	142	83
0.65	0.9403	0.8955	133	78
0.70	**0.9552**(↑)	0.8955	122	77
0.75	0.9104	0.9104	101	72
0.80	0.9403	0.9104	100	54
0.85	0.9403	0.8955	90	43
0.90	0.8955	0.9104	77	40
0.95	0.9254	**0.9254**(↓)	51	31

表 5.5 在数据集 RenRu 上的实验结果

λ	TA($K=3$)	TA($K=5$)	#SI($K=3$)	#SI($K=5$)
0.00(基线)	0.8667	0.8444	103	103
0.50	**0.8667**(=)	**0.8444**(=)	103	77
0.55	**0.8667**(=)	0.7778	102	61
0.60	**0.8667**(=)	0.8000	103	58
0.65	**0.8667**(=)	0.8000	102	51
0.70	**0.8667**(=)	0.8000	102	50
0.75	**0.8667**(=)	0.7111	102	43
0.80	**0.8667**(=)	0.7556	79	31
0.85	0.6444	0.8222	32	28
0.90	0.8000	0.6667	22	18
0.95	0.8444	0.5333	19	12

表 5.6 在数据集 WDBC 上的实验结果

λ	TA($K=3$)	TA($K=5$)	#SI($K=3$)	#SI($K=5$)
0.00(基线)	0.9341	0.9341	388	388
0.50	**0.9341**(=)	0.9341	142	108
0.55	0.9102	0.9281	70	104
0.60	0.9102	0.9042	72	86
0.65	0.8743	0.9162	67	73
0.70	0.9341	0.9042	77	83
0.75	0.8982	0.9162	55	62
0.80	0.6228	0.9162	50	75
0.85	0.9042	**0.9461**(↑)	25	73
0.90	0.9222	0.9102	26	71
0.95	0.9162	0.9102	24	33

从表 5.3~ 表 5.11 的实验结果可以看出, 在 $K=3$ 和 $K=5$ 两种情况下, 即使数据集具有相同数量的类别, 但对于不同的数据集, 最优阈值 λ 是不同的. 此外, 对于大多数数据集, 存在多个最优阈值. 与表中第 2 行 (浅灰色标记) 的基线 (对应 $\lambda=0.0$) 相比, 我们还发现, 对于 $K=3$ 的情况, 除了数据集 Iris 外, CFKNN 算法在几乎所有数据集上都表现为能力保持 (用符号 " = " 表示) 或能力增强 (用符

号 “↑” 表示). 在数据集中 Iris 上, CFKNN 算法表现出能力衰减 (用符号 “↓” 表示), 但测试精度衰减很少 (从 0.9778 衰减到 0.9556). 与基线相比, 当 $K=5$ 时, 除了在数据集 Gaussian 和 CT 上, CFKNN 算法都是能力保持或能力增强的. 在数据集 Gaussian 和 CT 上, CFKNN 算法是能力衰减的, 但是测试精度的下降也非常小 (分别为从 0.9385 衰减到 0.9301 和从 0.9403 衰减到 0.9254).

表 5.7 在数据集 Parkinsons 上的实验结果

λ	TA($K=3$)	TA($K=5$)	#SI($K=3$)	#SI($K=5$)
0.00(基线)	0.8983	0.9153	136	136
0.50	**0.8983**(=)	0.8983	136	52
0.55	**0.8983**(=)	**0.9153**(=)	131	64
0.60	**0.8983**(=)	0.7797	132	25
0.65	**0.8983**(=)	0.8814	130	73
0.70	**0.8983**(=)	0.7797	127	34
0.75	**0.8983**(=)	0.8475	121	44
0.80	0.8644	0.8475	107	53
0.85	0.8814	0.8644	81	31
0.90	0.7797	0.8644	23	24
0.95	0.7627	0.8644	24	20

表 5.8 在数据集 Pima 上的实验结果

λ	TA($K=3$)	TA($K=5$)	#SI($K=3$)	#SI($K=5$)
0.00(基线)	0.6926	0.7489	537	537
0.50	0.7013	0.7576	529	380
0.55	0.6840	0.7446	527	368
0.60	**0.7273**(↑)	0.7403	499	361
0.65	0.7100	0.7056	503	207
0.70	0.7056	0.7489	487	275
0.75	**0.7273**(↑)	0.7532	470	325
0.80	0.7100	0.7446	460	307
0.85	0.7186	0.7403	402	315
0.90	0.7056	0.7619	294	265
0.95	0.6926	**0.7792**(↑)	303	248

表 5.9　在数据集 Skin 上的实验结果

λ	TA($K=3$)	TA($K=5$)	#SI($K=3$)	#SI($K=5$)
0.00(基线)	0.9995	0.9995	171539	171539
0.50	**0.9995**(=)	**0.9995**(=)	1361	808
0.55	**0.9995**(=)	**0.9995**(=)	1058	805
0.60	**0.9995**(=)	**0.9995**(=)	827	795
0.65	**0.9995**(=)	**0.9995**(=)	824	767
0.70	**0.9995**(=)	**0.9995**(=)	821	791
0.75	**0.9995**(=)	**0.9995**(=)	735	692
0.80	**0.9995**(=)	**0.9995**(=)	735	667
0.85	0.9993	0.9994	663	602
0.90	0.9991	0.9993	529	544
0.95	0.9991	0.9991	507	433

表 5.10　在数据集 Fertility 上的实验结果

λ	TA($K=3$)	TA($K=5$)	#SI($K=3$)	#SI($K=5$)
0.00(基线)	0.8333	0.8333	70	70
0.50	0.8333	0.8333	41	47
0.55	0.8667	0.8667	31	35
0.60	0.8333	0.8333	28	30
0.65	0.8333	0.8333	31	30
0.70	0.8333	**0.9333**(↑)	30	31
0.75	**0.9000**(↑)	0.9000	28	28
0.80	**0.9000**(↑)	0.8000	21	22
0.85	0.8333	0.8333	19	21
0.90	0.8667	0.8667	16	18
0.95	0.8667	0.8667	14	16

表 5.11 在数据集 Survival 上的实验结果

λ	TA($K=3$)	TA($K=5$)	#SI($K=3$)	#SI($K=5$)
0.00(基线)	0.7868	0.7869	245	245
0.50	0.7377	0.7049	105	140
0.55	0.7540	0.7377	100	145
0.60	0.7377	0.7213	108	139
0.65	0.7049	0.7049	106	139
0.70	0.7213	**0.7541**(↑)	93	99
0.75	0.6230	0.7377	87	91
0.80	**0.7377**(↑)	**0.7541**(↑)	85	89
0.85	0.7213	0.7213	70	66
0.90	0.7049	0.7377	66	56
0.95	0.7213	**0.7541**(↑)	51	50

表 5.12 在数据集 Iris 上的实验结果

λ	TA($K=3$)	TA($K=5$)	#SI($K=3$)	#SI($K=5$)
0.00(基线)	0.9778	0.9778	105	105
0.70	**0.9556**(↓)	0.8667	47	33
0.75	**0.9556**(↓)	0.9556	48	26
0.80	**0.9556**(↓)	0.9556	47	26
0.85	**0.9556**(↓)	**0.9778** (=)	42	25
0.90	**0.9556**(↓)	**0.9778** (=)	37	22
0.95	0.9333	0.9556	37	23
1.00	**0.9556**(↓)	0.9556	34	15

5.1.3.2 与 4 种代表性算法的比较

为了进一步验证 CFKNN 算法的有效性, 我们将 CFKNN 算法与 4 种最先进的算法在 3 个指标上进行了实验比较, 比较的 4 种算法分别是 CNN、ENN、Tomeklinks 和 OneSidedSelection, 比较的 3 种指标分别是选择的样例数 (用 #SI

表示)、压缩比 (用 CR 表示) 和测试精度 (用 TA 表示). 在这个实验中, 令 $K = 5$, 实验结果分别列于表 5.14∼ 表 5.17 中. 表 5.14 的实验结果表明, CFKNN 算法在 8 个数据集上的测试准确率都优于 CNN 算法. 在大规模数据集如 Gaussian 和 Skin 上, 与 CNN 算法相比, CFKNN 算法具有更高的压缩比 (分别为 0.9059 和 0.9960). 表 5.15∼5.17 中的实验结果表明, CFKNN 算法的性能略优于算法 ENN、Tomeklinks 和 OneSidedSelection.

表 5.13　在数据集 Glass 上的实验结果

λ	TA($K = 3$)	TA($K = 5$)	#SI($K = 3$)	#SI($K = 5$)
0.00(基线)	0.6250	0.6250	112	112
1.00	**0.6250**(=)	0.6042	109	64
1.10	0.6042	0.5833	95	61
1.20	0.6042	0.5833	104	63
1.30	**0.6250**(=)	0.5625	82	58
1.40	**0.6250**(=)	0.6250	106	54
1.50	0.6042	0.6250	92	47
1.60	**0.6250**(=)	**0.6458**(↑)	89	17

表 5.14　CFKNN 算法与 CNN 算法比较的实验结果

数据集	CFKNN			CNN		
	#SI	TA	CR	#SI	TA	CR
Gaussain	**1254**	**0.9301**	**90.59**	2468	0.9262	81.49
CT	**31**	**0.9254**	**79.87**	52	**0.9254**	66.23
RenRu	77	**0.8444**	25.24	**27**	0.7333	**73.79**
WDBC	73	**0.9461**	81.19	**64**	0.9402	**83.51**
Parkinsons	64	**0.9153**	52.94	**48**	0.8476	**64.71**
Pima	**248**	**0.7792**	**53.82**	282	0.7403	47.49
Skin	**692**	0.9952	**99.60**	735	**0.9971**	99.57
Iris	22	**0.9778**	79.04	**13**	0.5111	**87.62**
Glass	**17**	**0.6458**	**84.82**	57	0.5000	49.11
Fertility	**14**	**0.9333**	**80.002**	16	0.9012	77.14
Survival	**50**	**0.7541**	**79.59**	69	0.7538	71.84

表 5.15 **CFKNN 算法与 ENN 算法比较的实验结果**

数据集	CFKNN			ENN		
	#SI	TA	CR	#SI	TA	CR
Gaussain	**1254**	0.9301	**90.59**	10155	**0.9355**	23.84
CT	**31**	**0.9254**	**79.87**	83	0.8806	46.10
RenRu	77	0.8444	25.24	**56**	**0.8667**	**45.63**
WDBC	**73**	**0.9461**	**81.19**	309	0.9162	20.36
Parkinsons	64	**0.9153**	52.94	**62**	0.8644	**54.41**
Pima	248	**0.7792**	53.82	**144**	0.7359	**73.18**
Skin	**692**	0.9952	**99.60**	171319	**0.9993**	0.13
Iris	**22**	**0.9778**	**79.04**	89	**0.9778**	15.24
Glass	**17**	**0.6458**	**84.82**	38	0.604200	66.07
Fertility	**14**	**0.9333**	**80.002**	31	0.8658	55.71
Survival	**50**	**0.7541**	**79.59**	87	0.7540	64.49

表 5.16 **CFKNN 算法与 TomekLinks 算法比较的实验结果**

数据集	CFKNN			TomekLinks		
	#SI	TA	CR	#SI	TA	CR
Gaussain	**1254**	0.9301	**90.59**	12503	**0.9321**	6.23
CT	**31**	0.9254	**79.87**	142	**0.9403**	7.79
RenRu	**77**	**0.8444**	**25.24**	101	**0.8444**	1.94
WDBC	**73**	**0.9461**	**81.19**	374	0.93410	3.61
Parkinsons	**64**	**0.9153**	**52.94**	128	**0.9153**	5.88
Pima	**248**	**0.7792**	**53.82**	459	0.7359	14.53
Skin	**692**	0.9952	**99.60**	171517	**0.9995**	0.01
Iris	**22**	**0.9778**	**79.04**	101	**0.9778**	3.81
Glass	**17**	0.6458	**84.82**	98	**0.6667**	12.50
Fertility	**14**	**0.9333**	**80.002**	57	0.8655	18.57
Survival	**50**	**0.7541**	**79.59**	215	0.7084	12.24

表 5.17 CFKNN 算法与 OneSidedSelection 算法比较的实验结果

数据集	CFKNN			OneSidedSelection		
	#SI	TA	CR	#SI	TA	CR
Gaussain	**1254**	**0.9301**	**90.59**	12883	0.9279	3.38
CT	**31**	**0.9254**	**79.87**	143	**0.9254**	7.14
RenRu	**77**	**0.8444**	**25.24**	98	0.8000	4.85
WDBC	**73**	**0.9461**	**81.19**	307	0.9341	20.88
Parkinsons	**64**	**0.9153**	**52.94**	126	0.8983	7.36
Pima	**248**	**0.7792**	**53.82**	483	0.7359	10.06
Skin	**692**	0.9952	**99.60**	169896	**0.9995**	0.96
Iris	**22**	**0.9778**	**79.04**	51	0.6222	51.43
Glass	**17**	**0.6458**	**84.82**	34	0.6042	69.64
Fertility	**14**	**0.9333**	**80.002**	44	0.8322	37.14
Survival	**50**	**0.7541**	**79.59**	78	0.6646	68.16

为了进一步证实 CFKNN 算法相对于 4 种最先进算法的优势, 我们采用成对 t 检验对 #SI、TA 和 CR 的实验结果进行了统计分析, 置信水平设置为 0.05. 首先, 对于每个数据集和每种算法, 我们运行 5 次五折交叉验证, 得到 5 个 25 维统计量, 分别用 X_1, X_2, X_3, X_4 和 X_5 表示, 分别对应 CNN、ENN、Tomek-Links、OneSidedSelection 和 CFKNN 算法. 接下来, 通过调用 Python 库函数 $ttest\_rel(\cdot,\cdot)$ 对 #SI、TA 和 CR 的实验结果进行统计分析, 统计分析的结果分别列于表 5.18~ 表 5.20. 从列于 3 个表的 P 值可以得出结论: CFKNN 算法优于比较的四种算法以 95%的概率成立.

本节介绍的模糊样例选择算法 CFKNN 算法有 4 个优点: ① 更通用, 超参数 K 可以采用不同的值, 而 CNN 算法只适用于 $K=1$; ② 使用子集 S, 而不是原训练集 T 来计算样例的模糊隶属度, 计算效率高; ③ 对不同的数据集, 利用动态阈值 λ 进行重要样例的选择; ④ CFKNN 算法具有很高的压缩比, 而不降低测试精度, 特别是在较大的数据集上.

表 5.18 关于选择的样例数 #SI 的成对 t 检验统计分析结果

数据集	P 值 1	P 值 2	P 值 3	P 值 4
Gaussian	6.150e-03	3.077e-01	8.407e-02	1.487e-02
CT	3.961e-02	3.795e-12	9.169e-02	1.207e-02
RenRu	1.332e-07	2.826e-02	2.731e-02	8.049e-05
WDBC	2.411e-02	2.994e-03	1.628e-02	2.730e-02
Parkinsons	6.844e-07	4.243e-09	4.104e-02	5.255e-03
Pima	1.023e-07	6.270e-09	3.324e-08	5.385e-04
Skin	5.863e-01	4.135e-01	5.374e-01	8.272e-01
Iris	1.252e-11	3.018e-01	2.421e-01	2.381e-11
Glass	9.369e-10	9.446e-05	7.760e-02	1.491e-03
Fertility	7.061e-10	1.092e-12	1.214e-12	3.061e-14
Survival	1.565e-01	3.649e-02	5.430e-03	6.836e-11

表 5.19 关于测试精度 TA 的成对 T 检验统计分析结果

数据集	P 值 1	P 值 2	P 值 3	P 值 4
Gaussian	9.416e-21	1.536e-28	9.715e-10	2.485e-17
CT	9.360e-12	5.391e-16	6.921e-15	7.393e-18
RenRu	2.126e-11	8.477e-08	1.507e-09	4.759e-10
WDBC	1.303e-10	1.535e-17	1.126e-09	1.253e-11
Parkinsons	5.351e-08	5.521e-02	5.087e-12	1.612e-12
Pima	3.917e-11	3.108e-17	2.791e-18	1.121e-12
Skin	1.703e-11	3.386e-06	3.388e-06	3.391e-06
Iris	7.726e-07	7.153e-13	1.623e-12	1.190e-11
Glass	1.463e-10	2.638e-09	6.661e-14	2.772e-08
Fertility	5.633e-04	3.861e-09	8.862e-14	4.568e-12
Survival	2.130e-07	6.081e-11	1.191e-14	3.525e-08

表 5.20　关于压缩比 CR 的成对 T 检验统计分析结果

数据集	P 值 1	P 值 2	P 值 3	P 值 4
Gaussian	2.230e-05	6.129e-15	3.059e-18	4.386e-18
CT	4.534e-11	4.924e-15	6.173e-18	6.608e-18
RenRu	4.637e-12	2.340e-08	2.597e-12	1.895e-11
WDBC	1.201e-01	1.161e-14	2.536e-18	7.049e-17
Parkinsons	6.455e-08	5.117e-01	2.557e-14	1.374e-16
Pima	5.178e-08	1.370e-11	1.205e-15	1.683e-16
Skin	7.357e-01	5.606e-19	3.516e-19	2.622e-19
Iris	5.589e-07	2.661e-14	6.967e-17	3.237e-13
Glass	9.671e-15	4.546e-11	7.127e-18	4.398e-11
Fertility	3.297e-05	6.936e-13	1.519e-16	1.736e-14
Survival	3.820e-08	5.794e-11	1.546e-15	3.858e-10

5.2　基于 MapReduce 和 Spark 的大数据 CFKNN 算法

5.2.1　算法基本思想

在上一节, 介绍了 CFKNN 算法. 在这一节, 介绍 CFKNN 在大数据环境中的推广. 具体地, 在 MapReduce 和 Spark 两种大数据开源框架下, 将 CFKNN 扩展到大数据环境.

将 CFKNN 扩展到大数据环境需要解决下面 3 个问题:

(1) 在确定训练集 T 中样例 $\boldsymbol{x}$ 的类别隶属度时, 首先需要计算集合 S 的隶属度矩阵 $\boldsymbol{\mu}$; 然后寻找 $\boldsymbol{x}$ 的 K 个最近邻, 以计算样例 $\boldsymbol{x}$ 的类别隶属度. 当训练集 T 为大数据集时, 随着集合 S 中样例逐渐增多, 对 T 中的每个样例在 S 中寻找它的 K 个最近邻, 并计算 T 中每个样例的熵, 计算量非常大.

(2) 当数据集为大数据集时, 寻找 K 个最近邻的计算复杂度大大增加.

(3) 对所选样例集合 S 不能实时更新, 进而导致对当前样例 $\boldsymbol{x}$ 的隶属度和信息熵计算不准确, 是导致 CFKNN 算法无法在大数据环境下应用的主要原因.

针对问题 (1), 解决的方法是先在 S 中寻找样例 $\boldsymbol{x}$ 的 K 个最近邻, 然后只计算 K 个样例的类别隶属度, 这样可以大大降低计算时间复杂度.

针对问题 (2), 通过并行计算框架 MapReduce 和 Spark, 在每个计算节点上并行地在集合 S 寻找样例 $\boldsymbol{x}$ 的 K 个最近邻.

针对问题 (3), 在阈值设置上引入动态机制, 对阈值进行动态调整, 将阈值 λ 设置为迭代次数 j 的单调递减函数:

$$\lambda = \alpha(j,n) = \begin{cases} \lambda_0, & j = 1; \\ \alpha(j-1,n) - \frac{1}{10n} \times e^{\frac{j}{n}}, & 1 < j \leqslant n \end{cases} \tag{5.3}$$

其中, λ_0 为初始化的熵值, 对于 λ_0 的设置, 应该考虑到对应类别数的最大熵. 通过引入动态阈值机制, 可使分类器具有更好的分类精度, 具体原因将在后面进行分析.

将 CFKNN 算法扩展到大数据环境使用的策略是分而治之. 首先将大数据 T 划分为 m 个子集 $T_1, T_2, \cdots, T_m$, 然后将 m 个子集部署到 m 个计算节点上, 并在 m 个节点上并行地用 CFKNN 算法进行样例选择. 因为将大数据集划分为 m 个子集具有随机性, 所以迭代多次以消除随机性产生的影响. 大数据 CFKNN 算法的基本思想如图 5.6 所示, 伪代码在算法 5.3 中给出.

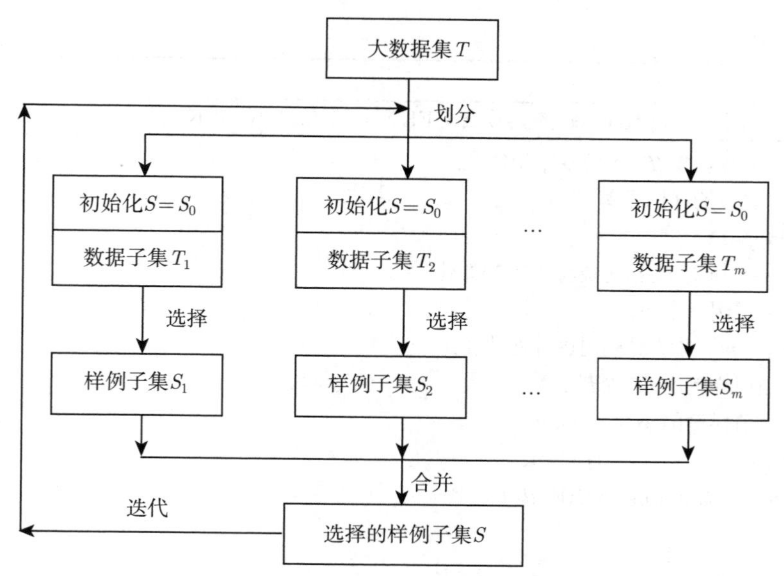

图 5.6 大数据 CFKNN 算法的基本思想

5.2.2 基于 MapReduce 的大数据 CFKNN 算法

当 T 是大数据时, 对 T 中的每个样例, 在 S 中寻找它的 K 个最近邻, 以及计算 T 中每个样例的熵, 计算量都非常大. 为此, 通过 MapReduce 大数据框架并行地执行. 对于 T 中的样例, 在各个计算节点并行地寻找 S 中的 K 个最近邻, 并计算熵值, 从而大大减少了算法的运行时间. 随着 T 中样例数量的增加, 可以通过增加计算节点个数, 使算法维持可接受的运算时间, 因此算法变得容易扩展, 具体流程如算法 5.4 所示.

算法 5.3: 大数据 CFKNN 算法

1 **输入**: 大数据集 T, 参数 K, 阈值 α, 迭代次数 p.
2 **输出**: 选择的样例子集 S.
3 **for** $(i=1;i\leqslant p;i++)$ **do**
4 　从 T 中选择 K 个样例初始化 S;
5 　在各个计算节点计算本地子集中样例 $\boldsymbol{x}$ 的信息熵 $E(\boldsymbol{x})=-\sum_{i=1}^{l}\mu_i(\boldsymbol{x})\log_2\mu_i(\boldsymbol{x})$;
6 　计算 $\alpha(j,n)$;
7 　**if** $(E(\boldsymbol{x})>\alpha(j,n))$ **then**
8 　　$S=S\cup\{\boldsymbol{x}\}$;
9 　**end**
10 **end**
11 输出 S.

算法 5.4: 基于 MapReduce 的大数据 CFKNN 算法: MR-CFKNN

1 **输入**: 大数据集 T, 参数 K, 阈值 α.
2 **输出**: 选择的样例子集 S.
3 `// Mapper;`
4 执行 *setup*() 方法, 对资源进行初始化;
5 初始化样例子集 S;
6 使用 *map*() 方法对样例进行格式化;
7 寻找当前样例的 K 个最近邻;
8 计算当前样例的熵 *Entropy*;
9 **if** $(Entropy>\alpha(j,n))$ **then**
10 　$context.write(NullWritable,t)$;
11 **end**
12 `// Reducer;`
13 使用 *reduce*() 方法对样例进行格式化, $reduce(NullWritable,[t^{(1)},t^{(2)},\cdots])$;
14 **for** $(t\in[t^{(1)},t^{(2)},\cdots])$ **do**
15 　对所选样例进行输出, $context.write(NullWritable,t)$,
16 **end**
17 输出 S.

算法 5.4 展示了大数据 CFKNN 算法在 MapReduce 中的计算流程. 算法分为两个部分, Mapper 阶段和 Reducer 阶段. Mapper 阶段包含 Setup 和 Map 两个方法. Reducer 阶段只包含一个 Reduce 方法.

在 Mapper 阶段的 Setup 方法中, 首先初始化随机选择或上一次迭代产生数据子集 S, Map 方法计算输入的样例 $\boldsymbol{x} \in T$ 在 S 中的 K 个近邻, 由 K 个近邻计算出 $\boldsymbol{x}$ 的熵 $E(\boldsymbol{x})$, 若 $E(\boldsymbol{x}) > \alpha(j,n)$, 则选择样例 $\boldsymbol{x}$. Reduce 阶段比较简单, 不做任何操作直接将选择的样例输出.

算法 5.5: 基于 Spark 的大数据 CFKNN 算法: Spark-CFKNN

1 **输入**: 大数据集 T, 参数 K, 阈值 α, 迭代次数 p.
2 **输出**: 选择的样例子集 S.
3 对数据集 T 进行初始化 RDD 操作, $valtrainInitRDD = sc.textFile(T)$;
4 得到初始样例集合 D,
  $vardRDD = trainInitRDD.combineByKey().map().flatmap()$;
5 得到 T 与 D 的差集, $vartRDD = trainInitRDD.subtract(dRDD)$;
6 **for** $(i=1; i \leqslant p; i++)$ **do**
7   对数据集 D 进行广播操作, $vardInsbroad = sc.broadcast(dRDD.collect())$;
8   $valdistanceRDD = tRDD.map(\text{line} =>\{$
9   **for** $(j=1; i \leqslant dInsbroad.value.length; j++)$ **do**
10   计算当前样例与 D 中样例的距离, $Distance(dInsbroad.value(i), line)$;
11   **end**
12   $\})$;
13   $valtEntropyAndSelectRDD = distanceRDD.map(\text{line} =>\{$
14   计算当前样例的隶属度,
    $memShipDevide(trainInsMemberShipCalc(kNearestNeighbor))$;
15   计算当前样例的熵值, $valentropy = calcEntropy()$;
16   **if** $(Entropy > \alpha(j,n))$ **then**
17     $S_m = S_m \cup \{\boldsymbol{x}\}$;
18     $T_m = T_m - \{\boldsymbol{x}\}$;
19   **end**
20   $\})$;
21   将当前迭代所选样例与 D 求并集,
    $dRDD = dRDD.union(tEntropyAndSelectRDD)$;
22   将 T 与当前迭代所选样例做差集,
    $tRDD = tRDD.subtract(tEntropyAndSelectRDD)$;
23 **end**
24 输出 S.

5.2.3　基于 Spark 的大数据 CFKNN 算法

基于 Spark 的大数据 CFKNN 算法与基于 MapReduce 的大数据 CFKNN 算法类似, 只是实现机制不同, Spark 用 RDD 实现, 这里直接给出基于 Spark 的大数据 CFKNN 算法伪代码, 如算法 5.5 所示. 关于 RDD 的内容, 读者可参见第 4 章.

5.2.4　实验结果与分析

为了验证大数据 CFKNN 算法的有效性, 在 4 个大数据集上进行实验, 4 个数据集的基本信息如表 5.21 所示. 此外, 还对比了用原始 CFKNN 算法和大数据 CFKNN 算法选择的样例作为训练集, 使用 K-NN 算法对测试集进行分类的精度, 即对比两种算法选择的样例子集的质量. 4 个大数据集包括两个人工数据集和两个 UCI 数据集, 第 1 个人工数据集 Gaussian1 是一个二类数据集, 每类包含 250 000 个样例点, 共 500 000 个样例. 两类样例点均服从高斯分布 $p(\boldsymbol{x},\omega_i) \sim N(\boldsymbol{\mu}_i,\Sigma_i), i=1,2$, 分布参数列于表 5.22 中.

表 5.21　实验所用数据集的基本信息

数据集	样例数	属性数	类别数
Gaussian1	500 000	2	2
Gaussian2	600 000	2	3
Healthy	75 128	8	4
Skin	240 000	3	2

表 5.22　人工数据集 Gaussian1 的均值向量和协方差矩阵

i	$\boldsymbol{\mu}_i$	$\boldsymbol{\Sigma}_i$
1	$(1.0, 1.0)^{\mathrm{T}}$	$\begin{bmatrix} 0.6 & -0.2 \\ -0.2 & 0.6 \end{bmatrix}$
2	$(2.5, 2.5)^{\mathrm{T}}$	$\begin{bmatrix} 0.2 & -0.1 \\ -0.1 & 0.2 \end{bmatrix}$

第 2 个人工数据集是一个三类二维数据集, 每类包含 200 000 个样本点, 且服从概率分布:

$$p(\boldsymbol{x}|\omega_1) \sim N((0,0)^{\mathrm{T}}, \boldsymbol{E})$$

$$p(\boldsymbol{x}|\omega_2) \sim N((1,1)^{\mathrm{T}}, \boldsymbol{E})$$

$$p(\boldsymbol{x}|\omega_3) \sim \frac{1}{2}N((0.5,0.5)^{\mathrm{T}}, \boldsymbol{E}) + \frac{1}{2}N((-0.5,0.5)^{\mathrm{T}}, \boldsymbol{E}) \tag{5.4}$$

其中, $\boldsymbol{E}$ 表示 2 阶单位矩阵.

实验所用大数据平台计算节点的配置信息列于表5.23中, 节点规划列于表5.24中.

表 5.23 大数据平台计算节点的配置信息

配置项	配置信息
CPU	Inter Xeon E5-4603 2.0Ghz (双核)
内存	16GB
硬盘	1TB
网卡	Broadcom 5720 QP 1Gb 网络子卡 (四端口)
交换机	华为 S3700 系列以太网交换机
操作系统	CentOS 6.4
云计算平台	Hadoop-2.7.1 Spark-2.3.1
JDK 版本	JDK1.8

表 5.24 大数据平台计算节点的规划

节点号	主机名	IP 地址	节点类型
1	Master1	10.187.86.242	Master, Namenode, ResourceManager
2	Node1	10.187.86.243	Worker, DataNode, NodeManager
3	Node2	10.187.86.244	Worker, DataNode, NodeManager
4	Node3	10.187.86.245	Worker, DataNode, NodeManager
5	Node4	10.187.86.246	Worker, DataNode, NodeManager
6	Node5	10.187.86.247	Worker, DataNode, NodeManager
7	Node6	10.187.86.248	Worker, DataNode, NodeManager
8	Node7	10.187.86.249	Worker, DataNode, NodeManager

表 5.25 展示了 CFKNN 算法与大数据 CFKNN 算法在 Guassian1 数据集实

验结果的比较. 如表 5.25 中所示, 由于算法机制不同, CFKNN 算法对所有训练样例只进行 1 次迭代, 而 MR-CFKNN 算法和 Spark-CFKNN 算法分别进行了 3 次、4 次和 5 次迭代. 表 5.25 中的分类精度, 是分别用两种算法选择的样例集合作为训练集, 使用 K-NN 算法进行分类精度测试. 导致大数据 CFKNN 算法的分类精度优于 CFKNN 算法的原因主要有两点: ① CFKNN 算法只对训练集进行 1 次迭代, 为了保证选择的样例更具代表性, 同时考虑到阈值为固定值, 所以 CFKNN 算法需要将阈值设置为较折中的数值, 这导致在算法运行初期, 会选入较多的非边界样例; ② 大数据 CFKNN 算法考虑到算法运行初期训练样例的熵值普遍较高的情况, 且随着算法的不断迭代, 训练样例的熵值逐渐靠近真实值, 所以引入了动态阈值策略, 使阈值随着迭代次数的增加逐渐衰减, 以此来克服 CFKNN 算法的缺点. 以上两点使得大数据 CFKNN 算法的分类精度优于 CFKNN 算法, 说明该算法所筛选出的样例更具代表性. 此外, 从表 5.25 还可以看出, 无论迭代多少次, MR-CFKNN 和 Spark-CFKNN 的分类精度几乎都是相同的. 这也不难理解, 因为基准算法相同, 只是实现机制不同.

表 5.25　3 种算法 CFKNN, MR-CFKNN 和 Spark-CFKNN 分类精度的比较

算法	迭代次数			分类精度		
CFKNN		1			0.829	
MR-CFKNN	3	4	5	0.988	0.988	0.988
Spark-CFKNN	3	4	5	0.988	0.988	0.988

对 MR-CFKNN 算法和 Spark-CFKNN 算法在不同迭代次数下的文件数目、同步次数、选择的样例数和运行时间进行了对比. 文件数目和同步次数对比结果如表 5.26 所示, 由于文件数目和同步次数只与大数据平台的调度机制有关, 与数据集无关, 故对该指标的对比不区分数据集. 在 4 个数据集上选择的样例数和运行时间的对比结果分别列于表 5.27～ 表 5.30 中.

表 5.26　两种算法在不同迭代次数下文件数目和同步次数的比较

迭代次数	文件数目		同步次数	
	MR-CFKNN	Spark-CFKNN	MR-CFKNN	Spark-CFKNN
3	14	280	6	5
4	42	280	8	6
5	112	280	10	7

表 5.27 两种算法在数据集 Gaussian1 上选择的样例数和运行时间的比较

迭代次数	选择的样例数		运行时间	
	MR-CFKNN	Spark-CFKNN	MR-CFKNN	Spark-CFKNN
3	32 292	37 726	5499	769
4	32 323	38 053	14 351	796
5	32 329	38 248	19 127	836

表 5.28 两种算法在数据集 Gaussian2 上选择的样例数和运行时间的比较

迭代次数	选择的样例数		运行时间	
	MR-CFKNN	Spark-CFKNN	MR-CFKNN	Spark-CFKNN
3	271 257	269 569	34 409	5088
4	290 478	286 900	48 665	5199
5	310 589	299 008	63 142	10 910

表 5.29 两种算法在数据集 Healthy 上选择的样例数和运行时间的比较

迭代次数	选择的样例数		运行时间	
	MR-CFKNN	Spark-CFKNN	MR-CFKNN	Spark-CFKNN
3	17023	16476	112	88
4	53841	51117	197	154
5	59856	59232	411	300

表 5.30 两种算法在数据集 Skin 上选择的样例数和运行时间的比较

迭代次数	选择的样例数		运行时间	
	MR-CFKNN	Spark-CFKNN	MR-CFKNN	Spark-CFKNN
3	113325	12443	186	125
4	14012	13970	314	252
5	14581	14194	628	444

对于文件数目的对比, 主要指的是中间文件数目. 因为算法运行过程中所产生的中间文件, 不仅会占用内存空间, 还会影响磁盘的 I/O 性能, 导致算法运行时间增加. 在 MapReduce 中, 每次 Shuffle 操作会对 Map 产生的中间结果进行

排序和归并操作, MapReduce 通过归并和排序操作, 减少了中间结果传输的数据量, 以此保证每一个 Map 任务只产生一个中间数据文件, 达到减少文件数目的目的. 在 Spark 中, 默认没有对中间数据进行预排序和归并操作, 所以只能将不同分区的数据分别保存在单个文件中, 分区个数即为中间文件数目. 综上所述, 在不同迭代次数下, 两种算法所产生的中间文件数目如表 5.26 中所示. 从表中可以发现, Spark-CFKNN 算法的中间文件数目要明显高于 MR-CFKNN 算法, 且分区数并不随着迭代次数的增加而增加. 首先, Spark-CFKNN 算法通过增加分区数目, 降低了每个分区所需要的内存空间, 减少了每个任务的执行时间, 但同时带来了中间文件数目过多的缺陷; 其次, 通过对 Spark 的环境变量设置及 reparation 算子进行重分区操作, 可以使文件数目保持恒定.

对于同步次数, MapReduce 为同步模型, 即所有的 map 操作结束后, 才能进行 Reduce 操作. 而在 Spark 中, Spark 通过 RDD 间的宽依赖、窄依赖关系, 以及管道化操作, 提高了 Spark 的并行化程度及 Spark 中算法的局部性能. 在不同迭代次数下, 两种算法所需要的同步次数如表 5.26 所示.

对算法运行时间的分析和第 4.2.4 节给出的分析类似, 算法的执行时间 T 会受到输入文件时间 T_{read}、中间数据排序时间 T_{sort}、中间数据传递时间 T_{trans} 和输出文件到 HDFS 时间 T_{write} 的影响. 对每一轮的计算结果都进行了广播, 两种算法的执行时间的差异主要是受到 MapReduce 和 Spark 运行机制及调度策略的影响, 所以最终只考虑 T_{sort} 和 T_{trans} 对 T 造成的影响.

对于中间数据排序时间 T_{sort}, 由于 MapReduce 的 shuffle 过程会对中间结果进行排序和归并操作, 所以若假设每个 Map 任务有 N 条数据, 每个 Reduce 任务有 M 条数据, 则 MapReduce 的中间数据排序时间 $T_{\text{MR-sort}} = O(N\log N)$. 而在 Spark 中, 默认没有对中间数据进行预排序的操作, 所以 Spark 的中间数据排序时间 $T_{\text{Spark-sort}} = 0$.

中间数据传递时间 T_{trans} 主要是指将 Map 任务运算的数据传送到 Reduce 任务所消耗的时间, 所以 T_{trans} 主要由 Map 任务输出的中间数据的大小 $|D|$ 和网络传输速度 C_t 所决定. 显而易见, 在网络传输速度相同的情况下, T_{trans} 与中间数据大小 $|D|$ 成正比. 由此可知, 在相同的迭代次数下, 中间数据传递时间 T_{trans} 主要受到同步次数的影响. 由于 Spark 引入了管道化操作, 因此可以减少同步次数, 提高并行化程度. 故由表 5.26 中显示的同步次数可知, 随着迭代次数的增加, Spark 较 MapReduce 在中间数据传递时间 T_{trans} 上的优势会越来越明显.

从表 5.27～ 表 5.30 可以看出, 两种算法在 4 个数据集上选择的样例数差别不大, 这也容易理解, 因为两种算法选择样例的思想是相同的, 不同的是实现机制.

综上所述, 由于 MR-CFKNN 算法与 Spark-CFKNN 算法的程序设计不同, 虽然 Spark-CFKNN 算法增加了分区数, 导致 Spark 的文件数目要大大多于 MapReduce 的文件数目, 但由于两个大数据框架的调度机制的差异, Spark 通过引入管道化操作, 减少了同步次数, 使得中间数据传输时间随着迭代次数的增加, 会越来越优于 MapReduce 的中间数据传输时间. 其次, 基于内存计算的 Spark 可以将算法运行过程中重复用到的中间数据结果缓存到内存中, 减少因为重复计算所消耗的时间, 最终导致 Spark-CFKNN 算法的运行时间要优于 MR-CFKNN 算法的运行时间. 此外, 由表 5.29 和表 5.30 可以明显观察到 Healthy 和 Skin 数据集在算法运行时间上的差异要小于 Gaussian1 和 Gaussian2 数据集, 导致这个现象的原因在于前者在数据规模上要小于后者.

5.3 基于模糊粗糙集技术的样例选择算法

模糊粗糙集处理的是模糊决策表, 它是第一章介绍的决策表的模糊化版本, 后面会介绍具体的模糊化方法, 下面先介绍相关的基本概念.

5.3.1 模糊粗糙集

在分类的框架下, 模糊粗糙集被逼近的目标概念是模糊决策类, 所用的知识是模糊等价关系. 同决策表一样, 模糊决策表也可以用四元组 $FDT = (U, A \cup C, V, f)$ 表示, 不同的是 A 表示模糊条件属性集合 $A = \{A_1, A_2, \cdots, A_d\}$. 其中, $A_i (1 \leqslant i \leqslant d)$ 表示一个模糊条件属性, 它由一组模糊语言术语 $FLT_i = \{A_{i1}, A_{i2}, \cdots, A_{is_i}\}$ 构成, 每一个模糊语言术语 $A_{ij} (1 \leqslant i \leqslant d; 1 \leqslant j \leqslant s_i)$ 是定义在论域 U 上的一个模糊集.

对于任意一个模糊集 A_{ij}, 它可以表示为:

$$A_{ij} = \frac{x_{ij}^{(1)}}{\boldsymbol{x}_1} + \frac{x_{ij}^{(2)}}{\boldsymbol{x}_2} + \cdots + \frac{x_{ij}^{(n)}}{\boldsymbol{x}_n}.$$

其中, $x_{ij}^{(p)} (1 \leqslant i \leqslant d; 1 \leqslant j \leqslant s_i; 1 \leqslant p \leqslant n)$ 是样例 $\boldsymbol{x}_p$ 隶属于模糊集 A_{ij} 的隶属度.

一般地, 一个模糊决策表可表示为表 5.31 的形式. 作为一个例子, 表 5.32 是一个有 4 个模糊条件属性, 1 个模糊决策属性, 包含 16 个样例的模糊决策表.

表 5.31 模糊决策表的形式化表示

$\boldsymbol{x}$	A_1				A_2				$\cdots$	A_d				C			
	A_{11}	A_{12}	$\cdots$	A_{1s_1}	A_{21}	A_{22}	$\cdots$	A_{2s_2}	$\cdots$	A_{d1}	A_{d2}	$\cdots$	A_{ds_d}	C_1	C_2	$\cdots$	C_k
$\boldsymbol{x}_1$	$x_{11}^{(1)}$	$x_{12}^{(1)}$	$\cdots$	$x_{1s_1}^{(1)}$	$x_{21}^{(1)}$	$x_{22}^{(1)}$	$\cdots$	$x_{2s_2}^{(1)}$	$\cdots$	$x_{d1}^{(1)}$	$x_{d2}^{(1)}$	$\cdots$	$x_{ds_d}^{(1)}$	$c_1^{(1)}$	$c_2^{(1)}$	$\cdots$	$c_k^{(1)}$
$\boldsymbol{x}_2$	$x_{11}^{(2)}$	$x_{12}^{(2)}$	$\cdots$	$x_{1s_1}^{(2)}$	$x_{21}^{(2)}$	$x_{22}^{(2)}$	$\cdots$	$x_{2s_2}^{(2)}$	$\cdots$	$x_{d1}^{(2)}$	$x_{d2}^{(2)}$	$\cdots$	$x_{ds_d}^{(2)}$	$c_1^{(2)}$	$c_2^{(2)}$	$\cdots$	$c_k^{(2)}$
$\vdots$	$\vdots$	$\vdots$	$\cdots$	$\vdots$	$\vdots$	$\vdots$	$\cdots$	$\vdots$	$\cdots$	$\vdots$	$\vdots$	$\cdots$	$\vdots$	$\vdots$	$\vdots$	$\cdots$	$\vdots$
$\boldsymbol{x}_n$	$x_{11}^{(n)}$	$x_{12}^{(n)}$	$\cdots$	$x_{1s_1}^{(n)}$	$x_{21}^{(n)}$	$x_{22}^{(n)}$	$\cdots$	$x_{2s_2}^{(n)}$	$\cdots$	$x_{d1}^{(n)}$	$x_{d2}^{(n)}$	$\cdots$	$x_{ds_d}^{(n)}$	$c_1^{(1)}$	$c_2^{(n)}$	$\cdots$	$c_k^{(n)}$

表 5.32 含有 16 个样例的模糊决策表

$\boldsymbol{x}$	*Outlook*			*Temperature*			*Humidity*		*Wind*		*Play*		
	Sunny	*Cloudy*	*Rain*	*Hot*	*Mild*	*Cool*	*High*	*Normal*	*Strong*	*Weak*	*V*	*S*	*W*
$\boldsymbol{x}_1$	1.0	0.0	0.0	0.7	0.2	0.1	0.7	0.3	0.4	0.6	0.0	0.6	0.4
$\boldsymbol{x}_2$	0.6	0.4	0.0	0.6	0.2	0.2	0.6	0.4	0.9	0.1	0.7	0.6	0.0
$\boldsymbol{x}_3$	0.8	0.2	0.0	0.0	0.7	0.3	0.2	0.8	0.2	0.8	0.3	0.6	0.1
$\boldsymbol{x}_4$	0.3	0.7	0.0	0.2	0.7	0.1	0.8	0.2	0.3	0.7	0.9	0.1	0.0
$\boldsymbol{x}_5$	0.7	0.3	0.0	0.0	0.1	0.9	0.5	0.5	0.5	0.5	1.0	0.0	0.0
$\boldsymbol{x}_6$	0.0	0.3	0.7	0.0	0.7	0.3	0.3	0.7	0.4	0.6	0.2	0.2	0.6
$\boldsymbol{x}_7$	0.0	0.0	1.0	0.0	0.3	0.7	0.8	0.2	0.1	0.9	0.0	0.0	1.0
$\boldsymbol{x}_8$	0.0	0.9	0.1	0.0	1.0	0.0	0.1	0.9	0.0	1.0	0.3	0.0	0.7
$\boldsymbol{x}_9$	1.0	0.0	0.0	1.0	0.0	0.0	0.4	0.6	0.4	0.6	0.4	0.7	0.0
$\boldsymbol{x}_{10}$	0.0	0.3	0.7	0.7	0.2	0.1	0.8	0.2	0.9	0.1	0.0	0.3	0.7
$\boldsymbol{x}_{11}$	1.0	0.0	0.0	0.6	0.3	0.1	0.7	0.3	0.2	0.8	0.4	0.7	0.0
$\boldsymbol{x}_{12}$	0.0	1.0	0.0	0.2	0.6	0.2	0.7	0.3	0.7	0.3	0.7	0.2	0.1
$\boldsymbol{x}_{13}$	0.0	0.9	0.1	0.7	0.3	0.0	0.1	0.9	0.0	1.0	0.0	0.4	0.6
$\boldsymbol{x}_{14}$	0.0	0.9	0.1	0.1	0.6	0.3	0.7	0.3	0.7	0.3	1.0	0.0	0.0
$\boldsymbol{x}_{15}$	0.0	0.3	0.7	0.0	0.0	1.0	0.2	0.8	0.8	0.2	0.4	0.0	0.6
$\boldsymbol{x}_{16}$	0.5	0.5	0.0	1.0	0.0	0.0	1.0	0.0	1.0	0.0	0.7	0.6	0.0

在表 5.32 中, 4 个模糊条件属性及其模糊语言术语分别是:

$A_1 = Outlook$, $FLT_1 = \{A_{11}, A_{12}, A_{13}\} = \{Sunny, Cloudy, Rain\}$;

$A_2 = Temperature$, $FLT_2 = \{A_{21}, A_{22}, A_{23}\} = \{Hot, Mild, Cool\}$;

$A_3 = Humidity$, $FLT_3 = \{A_{31}, A_{32}\} = \{Humid, Normal\}$;

$A_4 = Wind$, $FLT_4 = \{A_{41}, A_{42}\} = \{Strong, Weak\}$.

模糊决策属性及其模糊语言术语分别是:

$C = Play$, $FLT_C = \{C_1, C_2, C_3\} = \{V, S, W\}$.

下面先定义模糊等价关系、模糊等价类、模糊划分等概念.

定义 5.3.1 设 $F, F_i(1 \leqslant i \leqslant m)$ 是定义在论域 U 上的模糊集, $F_i(1 \leqslant i \leqslant m)$ 对 F 的划分定义为 $\{F \cap F_i | 1 \leqslant i \leqslant m\}$.

定义 5.3.2 给定模糊决策表 $DT = (U, A \cup C, V, f)$, 论域 U 的一个划分称为模糊划分, 当且仅当下面两个条件成立.

(1) $\forall \boldsymbol{x}_i \in U$, $\forall F_i \in F(U)$, $\mu_{F_i}(\boldsymbol{x}_i) \leqslant 1$;

(2) $\forall \boldsymbol{x}_i \in U$, $\exists F_i \in F(U)$, $\mu_{F_i}(\boldsymbol{x}_i) \geqslant 0$.

其中, $F(U)$ 表示定义在论域 U 上的全体模糊集构成的集合.

定义 5.3.3 给定模糊决策表 $DT = (U, A \cup C, V, f)$, R 称为论域 U 的模糊等价关系, 如果下面 4 个条件成立.

(1) R 是 U 上的模糊关系 ;

(2) R 是自反的, 即 $\forall \boldsymbol{x} \in U$, 有 $R(\boldsymbol{x}, \boldsymbol{x}) = 1$;

(3) R 是对称的, 即 $\forall \boldsymbol{x}, \boldsymbol{y} \in U$, 有 $R(\boldsymbol{x}, \boldsymbol{y}) = R(\boldsymbol{y}, \boldsymbol{x})$;

(4) R 是 min 传递的, 即 $\forall \boldsymbol{x}, \boldsymbol{y}, \boldsymbol{z} \in U$, 有 $R(\boldsymbol{x}, \boldsymbol{z}) \geqslant min\{R(\boldsymbol{x}, \boldsymbol{y}), R(\boldsymbol{y}, \boldsymbol{z})\}$.

定义在论域 U 上的等价关系形成 U 的一个清晰划分, 同样, 定义在 U 上的模糊等价关系形成 U 的一个模糊划分, 记为 U/R.

定义 5.3.4 给定模糊决策表 $DT = (U, A \cup C, V, f)$, $\boldsymbol{x} \in U$, R 是定义在论域 U 的模糊等价关系, $\boldsymbol{x}$ 的模糊等价类定义为 :

$$\mu_{[\boldsymbol{x}]_R}(\boldsymbol{y}) = \mu_R(\boldsymbol{x}, \boldsymbol{y}). \tag{5.5}$$

下面给出模糊粗糙集模型的下近似和上近似定义.

定义 5.3.5 给定模糊决策表 $DT = (U, A \cup C, V, f)$, R 是定义在论域 U 上

的模糊等价关系, X 是定义在论域 U 上的模糊集. X 的 R 模糊下近似定义为：

$$\underline{R}(X)=\left\{\mu_{\underline{R}(X)}(F)|F\in U/R\right\}. \tag{5.6}$$

其中,

$$\mu_{\underline{R}(X)}(F)=\inf_{\boldsymbol{x}\in U}\left\{\max\left\{1-\mu_F(\boldsymbol{x}),\mu_X(\boldsymbol{x})\right\}\right\}. \tag{5.7}$$

定义 5.3.6　给定模糊决策表 $DT=(U,A\cup C,V,f)$, R 是定义在论域 U 上的模糊等价关系, X 是定义在论域 U 上的模糊集. X 的 R 模糊上近似定义为：

$$\overline{R}(X)=\left\{\mu_{\overline{R}(X)}(F)|F\in U/R\right\}. \tag{5.8}$$

其中,

$$\mu_{\overline{R}(X)}(F)=\sup_{\boldsymbol{x}\in U}\left\{\min\left\{\mu_F(\boldsymbol{x}),\mu_X(\boldsymbol{x})\right\}\right\}. \tag{5.9}$$

上面的定义是定义在模糊划分上的, 下面给出在论域上的定义.

定义 5.3.7　给定模糊决策表 $DT=(U,A\cup C,V,f)$, $\boldsymbol{x}\in U$, R 是定义在论域 U 上的模糊等价关系, X 是定义在论域 U 上的模糊集. X 的 R 模糊下近似定义为：

$$\underline{R}(X)=\left\{\mu_{\underline{R}(X)}(\boldsymbol{x})|\boldsymbol{x}\in U\right\}. \tag{5.10}$$

其中,

$$\mu_{\underline{R}(X)}(\boldsymbol{x})=\sup_{F\in U/R}\left\{\min\left\{\mu_F(\boldsymbol{x}),\inf_{\boldsymbol{y}\in U}\left\{\max\left\{1-\mu_F(\boldsymbol{y}),\mu_X(\boldsymbol{y})\right\}\right\}\right\}\right\}. \tag{5.11}$$

定义 5.3.8　给定模糊决策表 $DT=(U,A\cup C,V,f)$, $\boldsymbol{x}\in U$, R 是定义在论域 U 上的模糊等价关系, X 是定义在论域 U 上的模糊集. X 的 R 模糊上近似定义为：

$$\overline{R}(X)=\left\{\mu_{\overline{R}(X)}(\boldsymbol{x})|\boldsymbol{x}\in U\right\}. \tag{5.12}$$

其中,

$$\mu_{\overline{R}(X)}(\boldsymbol{x})=\sup_{F\in U/R}\left\{\min\left\{\mu_F(\boldsymbol{x}),\sup_{\boldsymbol{y}\in U}\left\{\min\left\{\mu_F(\boldsymbol{y}),\mu_X(\boldsymbol{y})\right\}\right\}\right\}\right\}. \tag{5.13}$$

下面在分类的框架下, 给出模糊粗糙集中模糊正域和模糊依赖度的两种等价定义.

定义 5.3.9 给定模糊决策表 $DT=(U,A\cup C,V,f)$, R 是定义在论域 U 上的模糊等价关系, C 相对于 R 的模糊正域定义为：

$$\mu_{POS_R(C)}(X)=\sup_{X\in U/C}\left\{\mu_{\underline{R}(X)}(F)|F\in U/R\right\}. \tag{5.14}$$

定义 5.3.10 给定模糊决策表 $DT=(U,A\cup C,V,f)$, $\boldsymbol{x}\in U$, R 是定义在论域 U 上的模糊等价关系, C 相对于 R 的模糊正域定义为：

$$\mu_{POS_R(C)}(\boldsymbol{x})=\sup_{F\in U/R}\left\{\min\left\{\mu_F(\boldsymbol{x}),\mu_{POS_R(C)}(F)\right\}\right\}. \tag{5.15}$$

定义 5.3.11 给定模糊决策表 $DT=(U,A\cup C,V,f)$, R 是定义在论域 U 上的模糊等价关系, C 依赖于 R 的模糊依赖度在模糊划分 U/R 上的定义为：

$$\gamma_R(C)=\frac{\sum\limits_{F\in U/R}\mu_{POS_R(C)(F)}}{|U|}. \tag{5.16}$$

定义 5.3.12 给定模糊决策表 $DT=(U,A\cup C,V,f)$, R 是定义在论域 U 上的模糊等价关系, C 依赖于 R 的模糊依赖度在论域 U 上的定义为：

$$\gamma_R(C)=\frac{\sum\limits_{\boldsymbol{x}\in U}\mu_{POS_R(C)}(\boldsymbol{x})}{|U|}. \tag{5.17}$$

定义 5.3.13 给定模糊决策表 $DT=(U,A\cup C,V,f)$, 对于 $\forall x\in U$, 称 $A_i\in A$ 关于模糊决策属性 C 是不必要的, 如果 $\mu_{POS_A(C)}(x)=\mu_{POS_{A-\{A_i\}}(C)}(x)$ 成立. 否则, 称属性 A_i 关于 C 是必要的.

定义 5.3.14 给定模糊决策表 $DT=(U,A\cup C,V,f)$, $R\subseteq A$, 对于 $\forall A_i\in R$, 如果 A_i 关于模糊决策属性 C 是必要的, 则称属性子集 R 关于 C 是独立的.

定义 5.3.15 给定模糊决策表 $DT=(U,A\cup C,V,f)$, $R\subseteq A$, 如果下面两个条件成立, 称属性子集 R 是 A 的关于 C 的模糊属性约简.

(1) R 相对于 C 是独立的;

(2) $\mu_{POS_A(C)}(x)=\mu_{POS_R(C)}(x)$.

算法 5.6 给出了模糊属性约简算法的伪代码.

算法 5.6: 模糊属性约简算法

1 **输入**: 模糊决策表 $DT=(U,A\cup C,V,f)$.
2 **输出**: 所有模糊属性约简.
3 **for** (每一个模糊条件属性 $A_i\in A$) **do**
4 　计算模糊属性依赖度 $\gamma_{A_i}(C)$;
5 **end**
6 选择具有最大依赖度 $\gamma_{A_i}(C)$ 的属性 A_i, 作为候选属性加入模糊属性约简集合中, 为描述方便, 设选择的属性是 A_1;
7 **for** (每一个模糊条件属性 $A_j\in\{a_2,a_3,\cdots,a_d\}$) **do**
8 　计算模糊属性依赖度 $\gamma_{A_1A_j}(C)$;
9 **end**
10 选择满足 $\gamma_{A_1A_j}(C)\geqslant\gamma_{A_1}(C)$, 且具有最大依赖度 $\gamma_{A_1A_j}(C)$ 的属性 A_j, 作为候选属性加入模糊属性约简集合中, 为描述方便, 设选择的属性是 A_2. 此时, 模糊属性约简集合中包括 A_1 和 A_2 两个候选属性;
11 设 $B_k=\{A_1,A_2,\cdots,A_k\}$ 是选择的 k 个候选属性;
12 **if** (存在条件属性 $A_m(k<m\leqslant d)$, 满足 $\gamma_{B_k\cup\{A_m\}}(C)\geqslant\gamma_{B_k}(C)$) **then**
13 　得到几个模糊属性约简 $\{A_1,A_2,\cdots,A_k,A_m\},m=k+1,\cdots,d$;
14 **end**
15 输出所有的模糊属性约简.

5.3.2 改进的模糊 K-NN 算法

给定模糊决策表 $DT=(U,A\cup C,V,f)$, 对于 $\forall A_i\in A$ 和 $\forall\boldsymbol{x},\boldsymbol{x}'\in U$, 对象 $\boldsymbol{x}$ 和 $\boldsymbol{x}'$ 关于模糊条件属性 A_i 的相似度定义为:

$$\mu_{A_i}(\boldsymbol{x},\boldsymbol{x}')=1-\prod_{j=1}^{k_i}\frac{|\mu_{A_{ij}}(\boldsymbol{x})-\mu_{A_{ij}}(\boldsymbol{x}')|}{\mu_{A_{ij}}^{\max}-\mu_{A_{ij}}^{\min}}. \tag{5.18}$$

其中, A_{ij} 是模糊条件属性 A_i 的模糊语言术语, 它们是模糊集; $\mu_{A_{ij}}(\boldsymbol{x})$ 和 $\mu_{A_{ij}}(\boldsymbol{x}')$ 分别是对象 $\boldsymbol{x}$ 和 $\boldsymbol{x}'$ 属于模糊集 A_{ij} 的隶属度; $\mu_{A_{ij}}^{\max}=\underset{j}{\operatorname{argmax}}\{\mu_{A_{ij}}(\cdot)\}$, $\mu_{A_{ij}}^{\min}=\underset{j}{\operatorname{argmin}}\{\mu_{A_{ij}}(\cdot)\}$.

假设 R 是 A 的一个模糊属性约简, 对象 $\boldsymbol{x}$ 和 $\boldsymbol{x}'$ 关于 R 的相似度定义为:

$$\mu_R(\boldsymbol{x},\boldsymbol{x}')=\sum_{A_i\in R}\omega(A_i)\mu_{A_i}(\boldsymbol{x},\boldsymbol{x}'). \tag{5.19}$$

其中, $\omega(A_i)$ 是一个权重因子, 定义为:

$$\omega(A_i) = \frac{\gamma_{A_i}(C)}{\sum\limits_{A_i \in R} \gamma_{A_i}(C)}. \tag{5.20}$$

对于给定的样例 $\boldsymbol{x} \in U$, 利用公式 (5.18) 可找到 $\boldsymbol{x}$ 的 K 个最相似的对象 $\boldsymbol{x}_s(1 \leqslant s \leqslant K)$, 利用这 K 个最相似的对象, 可用下面的公式 (5.21) 确定样例 $\boldsymbol{x}$ 属于各个类别的模糊隶属度.

$$\mu_l(\boldsymbol{x}) = \frac{\sum\limits_{s=1}^{K} u_{ls}\mu_R(\boldsymbol{x}, \boldsymbol{x}_s)}{\sum\limits_{s=1}^{K} \mu_R(\boldsymbol{x}, \boldsymbol{x}_s)}. \tag{5.21}$$

其中, u_{ls} 表示 $\boldsymbol{x}$ 的近邻 $\boldsymbol{x}_s(1 \leqslant s \leqslant K)$ 对于第 $l(1 \leqslant l \leqslant k)$ 类的隶属程度, u_{ls} 满足条件:

$$\sum_{l=1}^{k} u_{ls} = 1. \tag{5.22}$$

这样, 改进的模糊 K-NN 算法的伪代码如算法 5.7 所示.

算法 5.7: 改进的模糊 K-NN 算法

1 **输入**: 模糊决策表 $DT = (U, A \cup C, V, f)$, 参数 K, 测试样例 $\boldsymbol{x}$.
2 **输出**: 测试样例 $\boldsymbol{x}$ 的模糊隶属度.
3 利用算法 5.6 计算 A 的模糊属性约简 R;
4 利用公式 (5.18) 计算测试样例 $\boldsymbol{x}$ 的 K 个最相似的对象;
5 利用公式 (5.21) 计算测试样例 $\boldsymbol{x}$ 属于各个类别 l 的模糊隶属度.
6 输出测试样例 $\boldsymbol{x}$ 的属于各个类别的模糊隶属度.

5.3.3 两个基于模糊粗糙集的样例选择算法

在模糊粗糙集中, 模糊上近似和模糊下近似之间的区域称为模糊边界域, 论域 U 减去模糊正域和模糊负域得到的是模糊负域. 我们认为模糊正域和模糊边界域中的样例比模糊负域中的样例重要. 为此, 提出基于模糊正域和模糊边界域的样例选择算法, 分别记为 ISFPR(instance selection via fuzzy positive region) 算法和 ISFBR (instance selection via fuzzy borderline region) 算法, 下面介绍这两种算法.

(1) ISFPR 算法.

给定模糊决策表 $DT = (U, A \cup C, V, f)$, 设 R 是 A 的具有最大重要度的模糊属性约简. 决策属性 C 关于 R 的模糊正域是一个模糊集, 其定义由 (5.15) 给出.

给定参数 α, 定义集合 S 如下:

$$S = \left\{ \boldsymbol{x} \mid \sup_{X \in U/C} \{\mu_{\underline{R}(X)}(\boldsymbol{x})\} \geqslant \alpha \right\}. \tag{5.23}$$

对于给定的模糊决策表 $DT = (U, A \cup C, V, f)$, ISFPR 算法由 3 步构成: 首先, 利用算法 5.6 计算 A 的具有最大重要度的模糊属性约简 R, 由 R 得到一个约简的模糊决策表 $DT' = (U, R \cup C, V, f)$; 然后, 利用公式 (5.23) 从 C 相对于 R 的模糊正域中选择重要的样例; 最后, 利用改进的模糊 K-NN 算法 (即算法 5.7) 从 S 中抽取模糊分类规则. S 中包含的样例个数取决于参数 α, 对于给定的模糊决策表 $DT = (U, A \cup C, V, f)$, α 取不同的值, 可得到包含不同样例个数的 S. ISFPR 算法的伪代码在算法 5.8 中给出.

算法 5.8: ISFPR 算法

1 **输入**: 模糊决策表 $DT = (U, A \cup C, V, f)$, 参数 α, 测试样例 $\boldsymbol{x}$.
2 **输出**: 测试样例 $\boldsymbol{x}$ 的属于各个类别的模糊隶属度.
3 初始化 $\alpha = \alpha_0$;
4 利用算法 5.6 计算 A 的具有最大重要度的模糊属性约简 R, 并由 R 构造约简的模糊决策表 $DT' = (U, R \cup C, V, f)$;
5 利用公式 (5.15) 从模糊决策表 DT' 中, 计算 C 相对于 R 的模糊正域;
6 从模糊正域中选择样例 $\boldsymbol{x}$, $\boldsymbol{x}$ 满足条件: $\sup_{X \in U/D}\{\mu_{\underline{R}(X)}(\boldsymbol{x})\} \geqslant \alpha$;
7 构造集合 $S = \{\boldsymbol{x} \mid \sup_{X \in U/D}\{\mu_{\underline{R}(X)}(\boldsymbol{x})\} \geqslant \alpha\}$;
8 对于给定的测试样例 $\boldsymbol{x}$, 以 S 作为训练集, 利用算法 5.7 计算样例 $\boldsymbol{x}$ 属于各个类别的模糊隶属度.
9 输出测试样例 $\boldsymbol{x}$ 属于各个类别的模糊隶属度.

(2) ISFBR 算法.

给定模糊决策表 $DT = (U, A \cup C, V, f)$, 设 R 是 A 的具有最大重要度的模糊属性约简. 决策属性 C 关于 R 的模糊边界域是一个模糊集, 其定义为:

$$\mu_{\mathrm{BND_R}(C)}(\boldsymbol{x}) = \mu_{\overline{R}(C)}(\boldsymbol{x}) - \mu_{\underline{R}(C)}(\boldsymbol{x}). \tag{5.24}$$

给定参数 λ, 定义集合 S' 如下:

$$S' = \left\{ \boldsymbol{x} \mid \sup_{X \in U/C} \{\mu_{\mathrm{BND_R}(X)}(\boldsymbol{x})\} \geqslant \lambda \right\}. \tag{5.25}$$

ISFBR 算法和 ISFPR 算法类似, 唯一的差别是 ISFBR 算法从模糊边界域中选择样例, 并进而抽取模糊分类规则. 在此, 只简单列出该算法的伪代码, 如算法 5.9 所示.

算法 5.9: ISFBR 算法

1 **输入**: 模糊决策表 $DT = (U, A \cup C, V, f)$, 参数 λ, 测试样例 $\boldsymbol{x}$.
2 **输出**: 测试样例 $\boldsymbol{x}$ 属于各个类别的模糊隶属度.
3 初始化 $\lambda = \lambda_0$;
4 利用算法 5.6 计算 A 的具有最大重要度的模糊属性约简 R, 并由 R 构造约简的模糊决策表 $DT' = (U, R \cup C, V, f)$;
5 利用公式 (5.24) 从模糊决策表 DT' 中, 计算 C 相对于 R 的模糊边界域;
6 从模糊边界域中选择样例 $\boldsymbol{x}$, $\boldsymbol{x}$ 满足条件: $\sup_{X \in U/C}\{\mu_{BND_R(X)}(\boldsymbol{x})\} \geqslant \lambda$;
7 构造集合 $S' = \{\boldsymbol{x} \mid \sup_{X \in U/C}\{\mu_{BND_R(X)}(\boldsymbol{x})\} \geqslant \lambda\}$;
8 对于给定的测试样例 $\boldsymbol{x}$, 以 S 作为训练集, 利用算法 5.7 计算样例 $\boldsymbol{x}$ 属于各个类别的模糊隶属度.
9 输出测试样例 $\boldsymbol{x}$ 属于各个类别的模糊隶属度.

5.3.4 实验结果及分析

我们用 10 个数据集对 ISFPR 算法和 ISFBR 算法的有效性进行了验证, 10 个数据集中包括 8 个 UCI 数据集和 2 个真实图像数据集. 实验所用的 10 个数据集的基本信息如表 5.33 所示. 实验环境是 Inter 双核 CPU3.50GH, 4GB 内存的 PC 计算机, 实验工具是 MATLAB 7.10.

表 5.33 实验所用的 10 个数据集的基本信息

数据集	样例个数	属性个数	类别个数
Iris	150	4	3
Glass	160	9	6
Wine	170	13	3
Wpbc	191	33	2
Parkinsons	195	22	2
Image	194	19	7
Pima	768	8	2
Wdbc	555	30	2
CT	212	35	2
RenRu	148	26	2

在实验中, 首先对 10 个数据集进行模糊化处理. 模糊化分为两步: ① 利用算法 5.10 模糊化决策属性, 即确定样例的模糊类别隶属度; ② 利用算法 5.11 模糊化实数值条件属性.

$$\mu_j(\boldsymbol{x}_i) = \frac{(d_{ij}^2)^{-1}}{\sum_{j=1}^{k}(d_{ij}^2)^{-1}}(1 \leqslant k \leqslant n; 1 \leqslant j \leqslant k). \tag{5.26}$$

算法 5.10: 模糊化决策属性算法

1 **输入**: 实数值数据集.
2 **输出**: 条件属性是实数值, 决策属性是模糊值的模糊决策表.
3 **for** (每一个决策类 $j \in \{1, 2, \cdots, k\}$) **do**
4 　计算决策类 j 的类中心 $\boldsymbol{c}_j$;
5 **end**
6 **for** (每一个样例 $\boldsymbol{x}_i$) **do**
7 　**for** (每一个类中心 $\boldsymbol{c}_j$) **do**
8 　　计算样例 $\boldsymbol{x}_i$ 到类中心 $\boldsymbol{c}_j$ 的距离 d_{ij};
9 　**end**
10 **end**
11 **for** (每一个样例 $\boldsymbol{x}_i$) **do**
12 　**for** (每一个类 j) **do**
13 　　利用公式 (5.26), 计算样例 $\boldsymbol{x}_i$ 属于类 j 的模糊隶属度 $\mu_j(\boldsymbol{x}_i)$;
14 　**end**
15 **end**
16 输出条件属性是实数值, 决策属性是模糊值的模糊决策表.

在算法 5.11 的第 8 条指令中,

$$\mu_{V_{i1}}(a_i) = \begin{cases} 1 - \frac{a_i - m_1}{a_{min} - m_1} \times 0.5, & \text{如果} a_{min} \leqslant a_i \leqslant m_1; \\ 1 - \frac{a_i - m_1}{a_2 - m_1}, & \text{如果} a_1 \leqslant a_i \leqslant m_2; \\ 0, & \text{否则}. \end{cases} \tag{5.27}$$

在算法 5.11 的第 11 条指令中,

$$\mu_{V_{ik}}(a_i) = \begin{cases} 1 - \frac{a_i - m_k}{a_{k-1} - m_k}, & \text{如果} m_{k-1} \leqslant a_i \leqslant m_k; \\ 1 - \frac{a_i - m_k}{a_{max} - m_k} \times 0.5, & \text{如果} a_k \leqslant a_i \leqslant m_{max}; \\ 0, & \text{否则}. \end{cases} \tag{5.28}$$

在算法 5.11 的第 13 条指令中,

$$\mu_{V_{ij}}(a_i) = \begin{cases} 1 - \frac{a_i - m_j}{m_{j-1} - m_j}, & \text{如果} m_{j-1} \leqslant a_i \leqslant m_j; \\ 1 - \frac{a_i - m_j}{m_{j+1} - m_j}, & \text{如果} m_j \leqslant a_i \leqslant m_{j+1}; \\ 0, & \text{否则}. \end{cases} \tag{5.29}$$

对 10 个数据集进行模糊化处理后, 即可应用本节介绍的两种算法 ISFPR 和 ISFBR 从模糊决策表中抽取模糊分类规则了. 我们设计了 3 个实验来验证本节介绍的两种算法的有效性.

算法 5.11: 模糊化条件属性算法

```
1  输入: 条件属性是实数值, 决策属性是模糊值的模糊决策表, 阈值参数 T_0.
2  输出: 条件属性和决策属性都是模糊值的模糊决策表.
3  for ( 每一个条件属性 a_i(1 ⩽ i ⩽ d)) do
4      k ← 2;
5      聚类条件属性 a_i 的值为 k 个聚类, 设 m_1, m_2, ··· , m_k 为 k 个聚类中心;
6      for (t ← 1 to k) do
7          if (t = 1) then
8              用公式 (5.27) 计算 μ_{V_{i1}}(a_i);
9          else
10             if (t = k) then
11                 用公式 (5.28) 计算 μ_{V_{ik}}(a_i);
12             else
13                 用公式 (5.29) 计算 μ_{V_{ij}}(a_i);
14             end
15         end
16     end
17     计算条件属性 a_i 的信息增益增量 ΔGain(a_i);
18     if ((k = 2) ∨ (ΔGain(a_i) > T_0)) then
19         k ← k + 1; goto 3;
20     else
21         k ← k − 1; 退出;
22     end
23     if (i < d) then
24         i ← i + 1; goto 3;
25     else
26         退出;
27     end
28 end
29 输出条件属性和决策属性都是模糊值的模糊决策表.
```

实验 1: 与 CNN、RNN、ENN、ICF 和 MCS 算法的实验比较

在实验 1 中, 我们从选择的样例数和平均测试精度两个方面与 CNN、RNN、ENN、ICF 和 MCF 算法进行了实验比较. 对于每一个数据集, 选择 70%的样例作为训练集, 30%的样例作为测试集, 并用十折交叉验证的方法进行实验, 实验结果是 10 次结果的平均, 列于表 5.34 中. 表 5.34 中, “Num.” 表示平均选择样例

表 5.34　与 CNN、RNN、ENN、ICF 和 MCS 算法比较的实验结果

数据集	ISFPR		ISFBR		CNN		RNN		ENN		ICF		MCS	
	Num.	Avg.	Num.	Avg.	Num.	Avg.	Num.	Avg.	Num.	Avg.	Num.	Avg.	Num.	Avg.
Iris	58	0.97	95	0.97	111	0.95	93	0.96	144	0.96	66	0.96	6	0.82
Glass	56	0.80	158	0.80	172	0.76	125	0.74	212	0.78	38	0.71	14	0.66
Wine	95	0.95	30	0.93	154	0.77	112	0.77	137	0.73	58	0.73	28	0.68
Wpbc	62	0.72	136	0.72	196	0.67	213	0.70	137	0.72	74	0.72	14	0.63
Parkinsons	97	0.84	53	0.82	166	0.77	135	0.77	165	0.72	67	0.72	14	0.61
Image	73	0.86	137	0.87	183	0.84	164	0.83	177	0.77	120	0.77	34	0.68
Pima	280	0.70	156	0.67	609	0.69	562	0.69	522	0.70	235	0.69	64	0.63
Wdbc	192	0.94	260	0.96	408	0.92	370	0.92	521	0.93	62	0.93	62	0.86
CT	160	0.92	61	0.91	188	0.86	155	0.87	131	0.88	61	0.86	6	0.67
RenRu	35	0.88	113	0.91	127	0.87	109	0.88	192	0.87	58	0.87	4	0.67
Average	111	0.86	120	0.86	231	0.81	204	0.81	234	0.80	84	0.80	25	0.67

数, “Avg.” 表示平均测试精度. 从表 5.34 可以看出, MCS 算法选择的平均样例数最少, 但是 MCS 算法的平均测试精度最低. ISFPR 算法选择的平均样例数比 ISFBR、CNN、RNN 和 ENN 算法少, 比 ICF 和 MCS 算法多. ISFPR 算法的平均测试精度比 ISFBR 算法略高, 但差别不大. ISFPR 和 ISFBR 这两种算法的平均测试精度均高于其他 5 种算法. 总体来说, 两种算法 ISFPR 和 ISFBR 的性能优于其他 5 种算法.

实验 2: 参数 α 对测试精度及选择样例数的影响

实验 2 首先研究参数 α 和测试精度之间的关系, 探讨参数 α 对测试精度的影响. 由于 ISFPR 算法和 ISFBR 算法类似, 所以在该实验中只用 ISFPR 算法进行了实验. 在实验中, 我们让 α 从 0.3 变化到 0.8, 步长是 0.05. 对不同的 α 值, 记录 ISFPR 算法的测试精度, 得到如图 5.7 所示的变化曲线. 从图 5.7 可以看出, α 值对测试精度的影响很大, 当 $0.3 \leqslant \alpha \leqslant 0.5$ 时, ISFPR 算法具有最高的测试精度. 当 $\alpha > 0.5$ 时, 大多数曲线的测试精度便都很快地衰减. 因此, 参数 α 取 0.3 和 0.5 之间的值是比较合适的.

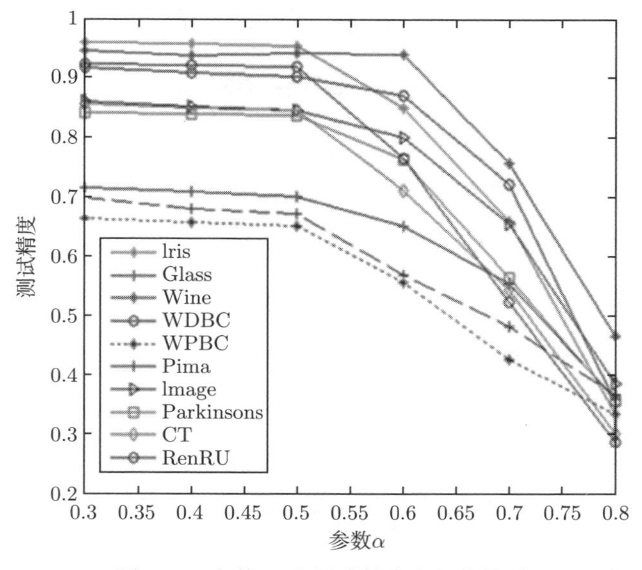

图 5.7 参数 α 和测试精度之间的关系

然后, 仍然以 ISFPR 算法为例, 研究参数 α 和选择的样例数之间的关系, 探讨参数 α 对选择的样例数的影响. 采用和实验 2 中相同的设置, 让 α 从 0.3 变化到 0.8, 步长是 0.05. 对不同的 α 值, 记录用 ISFPR 算法选择的样例数, 得到如图

5.8 所示的变化曲线. 从图 5.8 可以看出, 随着参数 α 的值不断增大, 选择的样例数不断地减少. 但当 $\alpha > 0.5$ 时, 大多数曲线的变换趋势趋于平滑. 此时, α 的值再增加, 对选择的样例数影响很小. 因此, 再考虑到参数 α 和测试精度之间的关系, α 取 0.5 是比较合适的.

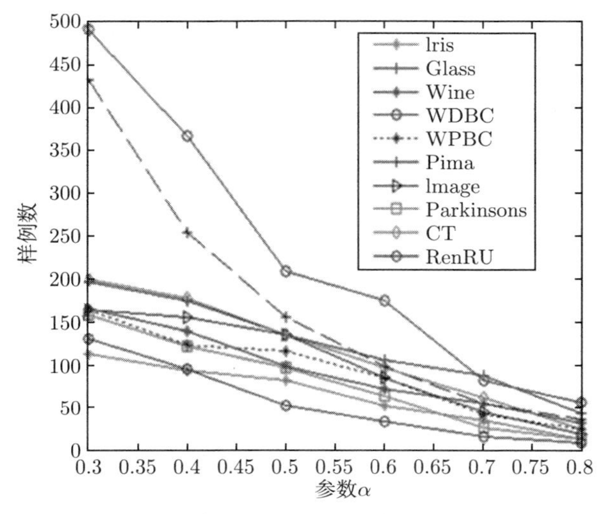

图 5.8　参数 α 和选择的样例数之间的关系

参 考 文 献

[1] 周志华. 机器学习 [M]. 北京: 清华大学出版社, 2016.

[2] Mitchell T M. 机器学习 (英文影印版)[M]. 北京: 机械工业出版社, 2003.

[3] Duda R O, Hart P E, Stock D G 著; 李宏东, 姚天翔等译. 模式分类 (第 2 版)[M]. 北京: 机械工业出版社, 2022.

[4] C. M. Bishop. Pattern Recognition and Machine Learning[M]. Springer-Verlag New York Inc. 2011.

[5] Witten I H, Frank E, Hall M A. Data Mining: Practical Machine Learning Tools and Techniques (Third Edition)[M]. San Francisco: Morgan Kaufmann, CA, 2014.

[6] Cover T, Hart P. Nearest neighbor pattern classification[J]. IEEE Transactions on Information Theory, 1967, 13(1):21-27.

[7] Zhai J H, Li N, Zhai M Y. The condensed fuzzy k-nearest neighbor rule based on sample fuzzy entropy[C]. Proceedings of the 2011 International Conference on Machine Learning and Cybernetics, Guilin, 10-13 July, 2011, Vol. 1, pp:282-286.

[8] Indyk P, Motwani R. Approximate nearest neighbors: Towards removing the curse of dimensionality[C]. Proceedings of the 30th Annual ACM Symposium on Theory of Computing. 1998, 604-613.

[9] Slaney M, Casey M. Locality-Sensitive Hashing for Finding Nearest Neighbors[J]. IEEE Signal Processing Magazine, 2008, 25(2):128-131.

[10] Shakhnarovich G. Darrell T, Indyk P. Locality-Sensitive Hashing Using Stable Distributions[C]. In Nearest-Neighbor Methods in Learning and Vision: Theory and Practice, MIT Press, 2006, pp.61-72.

[11] Datar M, Immorlica N, Indyk P, et al. Locality-sensitive hashing scheme based on p-stable distributions[C]. Proceedings of Symposium on Computational geometry, pages 253-262, 2004.

[12] Herranz J, Nin J, Sole M. KD-trees and the real disclosure risks of large statistical databases[J]. Information Fusion, 2012, 13(4):260-273.

[13] Liu S G, Wei Y W. Fast nearest neighbor searching based on improved VP-tree[J]. Pattern Recognition Letters, 2015, 60-61:8-15.

[14] Keller J M, Gray M R, Givens J A. A fuzzy k-nearest neighbor algorithm[J]. IEEE transactions on SMC, 1985, 15(4):580-585.

[15] Quinlan J R. Induction of decision trees[J]. Machine Learning, 1986, 1:81-106.

[16] Fayyad U M, Irani K B. On the handling of continuous-valued attributes in decision tree generation[J]. Machine learning, 1992, 8:87-102.

[17] Kumar S. 神经网络 (英文影印版)[M]. 北京: 清华大学出版社, 2006.

[18] Haykin S. 神经网络与机器学习 (第 3 版, 英文影印版)[M]. 北京: 机械工业出版社, 2009.

[19] Specht D F. Probabilistic neural networks[J]. Neural Networks, 1990, 3(1):109-118.

[20] Lecun Y, Bottou L, Bengio Y, et al. Gradient-based learning applied to document recognition[J]. Proceedings of the IEEE, 1998, 86(11):2278-2324.

[21] Gu J, Wang Z, Kuen J, et al. Recent advances in convolutional neural networks[J]. Pattern Recognition, 2018, 77:354-377.

[22] Krizhevsky A, Sutskever I, Hinton G E. ImageNet classification with deep convolutional neural networks[C]. Advances in neural information processing systems, 2012:1097-1105.

[23] Szegedy C, Liu W, Jia Y, et al. Going deeper with convolutions[C]. 2015 IEEE Conference on Computer Vision and Pattern Recognition (CVPR2015), Boston, MA, USA, June 7-12, 2015, pp:1-9.

[24] He K, Zhang X, Ren S, et al. Deep Residual Learning for Image Recognition[C]. 2016 IEEE Conference on Computer Vision and Pattern Recognition (CVPR2016), Las Vegas, NV, United States, June 27-30, 2016, pp: 770-778.

[25] Dumoulin V, Visin F. A guide to convolution arithmetic for deep learning[R/OL]. Jan. 2018, https://arxiv.org/abs/1603.07285v2.

[26] He KM, Zhang XY, Ren SQ, et al. Delving Deep into Rectifiers: Surpassing Human-Level Performance on ImageNet Classification[C]. IEEE International Conference on Computer Vision (ICCV) (2015), Santiago, Chile, Dec. 7-13, 2015, pp:1026-1034.

[27] 邱锡鹏. 神经网络与深度学习 [M]. 北京: 机械工业出版社, 2020.

[28] Huang G B, Zhu Q Y, Siew C K. Extreme learning machine: A new learning scheme of feedforward neural networks[C]. IEEE International Joint Conference on Neural Networks (IJCNN2004), vol. 2, Budapest, Hungary, 25-29 July, 2004, pp. 985-990.

[29] Huang G B, Zhu Q Y, Siew C K. Extreme learning machine: Theory and applications[J]. Neurocomputing, 2006, 70(1-3):489-501.

[30] Duan M X, Li K L, Liao X K, et al. A Parallel Multiclassification Algorithm for Big Data Using an Extreme Learning Machine[J]. IEEE Transactions on Neural Networks and Learning Systems, 2018, 29(6):2337-2351.

[31] Vapnik V. The nature of statistical learning theory[M]. New York: Springer, 1995.

[32] Cortes C, Vapnik V. Support-vector networks[J]. Machine Learning, 1995, 20(3):273-297.

[33] 邓乃扬, 田英杰. 数据挖掘中的新方法　支持向量机 [M]. 北京: 科学出版社, 2004.

[34] 王宜举, 修乃华. 非线性最优化理论与方法 [M]. 北京: 科学出版社, 2012.

[35] 陈宝林. 最优化理论与算法 (第 2 版)[M]. 北京: 清华大学出版社, 2005.

[36] 黄平. 最优化理论与方法 [M]. 北京: 清华大学出版社, 2009.

[37] Schölkopf B, Smola A. Learning with kernels[M]. Cambridge: MIT Press, 2002.

[38] 张学工. 模式识别 (第 3 版)[M]. 北京: 清华大学出版社, 2010.

[39] Settles S. Active learning literature survey. Computer Sciences Technical Report 1648[R/OL], University of Wisconsin-Madison, January 2010.

[40] Wang X Z, Zhai J H. Learning with Uncertainty[M]. New York: CRC Press, November 16, 2016.

[41] Angluin D. Queries and concept learning[J]. Machine Learning, 1988, 2(4): 319-342.

[42] Cohn D, Atlas L, Ladner R. Improving generalization with active learning[J]. Machine Learning, 1994, 15(2): 201-221.

[43] Dagan I, Engelson S. Committee-based sampling for training probabilistic classifiers[C]. Proceedings of the 12th International Conference on Machine Learning, San Francisco, CA: Morgan Kaufmann, 1995, 150-157.

[44] Huang S J, Jin R, Zhou Z H. Active Learning by Querying Informative and Representative Examples[J]. IEEE Transactions on Pattern Analysis & Machine Intelligence, 2014, 36(10): 1936-1949.

[45] Du B, Wang Z M, Zhang L F, et al. Exploring Representativeness and Informativeness for Active Learning[J]. IEEE Transactions on Cybernetics, 2017, 47(1):14-26.

[46] Zhang X, Wang S, Yun X. Bidirectional Active Learning: A Two-Way Exploration into Unlabeled and Labeled Data Set[J]. IEEE Transactions on Neural Networks & Learning Systems, 2015, 26(12): 3034-3044.

[47] Chakraborty S, Balasubramanian V, Panchanathan S. Adaptive Batch Mode Active Learning[J]. IEEE Transactions on Neural Networks and Learning Systems, 2015, 26(8): 1747 - 1760.

[48] Cardoso T N C, Silva R M, Canuto S, et al. Ranked batch-mode active learning[J]. Information Sciences, 2017, 379: 313-337.

[49] Long B, Bian J, Chapelle O, et al. Active learning for ranking through expected loss optimization[J]. IEEE Transactions on Knowledge and Data Engineering, 2015, 27(5): 1180-1191.

[50] Gu Y, Jin Z, Chiu S C. Active learning combining uncertainty and diversity for multiclass image classification[J]. IET Computer Vision, 2015, 9(3): 400-407.

[51] Wang R, Wang X Z, Kwong S, et al. Incorporating Diversity and Informativeness in Multiple-Instance Active Learning[J]. IEEE Transactions on Fuzzy Systems, 2017, 25(6):1460-1475.

[52] Du B, Wang Z M, Zhang L F, et al. Robust and Discriminative Labeling for Multi-Label Active Learning Based on Maximum Correntropy Criterion[J]. IEEE Transactions on Image Processing, 2017, 26(4): 1694 - 1707.

[53] Du P, Chen H, Zhao S, et al. Contrastive Active Learning Under Class Distribution Mismatch[J]. IEEE Transactions on Pattern Analysis and Machine Intelligence, 2023, 45(4):4260-4273.

[54] Lipor J, Wong B P, Scavia D, et al. Distance-Penalized Active Learning Using Quantile Search[J]. IEEE Transactions on Signal Processing, 2017, 65(20):5453-5465.

[55] Gu B, Zhai Z, Deng C, et al. Efficient Active Learning by Querying Discriminative and Representative Samples and Fully Exploiting Unlabeled Data[J]. IEEE Transactions on Neural Networks and Learning Systems, 2021, 32(9):4111-4122.

[56] Ren P Z, Xiao Y, Chang X J, et al. A Survey of Deep Active Learning[J]. ACM Computing Survey, 2021, 54, 9, Article 180, 40 pages.

[57] Kumar P, Gupta A. Active learning query strategies for classification, regression, and clustering: A survey[J]. Journal of Computer Science and Technology, 2020, 35(4): 913-945.

[58] Liang N Y, Huang G B, Saratchandran P, et al. A fast and accurate online sequential learning algorithm for feedforward networks[J]. IEEE Transactions on Neural Networks, 2006, 17(6):1411-1423.

[59] 翟俊海, 臧立光, 张素芳. 在线序列主动学习方法 [J]. 计算机科学, 2017, 44(1):37-41 转 70.

[60] Golub G H, Loan C F V. Matrix Computations, 3rd ed[M]. Baltimore, MD: The Johns Hopkins University Press, 1996.

[61] Yu H, Sun C, Yang W, et al. AL-ELM: One uncertainty-based active learning algorithm using extreme learning machine[J]. Neurocomputing, 2015, 166:140-150.

[62] Yong Z, Meng J E. Sequential active learning using meta-cognitive extreme learning machine[J]. Neurocomputing, 2016,173(Part 3):835-844.

[63] Hu L S, Lu S X, Wang X Z. A new and informative active learning approach for support vector machine[J]. Information Sciences, 2013, 244(7):142-160.

[64] Hart P E. The condensed nearest neighbor rule[J]. IEEE Transactions on Information Theory, 1968, 14(5):15-516.

[65] Gates G W. The reduced nearest neighbor rule[J]. IEEE Transactions on Information Theory, 1972, 18(3):431-433.

[66] Wilson D R, Martinez T R. Reduction techniques for instance-based learning algorithms[J]. Machine Learning, 2000, 38(3):257-286.

[67] Dasarathy B V. Minimal consistent set (MCS) identification for optimal nearest neighbor decision systems design[J]. IEEE Transactions on Systems, Man, and Cybernetics, 1994, 24(1):511-517.

[68] Brighton H, Mellish C. Advances in instance selection for instance-based learning algorithm[J]. Data Mining and Knowledge Discovery, 2002, 6:153-172.

[69] Wang X, Miao Q, Zhai M Y, et al. Instance selection based on sample entropy for efficient data classification with ELM[C]. 2012 IEEE International Conference on Systems, Man, and Cybernetics (SMC), 2012, pp. 970-974.

[70] Zhai J H, Xu H Y, Zhang S F, et al. Instance selection based on supervised clustering[C]. 2012 International Conference on Machine Learning and Cybernetics, 2012, pp. 112-117.

[71] 翟俊海, 苗青, 李塔, 等. 概率神经网络样例选择算法 [J]. 小型微型计算机系统, 2015, 36(4):787-791.

[72] Zhai J H, Li C, Li T. Sample Selection Based on K-L Divergence for Effectively Training SVM[C]. 2013 IEEE International Conference on Systems, Man, and Cybernetics, 2013, pp. 4837-4842.

[73] Zhai J H, Li T, Wang X Z. A cross-selection instance algorithm[J]. Journal of Intelligent & Fuzzy Systems, 2016, 30 (2): 717-728.

[74] Zhai J H, Qi J X, Zhang S F. An instance selection algorithm for fuzzy K-nearest neighbor[J]. Journal of Intelligent & Fuzzy Systems, 2021, 40(1):521-533.

[75] de Haro-García A, Cerruela-García G, García-Pedrajas N. Instance selection based on boosting for instance-based learners[J]. Pattern Recognition, 2019, 96:106959.

[76] Malhat M, Menshawy M E, Mousa H, et al. A new approach for instance selection: Algorithms, evaluation, and comparisons[J]. Expert Systems with Applications, 2020, 149:113297.

[77] Cheng F, Chu F, Zhang L. A Multi-Objective Evolutionary Algorithm based on Length Reduction for Large-Scale Instance Selection[J]. Information Sciences, 2021, 576: 105-121.

[78] García-Pedrajas N, del Castillo J A R, Cerruela-García G. SI(FS)^2: Fast simultaneous instance and feature selection for datasets with many features[J]. Pattern Recognition, 2021, 111:107723.

[79] Ma J, Chow T W S. Topic-Based Instance and Feature Selection in Multilabel Classification[J]. IEEE Transactions on Neural Networks and Learning Systems, 2022, 33(1): 315-329.

[80] Fu Z, Robles-Kelly A. An instance selection approach to Multiple instance Learning[C]. 2009 IEEE Conference on Computer Vision and Pattern Recognition, 2009, pp. 911-918.

[81] Yuan L, Wen X, Xu H, et al. Multiple-Instance Learning with Empirical Estimation Guided Instance Selection[C]. 2018 24th International Conference on Pattern Recognition (ICPR), 2018, pp. 770-775.

[82] Cavalcanti G D C, Soares R G O. Ranking-based instance selection for pattern classification[J]. Expert Systems with Applications, 2020, 150:113269.

[83] Huang M W, Tsai C F, Lin W C. Instance selection in medical datasets: A divide-and-conquer framework[J]. Computers & Electrical Engineering, 2021, 90:106957.

[84] Aslani M, Seipel S. A fast instance selection method for support vector machines in building extraction[J]. Applied Soft Computing, 2020, 97(Part B):106716.

[85] Ireneusz C, Piotr J. Data reduction and stacking for imbalanced data classification[J]. Journal of Intelligent & Fuzzy Systems, 2019, 37(6):7239-7249.

[86] M. Orliński, N. Jankowski. $O(m \log m)$ instance selection algorithms—RR-DROPs[C]. 2020 International Joint Conference on Neural Networks (IJCNN), 2020, pp. 1-8.

[87] Huang C, Wang H. A Novel Key-Frames Selection Framework for Comprehensive Video Summarization[J]. IEEE Transactions on Circuits and Systems for Video Technology, 2020, 30(2):577-589.

[88] Ding X, Li B, Li Y, et al. Web Objectionable Video Recognition Based on Deep Multi-Instance Learning With Representative Prototypes Selection[J]. IEEE Transactions on Circuits and Systems for Video Technology, 2021, 31(3):1222-1233.

[89] Dua D, Graff C. UCI Machine Learning Repository [http://archive.ics.uci.edu/ml][R/OL]. Irvine, CA: University of California, School of Information and Computer Science, 2019.

[90] Eick C F, Zeidat N, Zhao Z. Supervised clustering-algorithms and benefits[C]. 16th IEEE International Conference on Tools with Artificial Intelligence, 2004, pp. 774-776.

[91] Veenman C J, Reinders M J T, Backer E. A maximum variance cluster algorithm[J]. IEEE Transactions on Pattern Analysis and Machine Intelligence, 2002, 24(9):1273-1280.

[92] Aida de H G, Nicolás G P, Romero del Castillo J A. Large scale instance selection by means of federal instance selection[J]. Data & Knowledge Engineering 75 (2012) 58-77.

[93] 翟俊海, 李塔, 翟梦尧, 等. ELM 算法中随机映射作用的实验研究 [J]. 计算机工程, 2012, 38(20):164-168.

[94] 翟俊海, 张素芳, 王聪, 等. 基于 MapReduce 的大数据主动学习 [J]. 计算机应用, 2018, 38(10):2759-2763.

[95] 翟俊海, 齐家兴, 沈矗, 等. 基于 MapReduce 和 Spark 的大数据主动学习比较研究 [J]. 计算机工程与科学, 2019, 41(10):1-8.

[96] Zhai J H, Wang X Z. Pang X H. Voting-based Instance Selection from Large Data Sets with MapReduce and Random Weight Networks[J]. Information Sciences, 2016, 367: 1066-1077.

[97] Zhai J H, Huang Y J. Instance selection for big data based on locally sensitive hashing and double-voting mechanism[J]. Advances in Computational Intelligence, 2022, 2(20):1-10.

[98] Zhai J H, Song D D. Optimal instance subset selection from big data using genetic algorithm and open source framework[J]. Journal of Big Data (2022) 9(1):87.

[99] Arnaiz-González Á, Díez-Pastor JF, Rodríguez JJ, et al. Instance selection of linear complexity for big data[J]. Knowledge-Based Systems, 2016, 107:83-95.

[100] Arnaiz-González Á, González-Rogel Á, Díez-Pastor JF, et al. MR-DIS: democratic instance selection for big data by MapReduce[J]. Progress in Artificial Intelligence, 2017, 6(3):211-219.

[101] Triguero I, Peralta D, Bacardit J, et al. MRPR: A MapReduce Solution for Prototype Reduction in Big Data Classification[J]. Neurocomputing, 2015, 150(Part A):331-345.

[102] Mall R, Jumutc V, Langone R, et al. Representative Subsets for Big Data Learning using K-NN Graphs[C]. IEEE International Conference on Big Data, 27-30 Oct. 2014, Washington, DC, pp. 37-42.

[103] Si L, Yu J, Wu WY, et al. RMHC-MR: Instance selection by random mutation hill climbing algorithm with MapReduce in big data[J]. Procedia Computer Science, 2017, 111:252-259.

[104] Luo X, Wang H X, Wu D Q, et al. A Survey on Deep Hashing Methods[J]. ACM Transactions on Knowledge Discovery from Data. 2023, 17(1):15, pp. 1-50.

[105] Wang J, Liu W, Kumar S, et al. Learning to Hash for Indexing Big Data—A Survey[J]. Proceedings of the IEEE, 2016, 104(1):34-57.

[106] Chi L, Zhu C. Hashing Techniques: A Survey and Taxonomy[J]. ACM Computing Surveys, 2017, 50(1)11:1-36.

[107] Wang J, Zhang T, Song J, et al. A Survey on Learning to Hash[J]. IEEE Transactions on Pattern Analysis and Machine Intelligence, 2018, 40(4):769-790.

[108] Indyk P, Motwani R. Approximate nearest neighbors: Towards removing the curse of dimensionality[C]. Proceedings of the 30th Annual ACM Symposium on Theory of Computing. 1998, 604-613.

[109] Seung H S, Opper M, Sompolinsky H. Query by committee[C]. Proceedings of the fifth annual workshop on Computational learning theory, July 1992 Pages 287-294.

[110] Slaney M, Lifshits Y, He J. Optimal Parameters for Locality-Sensitive Hashing[C]. Proceedings of the IEEE, 2012, 100(9):2604-2623.

[111] 翟俊海, 刘博, 张素芳. 基于相对分类信息熵的进化特征选择算法 [J]. 模式识别与人工智能, 2016, 29(8): 682-690.

[112] Zhai J H, Qi J X, Zhang S F. An instance selection algorithm for fuzzy K-nearest neighbor[J]. Journal of Intelligent & Fuzzy Systems, 2021, 40(1):521-533.

[113] 王谟瀚, 翟俊海, 齐家兴. 基于 MapReduce 和 Spark 的大规模压缩模糊 K-近邻 [J]. 计算机工程, 2020, 46(11):139-147.

[114] Zhai J H, Zhai M Y, Kang X M. Condensed fuzzy nearest neighbor methods based on fuzzy rough set technique[J]. Intelligent Data Analysis, 2014, 18(3):429-447.

[115] Tomek I. Two Modifications of CNN[J]. IEEE Transactions on Systems, Man and Cybernetics, 1976, 6(11):769-772.

[116] Kubat M, Matwin S. Addressing the curse of imbalanced training sets: One-sided selection[C]. In Proceedings of the 14th International Conference on Machine Learning, 1997, vol. 97, pp. 179-186.